U0541366

四川省社会科学院重大项目

四川省社会科学院
学术文库

中华孝文化初论

李仁君 著

中国社会科学出版社

图书在版编目（CIP）数据

中华孝文化初论 / 李仁君著. —北京：中国社会科学出版社，2018.9
（四川省社会科学院学术文库）
ISBN 978 - 7 - 5203 - 3204 - 0

Ⅰ.①中… Ⅱ.①李… Ⅲ.①孝—文化研究—中国 Ⅳ.①B823.1

中国版本图书馆 CIP 数据核字（2018）第 220866 号

出 版 人	赵剑英
责任编辑	喻　苗
责任校对	韩天炜
责任印制	王　超

出　　版	中国社会科学出版社
社　　址	北京鼓楼西大街甲 158 号
邮　　编	100720
网　　址	http：//www.csspw.cn
发 行 部	010 - 84083685
门 市 部	010 - 84029450
经　　销	新华书店及其他书店

印刷装订	北京明恒达印务有限公司
版　　次	2018 年 9 月第 1 版
印　　次	2018 年 9 月第 1 次印刷

开　　本	710×1000　1/16
印　　张	21.75
插　　页	2
字　　数	346 千字
定　　价	89.00 元

凡购买中国社会科学出版社图书，如有质量问题请与本社营销中心联系调换
电话：010 - 84083683
版权所有　侵权必究

序

《中华孝文化初论》一书,能在四川省社会科学院建院六十周年之际得以出版,是值得庆贺的事情。

李仁君于2001年从阿坝师范高等专科学校毕业之后,主动去西藏,在那里执教六年多,2007年考上四川省社会科学中国哲学专业的研究生,从事中华孝文化的研究,已有10年左右的历史了,并且取得了不少的成果,在学术界有了一定的影响,《初论》的出版是对他研究成果的一次检验,说明他没有辜负社科院对他的培养。

中华孝文化是中华优秀文化的重要组成部分,是不得不研究,并且是必须深入研究的问题,可以说不懂得孝文化就难以理解中国的许多文化现象。有的学者说"中华文化就是孝道文化",这个说法我绝不认同,但它道出了孝文化在中国文化中的地位。自2000年起,四川省社会科学院就重视并积极支持孝文化的研究,时任副院长的、今已作古的万本根筹备组织召开了有史以来第一次中国孝道文化研究会,并主编出版了第一部孝道文化专著《中华孝道文化》,在国内外产生了巨大的影响。之后侯水平院长一直重视、关心和支持孝道文化的研究,参与了省里两次孝星孝子的评选,组织全省孝道文化情况的调查,孝道文化的弘扬与研究成了社科院的一张名片。李仁君在这样的背景下,做了《论孝的起源、形成与发展》的学位论文,得到了专家的好评,之后继续研究中华孝文化,发表了一系列的文章,成了年轻的孝文化专家,这应该是我院哲学专业的骄傲。

孝敬父母是一种起码的道德,是家庭道德、社会公德、职业道德、生态伦理,乃至执政道德以及爱国主义思想培养和建立起来的基础。人是社会化的存在，没有了上述道德伦理，就异化为非人了。人性异化了，就会导致家庭道德、社会公德、执政官德等的丧失，甚至没有了爱国思想，出卖国家利益而成为汉奸、叛国者。关心、重视和支持对孝文化的研究，也是建立民族自信、实现中国特色的社会主义、实现民族伟大复兴所必需的，我为万副院长和侯院长的眼光和社会责任心点赞。

时至今日，仍然还有人认为"孝道是封建主义的垃圾"，这种错误的、偏激的思想，必须予以扫除。我们必须要以马克思主义的历史唯物主义的观点，分析研究中国传统孝文化，重点是要认清它的普世价值：第一，它是建立在人本主义思想基础之上的，是与马克思主义的人本思想相契合的。其共同之处在于都倡导家庭和谐、社会和谐、人与自然的和谐、民族之间以及国家之间的和谐。第二，它的核心价值是"敬"和"爱"，由此才能做到"老吾老以及人之老，幼吾幼以及人之幼"，把"敬、爱"的美德扩展和弘扬出去，使人与人之间得以和谐，进而使社会得以和谐。第三，孝的另一个核心是"感恩"的思想。我们祖先崇拜"天地君（国家）亲师"，我们每一个公民以感恩父母为基点，进而要感恩天地自然；还要感恩国家，没有国家的保护我们就不得安宁和幸福；还要感恩教师的教育之恩，感恩是一个人的基本道德。有的人受国家无穷的恩惠，吃饱了喝足了，不感恩国家，盲目地崇拜西方，美国的月亮都比中国的圆，难道不令人痛心吗？第四，它是爱国主义思想的基础。国家是父母之邦，是生我、养我的地方，孝敬父母是基本的道德，爱国则是孝德的最高表现。所谓"忠孝不能两全"者，是指国家有危难时，要舍身为国，历史上的无数英雄就是这样。第五，孝文化中还包含"四海之内皆兄弟"的观念，也是它的普适价值的一方面。我深信西方人的所谓"普世价值"，一定会走向衰亡，只有中国文化才能拯救世界，弘扬"四海之内皆兄弟"的思想，对于建立"人类命运共同体"的理想是有意义的。上述等等，只是简要的分析，做基本的普及和宣传而已。

我是一个耄耋老人，见我学生的处女作问世，高兴极了，正如他自己说是"喜从天降"。在高兴之余我也衷心希望：四川省社会科学院以后的各届领导继续以实际行动关心、重视和支持中华孝文化的研究；更希望李仁君不负时代的重托,拿出更多的、更深入的、更有水平的研究成果来。

　　以上文字,与其说是《序》,不如说是期盼与鞭策。

陈德述

2018 年 5 月 31 日于青松斋

前　言

我从事中国传统孝文化的学习和研究，要追溯到攻读硕士研究生这一时期了。2007年，我考入四川省社会科学院，师从全国著名儒学专家陈德述先生，学习中国哲学。陈老师对孝道文化有很深的研究，发表相关论文十余篇，主编了具有广泛影响力的《中华孝道文化》一书。陈老师在教学上特别注重"三个结合"，即学术研究与道德培养相结合、知识传授与能力培养相结合、写作训练与思维培养相结合。在陈老师的循循善诱和谆谆教导下，我对中国哲学的认知和了解不断深入，尤其对中国传统孝文化产生了极大的学习和研究兴趣。参加工作后，虽然教学工作任务较为繁重，但我仍未停止过对中国传统孝文化的学习和研究，同时也积累了一些学习和研究心得，现将其整理成书，以希方家批评指正。

本书共由两个部分组成，主体部分包括上篇和下篇，上篇：论孝的起源、形成与发展，下篇：中华传统孝文化的综合研究；附篇部分为：历代帝王与孝治的形成。上篇侧重于孝的发展脉络梳理，主要论述了从动物的反哺本能到人类孝意识产生的历史脉络，然后分别阐述了孝德、孝道和孝治的历史发展过程，最后对孝治之后孝的发展、变异以及现代性反思进行了系统梳理，同时对当代弘扬孝文化的意义作了概述。下篇汇集了近年来我的部分孝文化理论研究文章，其中涉及到儒家传统孝文化、新时期孝文化以及地方孝文化三个方面的学习和研究心得。附篇部分的成稿较为复杂，原本是我为了进一步弄清"作为个体道德和家庭伦理范畴的孝是如何走向政治伦理的""孝治思想是如何形成的""汉代以孝治天下的政治模式是如何实践的"等问题而收集的一些资料，竟然成了"鸡肋"，食之无所得，弃之又可惜，经过一番内心纠结，还是决定编入附篇部分，以便供其他研究者查阅，吾心欣慰。

孝是中国古代社会的基本道德规范，孝文化是中华传统文化的重要内容之一，孝文化在中华文化发展史上占有相当重要的地位。孝本义为"善事父母"，即是对生命孕育者、身体养育者和文化教育者的一种知恩、感恩和报恩之情并由此产生的思想和行为的总和。孝在历史发展过程中，由于与宗教文化、封建政治文化甚至商业文化相互交织、相互影响，一些封建性糟粕掺杂其中在所难免。近代以来，不少文人墨客对传统孝文化进行口诛笔伐，大有"打倒在地，再踏上一只脚，叫他永世不得翻身"的愤愤之态，产生这种行为的原因之一是缺乏对传统孝文化的全面了解。孝的本质特征是爱，孝的基本内容是爱亲、敬亲、事亲和念亲以及由此延伸出的种种行为，孝是人类社会文明进步的重要标志之一。一言以蔽之，孝虽有封建性糟粕，也有人民性精华，我们在洗去"孝"身上的"糟粕"时，不能把"洗澡水和小孩一起倒掉"。任何的传统文化全盘否定和文化虚无主义行为必将遭到历史的惩罚。

十八大以来，党和国家对传承和弘扬中华优秀传统文化十分重视，习总书记针对中华优秀传统文化的价值和意义提出了很多著名论断，如："优秀传统文化是一个国家、一个民族传承和发展的根本，如果丢掉了，就割断了精神命脉"；"从历史的角度看，包括儒家思想在内的中国传统思想文化中的优秀成分，对中华文明形成并延续发展几千年而从未中断，对形成和维护中国团结统一的政治局面……都发挥了十分重要的作用"；"我们提倡的社会主义核心价值观，就充分体现了对中华优秀传统文化的传承和升华"等等。2017年中共中央办公厅、国务院办公厅印发了《关于实施中华优秀传统文化传承发展工程的意见》，并要求全国各地贯彻落实。孝文化是中华传统文化的重要内容之一，传承和弘扬中华孝文化对于推进新时代中国特色社会主义文化事业发展、坚持文化自信和实现中华民族伟大复兴有着重要的意义。此书正是一本关于传承优秀传统文化、守望中华民族共有精神家园的作品，能为新时代中国特色社会主义文化事业的繁荣和发展尽绵薄之力，吾欣之、幸之、为之。处女之作，加之本人水平有限，作品不足之处，敬请各位方家批评指正，不胜感激！

李仁君

2018年5月

于成都

目　　录

上篇　论孝的起源、形成与发展

第一章　孝的起源 ……………………………………………… (3)
第一节　从动物报恩现象谈起 ………………………………… (3)
第二节　从自然到自觉——孝意识的萌芽 …………………… (5)
第三节　孝起源于人类母系氏族社会 ………………………… (7)
第四节　从孝意识到孝行的演变 ……………………………… (11)

第二章　孝德的形成及发展 …………………………………… (17)
第一节　孝德的含义 …………………………………………… (17)
第二节　孝德的形成 …………………………………………… (19)
第三节　先秦儒家孝德思想的发展 …………………………… (23)

第三章　孝道的形成 …………………………………………… (39)
第一节　孝道的概念 …………………………………………… (39)
第二节　《孝经》的成书 ………………………………………… (41)
第三节　《孝经》对孝德思想的总结与提升
　　　　以及孝道理论的形成 …………………………………… (44)
第四节　《孝经》首次提出"以孝治天下"的理论模式 ………… (46)

第四章　孝治理论的形成与实践 ……………………………… (50)
第一节　汉代儒家的政治转向 ………………………………… (50)

第二节 《春秋繁露》——儒家孝治思想的形成……………………(51)
第三节 汉代"以孝治天下"的政治模式………………………………(53)

第五章 孝的发展与嬗变……………………………………………(57)
第一节 汉代以后孝道的演进和孝治的实践…………………………(57)
第二节 《二十四孝》——愚孝的"经典之作"………………………(58)
第三节 宋明理学阶段：愚孝理论体系的最终成型……………………(61)
第四节 新文化运动时期对孝的反思…………………………………(63)

第六章 孝文化的现代思考…………………………………………(66)
第一节 孝文化的当代价值……………………………………………(66)
第二节 新时代弘扬孝文化的意义……………………………………(68)

下篇 中华孝文化的综合研究

第七章 儒家传统孝文化研究………………………………………(75)
第一节 论中国地理环境对孝文化的影响……………………………(75)
第二节 《诗经》中孝诗的几种类型……………………………………(85)
第三节 曾子以孝为核心的道德本体论思想…………………………(93)
第四节 曾子孝廉思想探微……………………………………………(102)
第五节 孔子孝道理论与颜回的道德实践……………………………(108)
第六节 儒家孝道的美学意蕴探析……………………………………(116)
第七节 论儒家孝文化的生态伦理思想………………………………(129)

第八章 新时期孝文化研究…………………………………………(139)
第一节 浅谈朱德孝道精神及其对学生孝德教育的启发……………(139)
第二节 从孝德视域窥探张思德的道德精神…………………………(148)
第三节 论大学生孝德教育……………………………………………(157)
第四节 老年人精神需求的基本内容…………………………………(163)

第九章　地方孝文化研究 (175)
  第一节　论羌族孝道伦理思想的产生、内涵及特点 (175)
  第二节　阿坝州孝道文化传承及养老事业发展探究 (184)
  第三节　传承和弘扬孝泉"德孝"文化，探索社会治理新机制 (195)
  第四节　弘扬传统孝德文化，守望共有精神家园 (206)

附篇　历代帝王与孝治的形成

第十章　三皇五帝时期帝王与孝 (215)
  第一节　黄帝与孝 (215)
  第二节　舜帝与孝 (219)
  第三节　禹帝与孝 (233)

第十一章　夏商周时期帝王与孝 (237)
  第一节　少康与孝 (237)
  第二节　商汤与孝 (239)
  第三节　周文王与孝 (243)
  第四节　周武王与孝 (251)

第十二章　春秋战国时期帝王与孝 (256)
  第一节　春秋霸主与孝 (256)
  第二节　战国国君与孝 (262)
  第三节　秦始皇与孝 (265)

第十三章　西汉时期帝王与孝 (270)
  第一节　汉高祖与孝 (270)
  第二节　汉惠帝与孝 (275)
  第三节　汉文帝与孝 (278)
  第四节　汉景帝与孝 (287)
  第五节　汉武帝与孝 (290)

第十四章　东汉时期帝王与孝 ……………………………………（301）
第一节　汉光武帝与孝 …………………………………（301）
第二节　汉明帝与孝 ……………………………………（305）
第三节　汉章帝与孝 ……………………………………（311）
第四节　汉和帝与孝 ……………………………………（316）
第五节　汉安帝与孝 ……………………………………（318）
第六节　汉顺帝与孝 ……………………………………（322）
第七节　汉桓帝与孝 ……………………………………（325）

参考文献 ………………………………………………………（328）

后　记 …………………………………………………………（331）

上　篇

论孝的起源、形成与发展

第一章

孝的起源

第一节 从动物报恩现象谈起

报恩，也就是报答恩情，恩情有很多种类型，比如生育之恩、养育之恩、培育之恩、知遇之恩、救命之恩等。报恩不仅存在于人类，动物界也存在报恩的现象。比如：大家比较熟悉的"乌鸦反哺"和"羊羔跪乳"的故事。

关于"乌鸦反哺"的故事。《本草纲目·禽部》载："慈乌：此鸟初生，母哺六十日，长则反哺六十日。"乌鸦是一种全身漆黑、外貌丑陋的动物，不少人看见它便十分嫌弃，但在《本草纲目》中却被誉为慈乌。而早在西晋时期，学者束皙在《补亡诗》中也说："嗷嗷林鸟，受哺于子"，嗷嗷，是哀鸣声的意思，就是说老乌鸦衰老已至，在树林中哀鸣声声，它的食物来源全依靠其子女。苏辙在《次韵宋构朝请归守彭城》中也提到："马驰未觉西南远，乌哺何辞日夜飞。"意思是说：勤劳的骏马奔驰不会因为路远而停滞，乌鸦为了反哺报恩会日夜不停地给老乌鸦衔食。乌鸦本是丑陋之鸟，却有着如此善良的感恩之心，十分难能可贵。有人说：乌鸦是在自己吃饱的情况下，才将食物分给老乌鸦吃的，是一种纯粹的反射性行为模式。对于这种观点我们要仔细分析：能在自己吃饱的情况下，把剩余的东西分给其他同伴或老者，这本身也是一种了不起的行为；再说，自己吃饱是继续觅食和施舍的前提，毫不为过，有的动物自私得连多余的东西也不会分享；纯粹的反射性行为模式，却是如此，但不能因此说明乌鸦智商低下、情商低级。《伊索寓言》中"乌鸦喝水"的故事不是讲述乌鸦也是一种比较聪明的动物吗？

即使说乌鸦智商低下，那么如此低智商的动物都知道反哺，高智商的动物或人类难道还不如乌鸦吗？说智商低下就情商低级，更是没有根据，无稽之谈。

关于"羊羔跪乳"的故事。《增广贤文》中不仅提到了乌鸦反哺的故事，还提到了羊羔跪乳的故事，里面说道："羊有跪乳之恩，鸦有反哺之义。"故事说：母羊生下小羊羔，晚上，小羊羔睡觉羊妈妈用身体温暖它，白天，觅食吃草，羊妈妈把小羊带在身边，形影不离，遇到其他动物来欺负或想吃小羊，羊妈妈用犄角抵抗保护小羊。在羊妈妈以奶养育、百般呵护下的小羊，感恩于羊妈妈的养育之恩，又没有合适的方式报答恩情，于是每次吃奶"扑通"跪倒在地，以此表达对羊妈妈的哺乳之恩。也有人说羊羔跪乳是由羊体内的遗传物质控制的先天性行为，羊生来就会，和感恩无关，这个观点有"基因决定论"的嫌疑。文学作品赋予事物以美好的想象和愿望，这正是文学的价值所在，也是人类从野蛮到文明不断发展的现实需要，不能把所有现象都降低到纯生物的机械运动来解释，否则整个社会生活便失去意义和价值。"羊羔跪乳"中的"跪"，是一种低姿态，本身就是"示弱"的表现，这种"示弱"不是猛兽猎食前的权宜之计，也不是面临生命危险之下的苦苦哀求，而是双方的情感传递、相互温存。

动物报恩是一种自然行为。动物"反哺报恩"只是动物的本能，是一种"自然而然"的行为，是一种纯感性的本能。这种本能有的以血缘为基础、有的以护育为基础、有的以互利为基础，这三者不是绝对分离的，很多时候是相互交织在一起的。经动物学专家研究发现：在那些具有亲子养育关系的物种或者由扩大了的家族组成的社群的物种之间，是存在"利他主义"原则的。对于动物而言，爱敬母亲、回报母爱都是一种本性，是一种"利他主义"，就像曹芳林先生说的那样："这种爱敬是自然的、纯真的、朴拙的、非外力强加的非常可贵的感情。"曹先生还引用英国珍妮·古多尔的《黑猩猩在召唤》一书讲述的：黑猩猩是与人类亲缘关系最接近的高等动物，发现在黑猩猩的群体中，就是实行杂乱的性交关系。但是它们母子间的线索很清楚，长大了的公猩猩也不会与其生母发生交配关系。总体来看，动物具有感恩反哺的本能，这种本能主要有以下两个主要特性：一是反哺报恩是一种本性，这种本性是一种自然法则；二是这种本能是一种"自然"之行为，是纯感性的情感，不外加任何理性因素。人也具有"反哺报恩"的本能，但这一点却与动物有着本质上的不同。夏宗经教授认为："不论任何动物，只要在天赋上有一些显著的社会性本能，包括亲慈子爱的感情在内，而同时，又只要一些理智的能力有了足够的发展，或接近于足够的发展，就不可避免地会取得一种道德感，也就是良心，人就是这样。"夏教授虽然没有说明人为什么具有天赋的社会性本能，但他对人类道德与动物本能的本质进行了区别，这是难能可贵的。

第二节　从自然到自觉——孝意识的萌芽

孝意识是动物报恩本能的一个理性和高级发展阶段。说得具体些，就是动物本能是一种"自然"行为，孝意识却是"自然"基础上的"自觉"行为。那么"自然"是如何发展、进化到"自觉"行为的呢？在弄清楚这个问题之前，我们首先要正确理解两个词语的含义。

自然是指"天然；非人为的"，也就是说：自然指相对于人主观意识的客观存在，也指非人为的本然状态。自觉则是指内在自我发现、外在创新的自我解放意识，是人类在自然进化中通过内外矛盾关系发展而来的基本属性，是人的基本人格。通过"自然"与"自觉"的定义，不难得出这样的理解：动物本能具有天然性，不带有"人"的理性特征；道德（这里主要指孝）是人类在自然进化中形成的一种特有属性，是人类的一种自我意识。

下面我们来看看人类是如何形成"自觉"的孝意识？

达尔文进化论认为在自然界中某些动物具有一定的合群性本能，即社会本能，比如：在与同伴的交往中获得快乐、面对危险发出警报、采取各种方式保护或者帮助同伴等，人类天生具有这种与其他动物区别开来的社会本能，人类道德品行产生的自然根据就存在于这种社会本能中。他说："种种社会性的本能——而这是人的道德组成的最初的原则——在一些活跃的理智能力和习惯影响的协助之下，自然而然地会引向'你们愿意人怎样待你们，你们也要怎样待人'这一条金科玉律，而这也就是道德的基础了。"这些合群性本能，其他动物也具有，为什么其他动物没有形成"自觉"呢？回答这一问题的是马克思，他说："一当人们自己开始生产他们所必需的生活资料的时候（这一步是他们的肉体组织所决定的），他们就开始把自己和动物区分开来。"劳动在人类道德产生中起着十分重要的作用，就像彭柏林教授说的那样："归根到底，正是劳动使人成为道德的主体，促成了人的道德需要，创造了道德产生的必要性和动力。生产劳动是道德得以起源的社会基础和决定因素。"在生产劳动中，人自身的身体结构发生了根本变化，形成了人的手足、大脑和感觉器官。大脑的发育使得人对于外在的东西有了"印象"，长此以往，这种"印象"在量上和质上不断地积累和提高，人类便产生了最初的意识。

　　人类原始意识产生后，人的"报恩"就不再是一种低级的纯粹的条件反射，不再完全是"自然"行为了，而是基于此的"自觉"行为。人类开始意识到：从小都有一个人（母亲）在爱护着自己，当遇到危险时，她保护着"我"；当饥饿时，她拿东西给"我"吃；特别是当看到其他小孩的生命诞生于他（她）的母体，自己的生命来源问题也就十分清楚了；等等，这些意识是一种自然和自觉相互交织的情感体验和情感认知。如果说动物报恩仅仅源于一种感恩意识，那么人类报恩既是一种感恩意识，也是一种知恩理性；从报恩方式上看，动物报恩仅仅局限于自己吃饱后，把剩余吃的东西送给报恩对象，人类报恩有理性支配，可能自己没有吃饱或者饿着肚子，而把食物留给报恩对象；从报恩内容上看，动物报恩主要体现在两个方面，保护安全和留送食物，人类报恩内容远远超越了这些内容，比如情感安慰、助人成功、送衣送物、经济事业、政治文化等。总之，人从动物中独立出来，成为一种有理想的动物，人作为天地间最高级别的生物，是有感情有思维的，是理性的存在。《尚书·泰誓》上说"惟人，万物之灵"，说的就是这个道理。随着人类文明的不断进步，我们把人类对父母和长辈的这种"知恩、感恩和报恩"的独特情感体验和行为方式称为"孝"。由此可见，人类孝意识在从猿到人的进化过程中便开始萌芽了。

第三节　孝起源于人类母系氏族社会

一　"知母"：人类血缘关系的确立

随着历史不断向前发展，人类社会也在不断进化，原始社会主要表现在人自身的进化和种族的繁衍，以及社会工具的进步和社会分工的发展。根据考古学家对原始人遗址的考证，石器的出现证明原始人制造工具和使用工具的人类社会已经发端。特别是火的使用，原始人类开始过着相对定居的生活。此时的原始人已经脱离原始群，进至血缘公社阶段。一些有血缘关系的成员，共居一处，集体采集与狩猎，共同享用，有经验的年长妇女掌握着火种，是事实上的首领。血缘公社阶段的婚姻制度也由原始群的两性关系杂乱向血缘关系内婚制转化。当时的人类使用石器进行集体狩猎和采集，群居野处，性行为除母子以外不避年龄与血亲。就像《吕氏春秋》中描述的那样："昔太古尝无君矣，其民聚生群处，知母不知父，无亲戚、兄弟、夫妻、男女之别，无上下、长幼之道，无进退、揖让之礼，无衣服、履带、宫室、积蓄之便，无器械、舟车、城郭、险阻之备。"近代民族考古学家宋兆麟也说："无论是古代的神话传说、近代民族地区存在的血缘婚实例，还是亲属制度都确凿地证明了血缘婚的存在。"在血缘公社内部，兄弟姐妹之间通婚是经常现象，"这种兄弟姐妹为夫妇繁衍后代的传说，不仅保存在《后汉书·南蛮传》中有关于槃瓠与高辛氏女为婚产生六男六女自相夫妻而繁衍成长沙武陵蛮的神话传说，在中南、西南的许多民族关于人类起源的神话中，至今还普遍流传。有的不仅传说兄妹为婚所生子女成了本民族的始祖，还是中国许多兄弟民族的共同来源。云南省彝族神话《梅葛·人类起源》叙述：在一次浩渺无际的洪水后，只剩兄妹二人，天神命其结为夫妇，生下一个大葫芦。天神用银锥打开，首先从葫芦里生出汉族，依次是傣、彝、傈僳、苗、藏、白、回等各民族"。

随着时间的推移，长此以往，这种血缘关系内婚制的严重缺陷逐渐暴露，因为这样所生子女，体质退化，痴呆畸形。加之随着生产力的发展，男女间分工逐渐发展，由血缘公社内婚制向血缘公社外婚制过渡已是社会发展的必然，同一血缘公社兄弟姐妹及男女之间的婚姻已是一种禁忌，与邻近不同血缘公社实行族外群婚就成了必然选择。两个互为婚姻的氏族就这样历史地联系在一起了。每个氏族都有一位共同的始祖母，世系按母系计算，共同进行狩猎与采集，男女有一定的分工，妇女在居住地附近采集和抚育与保护幼儿成长，男子外出狩猎，所获由妇女推举的首领共同分配。婚姻在不同氏族间实行大体同辈分的群婚，男女双方属不同氏族，所生子女为女方氏族成员，知母不知父。在母系氏族公社时期，子女都随母亲生活，母亲承担抚养子女的责任和义务。母权制下的子女对母亲有强烈的依存感和感恩报德之情，这是情理之中的事，所以，"知母"确立了原始人类的基本血缘关系。

二 "知母"血缘关系孕育并产生了孝

在母系氏族公社时期，人类已过上了定居生活。由于母性在养育后代、采集食物（狩猎含有极大的不确定因素）等方面具有很大优势，这确保了妇女在氏族内的尊崇地位，氏族内的绝对权力都掌握在妇女手中。在知母不知父的情况下，母系血缘关系的主线是十分清晰而明确的。在这样的社会环境中，孕育并产生人类情感中最崇高和最伟大的孝。这种孝不再是一种朦胧的、原始的、纯感性的意识，而是进化了的、带有浓厚理性色彩的意识。

那么，母系血缘关系为何孕育并产生孝呢？

第一，生命崇敬意识是孝产生的心理动因。一切生物都有一个从生到死的生命过程，而这个过程本身就充满了神秘，早期人类对生命的崇敬是一种再正常不过的事。由于人类历史已滚滚过去了数万年，我们不可能直接寻找到早期人类生命崇拜的实证资料，但是我们可以从早期人类对生殖的崇拜中去获得证明，因为生殖崇拜本身就体现了对生命的崇敬。

从原始人的绘画艺术来看：西安半坡仰韶文化彩陶上绘有许多鱼纹，鱼纹的外形与女阴的外形十分相似，所以学者们认为这是女阴的形象，是女阴崇拜的表达；甘肃马家窑等遗址出土的彩陶中，有众多数量的蛙纹，由于蛙的肚腹和孕妇浑圆而膨大的肚腹形态非常相似，特别是有的彩陶蛙纹的下部描摹出圆圈，样子特别像女性的阴户，学者们也认为这是对女性生殖器崇拜的表现。

从中国文字的构造来看：中国汉字是一种"意"和"象"相统一的文字，意是概念的表达，它指的是具体的物和事；象是物象符号的具体描绘，它指的是形象实体。就拿"妣"字来说，郭沫若在《释祖妣》一文中考证甲骨文中"妣"（匕）乃是"牝牡之初字"，《说文解字》云："牝，畜母也，从牛匕身。"杨时俊教授曾在《古人的性意识与汉字构形——读郭沫若〈释祖妣〉》一文中详细讲道："《广雅疏证》：'《说文》匕，所以比取饭，一名柶。'又说：'方言匕谓之匙。''匕''匙''柶'与'勺'一样乃小形瓢具。正因为'匕'乃雌体阴器之状，亦如瓢形，因此'匕'字，一名柶。……从文字反映的文化意识看，生殖器之崇拜早为人类的一种普遍风尚。"

从古代神话故事中看：古代神话故事（如《山海经》等）中关于性和生殖崇拜的记述很多，例如《海外西经》的《巫咸》记载："右手操青蛇，左手操赤蛇。"又如《海外东经》的《雨师妾》也说："其为人黑，两手各操一蛇，左耳有青蛇，右耳有赤蛇。"国光红教授认为："古巫所操之蛇就是女阴之象征物。"这也反映出古代人类对生殖的崇拜。

综上所述，不管是从原始人类留下的绘画艺术和汉文字的构造，还是从古代神话故事来看，原始人对生殖器的崇拜是一种普遍现象。而生殖崇拜所表达出来的是对生命的崇敬，由于个体生命来自母体，对生命的崇敬归根到底就是个体生命本心对母亲的崇拜和尊敬，这正是孝产生的心理动因。

第二，母权崇拜意识是孝产生的客观原因。

母系氏族的社会基础就是母系氏族制，这是一种按母系或女子血缘关系计算继嗣关系和继承财产关系的氏族、家庭制度。其基本特征就是氏族女酋长管理着氏族内外的一切事务，她领导全体成员从事各项生产活动，氏族重大事务由她做决定。在氏族内实行母系继承制和男嫁女、从妇居的婚姻居住制度，婚姻生活采取丈夫走访妻子的形式。家庭的统治者是女人，财产由女人占有，经济由女人控制，家庭中儿女的婚姻嫁娶全由母亲决定，亲属传袭依母系传递和计算，女人可以支配男人的命运，男人完全服从女人的指挥，而且把妇女当神一般加以敬奉。恩格斯早在《家庭、私有制和国家的起源》一书中也认为，在母系社会，血统关系只能以女系为准来计算，母亲是子女唯一可靠的亲长，这种身份决定了女性的地位和权力，所以女性以至于一般女性确保了一种"崇高的社会地位"。众所周知，易洛魁人在与欧洲人接触之前不知使用金属工具，仍然以石、骨或木头制成工具，他们还处于母系氏族社会时期。妇女负责种植和照管农作物，以及采集和制陶、编织等活，妇女是农业生产的主要力量。汪宁生教授在《易洛魁人的今昔》一文中说道："易洛魁妇女比其它民族，确享有较高的社会地位，在家庭和公共事务中有较多的发言权。"由此看来，在母系氏族制的社会中，妇女有着极高的社会地位和绝对的权力，掌握着人员分工、财产分配、重大事务决定，甚至族员的生死权力，所以，子女对母亲的崇敬既有"敬爱"之情，也有"敬畏"之情，这种"敬畏"是对权力的畏惧和崇拜，母权崇拜是孝产生的一个客观原因。

　　第三，经验崇拜意识是孝产生的现实需要。

　　我国的农业文明历史悠久，源远流长。著名考古学专家陈文华先生曾说过："中国的原始农业产生于1万年前的旧石器时代末期和新石器时代初期，至8000年前左右，黄河流域已经产生了粟作农业，长江流域以及淮河流域的稻作农业也具有一定的规模。"在长期采集野生植物的过程中，原始人类逐渐掌握了一些可食植物的生长规律，并经过许多次的实践，终于将它们栽培、驯化为农作物，从而发明了农业。由于受环境、语言和文字等多方面条件的制约，要将在长期生产中积累的经验保存并传给后代，在当时是一件非常困难的事情。所以，原始农业经验的积累和传承一般只能通过陪同成年或老年人参加实践劳动，在这个过程中逐渐去熟悉并掌握。这就决定了在原始农业发展时期（也就是母系社会时期）里老者在社会中的优势地位，年轻人要懂得农业生产劳动技巧，就得向老者学习。而原始农业的主力军是女性，这更加确保了妇女的社会权力。朱岚教授曾指出："事实上，许多农业生产的规律性的东西，都是大量实践经验的概括和总结……所以，在农业社会，老人既是德的楷模，更是智的化身。后辈敬重和爱戴具有丰富经验的前辈长者，年轻者服从、侍奉老年人，乃是顺理成章的事。"在这个意义上讲，原始人类对老者女性的崇拜就是一种对经验的崇拜的表现，这种原始农业经验的崇拜是客观现实的需要，正是孝产生的心理动因。

　　总之，在母系氏族社会里，人类母系血缘关系的明确决定了子女对母性怀持着一种崇高的敬爱意识，这既是对生命给予者的崇敬，也是对母权的服从和经验的崇拜的现实表达，这正是人类孝意识产生的最好证明。而原始人类所举行的祖先祭拜仪式、原始孝文字的产生和从物质上赡养老者等行为就是早期人类孝意识的一种外化，于是孝的外在行为便真正得以实现。

第四节 从孝意识到孝行的演变

一 从图腾崇拜到祖先崇拜——"人类的觉醒"

何谓图腾崇拜？图腾系印第安语，意为"他的亲族"。图腾崇拜是原始社会一种最早的宗教信仰。原始人相信每个氏族都与某种动物、植物或天生物有着亲属或其他特殊关系，此物（多为动物）即成为该氏族的图腾——保护者和象征（如熊、狼、鹿、鹰等）。图腾往往为全族之忌物，动植物图腾禁杀禁食；且举行崇拜仪式，以促进图腾的繁衍。

图腾崇拜产生的原因。首先，图腾崇拜是原始社会生产力水平低下、原始人类认识世界能力有限的结果。生产力水平决定意识，原始社会生产力决定原始人认识能力的低下。原始人类对自然现象的变幻莫测难以理解，他们认为有一种神秘的力量控制着这些现象。如"古人把菊花看作'日精'"这是对太阳的崇拜的表现。其次，图腾崇拜是原始人为了增强群体意识、凝结人心同大自然做斗争的一种结果。原始社会，为了在恶劣的自然环境中能够生存下去，原始人只能依靠群体的力量，而对某一图腾的共同崇拜在客观上起到了凝聚个体成群体的重要作用。最后，图腾崇拜是亲属血缘认同的现实需要。母系氏族社会是图腾崇拜最繁盛的时期，"知母不知父"是母系社会的显著特征，在父系血缘不确定的条件下，通过图腾崇拜强化了氏族亲属血缘的认同。

从总体上看，图腾崇拜的产生是原始人为了增强群体意识、强化氏族亲属血缘认同的客观需要。这一点充分说明，图腾崇拜与原始先民的孝意识息息相关。随着生产力的发展，原始人认识能力的提高，这种以自然特性为主的图腾崇拜便逐渐向以人文特性为主的祖先崇拜转变。

祖先崇拜是以祖先亡灵为崇拜对象的宗教形式。祖先崇拜最初始于原始人对同族死者的某种追思和怀念，它是由图腾崇拜过渡而来的。随着父权制的确立，以家庭为单位的制度趋于明确、稳定和完善，原始先民逐渐有了其父亲家长或氏族中前辈长者的灵魂可以庇佑本族成员、赐福儿孙后代的观念，而这种祖先崇拜比图腾崇拜更直接、更现实，由此一些祭拜、祈求其祖宗亡灵的宗教活动也就产生了。如《山海经》中关于女娲形象的塑造就是祖先崇拜的结果："炎帝少女，名曰女娲。女娲游于东海，溺而不返，故为精卫。常衔西山之木石，以堙东海。"女娲造福于氏族或部落成员，所以被誉为"创世神"予以崇拜，这种崇拜、祈求和追念是一种孝行的表现，也是人类自我意识觉醒的体现。

从图腾崇拜到祖先崇拜，是人类由对象意识向自我意识的重大转变。从本质上讲，图腾崇拜是一种自然崇拜，原始先民对刮风下雨、日落月升、四季更替等自然不能科学地做出解释，他们认为在宇宙间有一个至上神为主宰，日月风雨等为臣工使者的神灵系统，严格地管理和支配着人间一切，于是表现出对大自然的无限敬畏、顶礼膜拜、恐惧屈从等。他们关注的是自然现象的莫测变幻，关注的是自然对人类的主宰，还没有意识到人对自然的主体能动性，而祖先崇拜正是人类对自身力量的自觉意识。从图腾崇拜到祖先崇拜，说明人类意识已经实现由对象意识向自我意识的转变，这是人类的一次伟大的"觉醒"。从对象意识到自我意识的转变过程中，人类"报本返始"的孝观念开始落实到具体行动中，对祖先的崇拜、追念和祭祀等宗教活动就是孝行的具体体现。

二 "事死"——"孝"字的产生与孝行为的宗教色彩

关于"孝"字产生于什么年代？学术界存在不同意见。但概括起来说，就是两种不同观点。一种观点认为甲骨文中就有"孝"字；另一种观点认为甲骨文中没有"孝"字，"孝"字最先出现在金文中。比如段渝在《孝道起源新探》一文中认为："甲骨文中有一个'孝'字，见于《金璋所藏甲骨卜辞》，收入《甲骨文编》卷八·一〇，作孝形，其形体与西周金文和小篆大致相同。"而舒大刚教授则主要从金文"孝享"连用中去解释孝的原本含义，他认为："历考已发现的殷周金文，商器无'孝'字，周器自恭王以后则累见。"高成鸢教授也认为："作为伦理规范的'孝'，迟至西周才形成。甲骨文中还没有孝字。"从甲骨文所谓"孝"字来看，它与金文中"孝"字（孝）虽然在形体上大致相同，但两字也存在较大差异，前者中间没有"人"字形，而后者则多出一个"人"字形。所以从字形上的差异来看，甲骨文是否存在"孝"字，这需要做进一步考证。"孝"字的产生最迟可以推至殷周时期，这一点是确定无疑的。

"孝"字的原义与早期宗教有着密切的关系。胡适曾在《说儒》一文中说道："看殷墟出土的遗物与文字，可以明白殷人的文化是一种宗教的文化。这个宗教根本上是一种祖先教。祖先的祭祀在他们的宗教里占一个很重要的地位，丧礼也是一个组成部分。"殷周时期，对宗教的重视是一个普遍现象，祖先崇拜构成这个时期文化现象的一个重要组成部分。"孝"字的正式产生就是这种文化背景下孕育的结果。所以"孝"字的原义一开始就与宗教色彩有着密切的关系。舒大刚教授甚至认为："从西周金文、《诗经》、《仪礼》等较早的上古文献看，'孝'字的本义并非'事亲'，甚至也还不是'事人'，而是'敬神'、'事鬼'的宗教活动。这一意义上的'孝'字，与中国上古时期'祭必有尸'的习俗有关。从字形上看，'孝'字上部象尸，下部象行礼之孝子。"舒教授从"孝"字的字形以及实例证明《说文解字》释孝"善事父母者"是"孝"的发展意义。

宗教意义上的"孝"与伦理意义上的"孝"在本质上是一样的，都是对生命的赐予者和庇护者的知恩、感恩和报恩之情。古代人们对于"我的生命来自父母，父母的生命又来自他们的父母"这一问题的不停追问，对生命不断地追本溯源，对先祖的感恩在情理之中。《周易·萃卦》卦辞曰："萃，亨，王假有庙，利见大人。"《彖传》曰："王假有庙，致孝享也。""致孝享"就是拿出供品来孝敬先祖，以表示追念。这是一种宗教行为，它体现的是生者对死者的感恩之情，并通过祭祀宗教活动来报答恩情，追念和祈求使祭祀者获得极大的精神满足。如果说"善事父母者"是直接的"孝"，是"事生"，是"第一生命"崇拜的"孝"，它更注重现实关怀；那么"致孝享"则是更高形式的"孝"，是"事死"，是"第二生命"崇拜的"孝"，它更贴近终极关怀。所以《论语》中记载孟懿子向孔子问什么是孝时，孔子回答道："生，事之以礼；死，葬之以礼，祭之以礼。""事生"和"事死"是孝的两种不同形式，它们表达的都是感恩和报恩之情。从"孝"字的产生来看，在当时，"孝"的行为更倾向于宗教活动，这是其时的文化背景决定的。但这种孝的宗教行为也是生命血缘情结的体现，是人类孝意识在现实中的一种实践表现。

三 "事生"：生产力的发展奠定了孝行的物质基础

孝观念属于意识范畴，孝行属于实践范畴，孝行的产生有其深厚的社会根源和历史渊源，它是中国原始社会生产力发展到一定阶段的特定产物。《说文解字》释孝："孝，善事父母者。从老省，从子，子承老也。"充分说明孝不仅局限于对父母的精神赡养方面，还包括物质赡养等行为方式。

从原始社会"人吃人"的现象来看，在物质生活水平低下的时代，物质赡养老人的孝行难以实现。原始社会，由于社会生产力水平低下，人类过着"食不果腹，衣不蔽体"的艰难生活，在这样的环境下，为了维持个体的生命和种族的延续，甚至发生过"人吃人"的现象。世界著名古史专家摩尔根曾经在他的《古代社会》中论证：从近代世界各地遗留的少数原始部落的生活状况，就可以了解现代文明人远古祖先的生活状况；原始部落多有食人习俗，可知文明人的祖先也曾有食人的习俗。黄淑娉所著的《中国原始社会史话》一书曾记录："北京人化石有一个令人注意的事实，即头骨发现得很多，而躯干骨和四肢骨却很少，而且大部分头盖骨都有伤痕……很可能，远古的北京人有食人之风……"又说"人吃人，在现代人看来是极为野蛮、可怕的行为，但在原始人的心目中却是十分自然的事，吃掉丧失劳动能力的老弱病残者，解除他们坐以待毙的恐怖，正是合乎道德的义举。"美国科罗拉多大学医学院病理学系的分子生物学家马拉教授通过对一块1150年前的人类粪便化石的化验，表明早期人类有人吃人的现象。

原始社会部落迁徙现象也说明物质赡养老人的孝行不能实现。由于生存需要，原始社会部落经常迁徙聚居地，过着"流浪"式的生活。《韩非子·五蠹》就有远古人类"构木为巢，以避群害"的记载，说明原始社会人类"居无定所"。受物质条件的限制，原始社会（特别是旧石器时期），当老人体力衰弱，不能从事渔猎、采集活动，成为社会的累赘时，就无存在的必要了。据有关资料表明：在因纽特人当中，当老年人过于衰弱而不能养活自己时，就会在部落迁移时滞留下来，用这种方法"自杀",其孩子则接受了在食物缺乏时老人不应成为负担的文化观念,促成了父母的死亡。这种现象的产生,归根结底是社会物质条件受到限制,而人类依靠自身能力难以满足物质需要造成的。所以,在原始社会劳动成果微之甚微的条件下,要谈孝行,是不可能的,也是不现实的。

随着时间的推移,到了新石器初期,也就是母系氏族公社向父系氏族公社转型的时期。社会生产力有了较大发展,主要表现在劳动工具的改进,弓箭的使用和金属工具的出现。使用工具的改进,改变了原始的落后的生产方式。特别是弓箭的广泛使用,使人们在狩猎时,可以捕获更多的飞禽走兽,除了满足基本物质需求外,尚有剩余。《吴越春秋》中的《弹歌》记载"断竹,续竹,飞土,逐肉",生动地再现了当时使用弓箭、获取猎物的先进狩猎场面。金属工具的使用,又促进了农业的发展,人们开始过着定居生活,进而发展了畜牧业。《易经》中记载的歌谣"女承筐,无实;士刲羊,无血",反映了当时人们剪羊毛的劳动场景。在生产力水平相对发达的新石器时期,孝的产生有了较为充实的物质后盾,孝行具备了现实可能性。

孝行是古代社会生产经验传承的需要。众所周知,古代社会特别是文字产生和大量使用之前,社会生产经验的积累、总结和传承受到极大的限制。对经验的崇拜是当时社会生产的需要,也是当时社会的一个重要特征,老人在生产经验积累方面占有巨大的优势,对经验的崇拜构成子女或晚辈对父母、祖先之孝行的内在动因之一。张刚先生曾指出:"生产力水平比较低下的古代社会,中国先民们在种植、收获、狩猎等各方面,除了祈求天神、祖先的帮助之外,是仰仗老人的阅历与经验;老人在农业社会中一直都享有较高的威信与地位。这首先在日常生活中就自发形成了尊老、养老的习俗和道德,从而为中国传统孝道的产生、发展、延续奠定了坚实的基础。"中国很早就是一个农业国,长期较为固定的农业生产需要有丰富经验的老人做指导。生产经验和血缘亲情紧紧地把氏族或个体家庭团结起来,从而有效地促进了农业的发展。

从上述文字来看,随着社会的不断发展和进步,随着人类认识能力的增强,人类意识由以对象认识为主的认识结构逐渐向以自我意识为主的认识结构转变,图腾崇拜代表了早期人类前期认识水平,祖先崇拜代表了早期人类后期认识水平。"孝"文字产生于殷商时期,深厚的原始宗教文化是孝文字产生的文化背景,所以从"孝"的原义看,殷商时期的孝行具有浓重的宗教色彩,祭祀、追念祖先是"事死"。从原始社会向奴隶社会转变过程中,随着社会生产力的进一步发展,社会物质资料的丰富度是"事生"的孝行从理想到现实转换的决定性条件。由此看来,我国原始社会后期向奴隶社会转变的历史过程中,"孝"完成了从意识到行为的过渡。不过,此时的孝行还是一种零散式的、自由式的、随意式的实践活动。对古代孝的历史反思,将孝意识和孝行结合起来,并加以理论化和系统化,使"孝"具有高度抽象的哲学意义,这一伟大的历史任务是由孔子完成的。

第 二 章

孝德的形成及发展

第一节 孝德的含义

一 关于"德"字的含义分析

甲骨文中"德"字的原义。甲骨文是中国王朝时期最古老的一种成熟文字,也是汉字的早期形式。甲骨文中德的外形为,字体的左边是一个"十字路口"的外形,右边是一个"眉毛之下眼睛"的外形,意思是在十字路口要看清道路,不要走错了方向。在这里,"德"仅仅代表一种肢体运动,还不能算作今天我们伦理学上所讲的道德含义,只能看作一种生物学上的条件反射或物理学上的力学机械运动。

金文中"德"字的变化。金文是指铸造在殷周青铜器上的文字,由于殷商时期宗教意识比较浓厚,青铜器上的文字很多是反映铸造该器的缘由、所纪念或祭祀人物的铭文等,所以,金文又叫铭文。而商周青铜器较为盛行,其中用青铜做的礼器以鼎为代表、乐器以钟为代表,于是"钟鼎"成了青铜器的代名词,金文也有钟鼎文之称。金文中"德"的外形为"德",也就是在甲骨文中加了一个"心"字形,说明当时人们已经懂得行动上的方向要依照内心而定,细心观察就不会走错道路,心欲直则路直,对"十字路"的认识思维反映了当时人们思想意识的一种进步。由于此时的"德"有了心理学意义上的内心活动,表示在关键的时刻要用心面对,于是"升、登、陟"等字所具有的原初意义与"德"意思差不多,"升、登、陟、得"这些字关于"真心对待、仔细观察"等含义就逐渐被"德"字取代了。许慎《说文解字》中释"德"为"升也"、段玉裁《说文解字注》中用"登、陟、得"解释"德",大概就是出自这些原因。

道家对"德"字的注释。道家对"德"字的注释和其思想主张是密不可分的,道家认为"道"为客观事物的规律,对"道"的领悟并遵循为事,就是"德",《道德经》说"孔德之容,惟道是从",意思就是大德只服从于道。《庄子·天地》说:"故曰,玄古之君天下,无为也,天德而已矣。"这里直接把"天道"喻为"天德",就是把事物性质和运行规律当作"德"。道家主张"道法自然",即大道以其自身为原则,通过顺应自然的宇宙观,进而达到追求绝对精神自由的人生观。道家对"德"的注释,既保留了"德"的本来意义,也反映了其自然哲学的宇宙观和自由无为的人生观。

儒家对"德"字的新注释。儒家的思想更加关注人类自身问题和人际关系问题,他们站在"不能只关注本身的意义,还要重视它的引申意义"的角度来关注事物的现实意义和价值,把"德"字赋予了一种人类特有的道德色彩意义,为此,"德"字最开始还写成"悳",许慎《说文解字》中释:"悳"为"得也,外得于人,内得于己也,从直从心"。"外得于人"意为得到别人的爱戴和拥护;"从直从心"意为自身道德境界和精神境界的领悟和提升;"从直从心"既是遵从了"德"字的原初意义,不违背内在本心和真心,同时也是对道家批判儒家道德为"人为之德""虚伪之德"的一种回应。也可以这样说:儒家所提倡的道德虽然有可能被别有用心的人利用,但这并不表明儒家一开始就倡导伪装的道德,相反,儒家认为:道德要出自本心、真心、同情恻隐之心。

二 孝德的基本含义

孝德,就是说孝是人的一种基本德行,是一个人应有的道德品质。孝德是对道德主体的一种应然性规定,是主体应该遵守的道德规范。

第一,对孝德的道德主体的理解。孝德的道德主体首先是人,这一点在第一章已经分析了,动物虽然有反哺的本能,但还不能称为真正的人类道德中的孝。从伦理学的角度来讲,人区别于动物,就是因为人类具有通过一定的伦理道德规范来约束自己的言行,从而建立起一种合理的社会规范来促进人与人之间的和谐关系,以保证人类社会稳定、有序地向着文明的方向前进。朱熹认为人区别于禽兽就是因为人具有重要的五伦之德,"人之异于禽兽,是父子有亲,君臣有义,夫妇有别,长幼有序,朋友有信"。从道德的社会功能这一点来讲,这句话不无道理。其次,孝德的道德主体是子女。人在这个世界上的身份是多重化的,除子女这一身份以外,其他身份都是不能确定的。人来到这个世界,就注定你为人子女,这一点无法改变,确定不移。既为人子女,就应有孝德,秉德讲孝。

第二,对孝德之德的理解。德是一种内在的、较为稳定的人的品质,是人类的一种文化基因,这种文化基因还可以一代一代遗传下去,有了这种基因,人类便开启了向着文明前进的征程。把人的随意化的观念、零散性的行为、碎片化的语言综合起来,提炼出一种约定俗成、群体认可的道德规范,"德"便诞生了。孝德的诞生也是如此。早期人类对生育、养育的父母有一定的感恩观念,但这种观念有时会随着主观情感的变化而变化;那些零散性的孝行为,有时也因为外界的情况变化而变化,常常还出现违孝、不孝的行为;语言也是如此,孝感于心的时候,言语表现出来孝敬,反感父母的时候,于是乱说、讽刺甚至辱骂父母。孝如果作为一种道德规范内化成为子女的德行,孝的约束性、持续性、稳定性和文明性就强烈得多,对人的内在规定也有效得多。

从这一点来看,孔子通过对人类孝意识、孝观念、孝行为和孝文字语言的整理,把孝提高到"德"的高度来阐述和论证孝德,使孝德成为人类普遍性的道德规范,是功不可没的。

第二节 孝德的形成

一 孔子对孝的提升及孝德的形成

孔子是我国古代伟大的思想家和教育家,是儒家学派的创始人。孔子思想的内容十分丰富,归纳起来说,其核心是"仁学"思想。《论语》是儒家重要的原始经典之一,它为后世了解和研究他的学说提供了最直接、最可靠的资料。孔子关于孝的理论在《论语》一书中有着大量的论述,《论语》中"孝"字共出现19次,"仁"字共出现119次。仁学思想是一个博大的哲学体系。他将孝纳入仁学体系中,提出"孝为仁之本"的观点,第一次把孝提升到"仁"的理论高度。

・孔子孝的理论是对古代孝意识、孝观念、孝行为和孝文字语言的反思。孔子生活在春秋时代，这是中国社会由奴隶社会向封建社会过渡的大转变时期，也是一个"礼坏乐崩""天下无道"的动乱时代，就像楚国的狂人接舆唱着歌经过孔子的车旁时吟唱的那样："凤兮！凤兮！何德之衰？往者不可谏，来者犹可追。已而！已而！今之从政者殆而！"（《论语·微子》）狂人对当时社会德行衰败、"人心惟危"、政治昏暗的黑暗现实的控诉引起了孔子强烈的共鸣。孔子对鲁国当权的三卿（代表新兴地主阶级）祭祀祖先仪式结束时奏天子之歌《雍》诗来撤除祭品非常反感，常叹曰："人而不仁，如礼何？人而不仁，如乐何？"（《论语·八佾》）人如果不仁，礼和乐还有什么用呢？人如果不仁，也不会从内心去尊敬和爱戴父母，他说："今之孝者，是谓能养。至于犬马，皆能有养；不敬，何以别乎？"（《论语·为政》）孔子对于当时人们以为"能养就是孝"不以为然，认为如果没有仁爱之心，不真心尊敬父母，只是养活父母，这跟养活动物没有区别，不是真正的孝。祭祀祖先和父母也是一样，要做到"祭如在，祭神如神在"。（《论语·八佾》）如无敬爱之心，祭祀也是不能表达孝心的。

二 孔子对孝的提升的主要做法

第一，孔子将"孝德"作为仁学思想的起点和基础，他的学生有若曾说："孝悌也者，其为仁之本欤！"（《论语·学而》）如果将孔子仁学比作一棵枝繁叶茂的参天古树，那么孝就是立地之根基，失去这个根基，仁就成了无源之水、无本之木。一个人首先应做到孝敬自己的父母，才可能去爱别人。孝与义、礼、智、信、恭、宽、敏、惠、刚、毅、木、讷等道德范畴共同构成仁学思想内容。有人把孔子及其后来儒家的学说称为儒教、圣教，对于儒教之"教"的理解有三种观点：宗教、政教和教化，笔者更倾向于后者，即教育之教、教化之教。孔子道德学说是一个庞大的哲学思想体系，其核心是仁学，基础是孝，这个以孝德为基础架构起来的哲学思想体系，对中国社会产生了巨大的影响。

第二，孔子为"孝"正名。正名是孔子思想的重要内容之一，孔子力图通过正名来达到社会政治、伦理的重建。有一次子路问孔子如果卫国请他去治理国政，首先做什么？孔子回答："必也正名乎！"（《论语·

子路》)子路不以为然,他解释道:"名不正,则言不顺;言不顺,则事不成;事不成,则礼乐不兴;礼乐不兴,则刑罚不中;刑罚不中,则民无所措手足。"可见,孔子十分重视正名思想。《论语》中关于为孝正名的有几处,如"父在,观其志;父没,观其行;三年无改于父之道,可谓孝矣"。"今之孝者,是谓能养。至于犬马,皆能有养;不敬,何以别乎?""色难。有事,弟子服其老;有酒食,先生馔。曾是以为孝乎?""三年无改于父之道,可谓孝矣。"还有一些关于孝的论述,如"贤贤易色,事父母,能竭其力。""父母唯其疾之忧。""事父母几谏。见志不从,又敬不违,劳而不怨。""父母在不远游,游必有方。"最能体现他为"孝"正名的思想就是孝即"无违",就是不要违背"礼"的规范,做到"生,事之以礼;死,葬之以礼,祭之以礼"。(《论语·为政》)礼是仁爱之心的外在表现,仁爱的核心是敬,从这一点看,孔子主张"孝"是对父母敬爱之心的真情流露。

第三,孔子认为孝德的内涵需要延伸和推广,做到推己及人。孔子认为孝的本质就是爱,孝心就是仁爱之心,孝德就是操守一颗仁爱之心,孝行就是把仁爱之心表达和体现出来。仁爱,包括爱自己、爱亲人,也包括爱别人;仁爱有两个方面,一是忠,二是恕,他回答子贡时说道:"夫仁者,己欲立而立人,己欲达而达人"(《论语·雍也》)和"其恕乎,己所不欲,勿施于人"(《论语·卫灵公》),即显达之后应施助于别人就是"忠",不以自己的意志强加别人就是"恕"。孔子还说:"弟子入则孝,出则悌,谨而信,泛爱众,而亲仁。"(《论语·学而》),"亲仁"其实就是对有仁德的人要尊敬、亲近,这是孝的一种表现。子夏问孔子什么是孝,孔子说"有酒食,先生馔"(《论语·为政》),就是说遇到酒食,让给年长者享用,同时加上敬爱之心,就是孝。对年长者的孝敬,就像《礼记·礼运》记载孔子的话"故人不独亲其亲"一样,就是孝的推广。

第四,仁爱万物是孝的一种表现,也是孝的再扩大、再推广。《论语》中记载:"子钓而不纲,弋不射宿。"(《论语·述而》)孔子钓鱼,不用系满钓钩的大绳来捕鱼,不射归巢的鸟。《礼记》中曾子曾引用孔子的话:"夫子曰:'断一树,杀一兽,不以其时,非孝也。'"(《礼记·祭义》)孔子认为不管是植物,还是动物,如果不是在恰当的时候取其性命，是不孝。可见，孔子的孝论不仅局限于人伦，还延伸到宇宙万物的自然关系。

第五，孝的终极目标是社会和谐。孔子的最高政治理想是建立一个"老者安之，朋友信之，少者怀之"（《论语·公冶长》）的和谐社会。家庭是社会的细胞，家庭小和谐是社会大和谐的必要条件，社会和谐需要从孝亲开始，进而逐步推广，最终实现这一目标。对于子路、曾皙、冉有和公西华如何治理国家的回答，孔子最满意曾皙的志向："莫春者，春服既成，冠者五六人，童子六七人，浴乎沂，风乎舞雩，咏而归。"（《论语·先进》）沐风沐浴，踏歌而行，这是社会和谐的表现，是理想的政治目标，所以孔子喟然叹说：我赞赏曾皙的志向。

第六，孔子把孝的具体内容分为四个层次。第一层是"养"，《说文解字》释孝："善事父母者，从老省、从子，子承老也"，善事父母，就是赡养父母，关心父母的身体健康，这是最起码、最基本的孝。对父母的疾病，要时时担心，"父母唯其疾之忧"。（《论语·为政》）第二层是"敬"，孔子对只养不敬这种所谓的孝行十分鄙视，认为："今之孝者，是谓能养。至于犬马，皆能有养；不敬，何以别乎？""色难。有事，弟子服其劳；有酒食，先生馔。曾是以为孝乎？"（《论语·为政》）赡养父母和老人，保持敬爱和悦的容态才是真正的孝，对于死去的亲人也要做到"祭如在"，毕恭毕敬，虔诚思念。第三层是承志，孔子认为"三年无改于父之道，可谓孝矣"。（《论语·学而》）"无改"其真正含义是"承志"，孔子对"无改"是做了前提条件假设的，那就是父亲有"道"，如果父亲无"道"，当然也不存在"改"与"无改"，所以在《论语》中他两次提到"三年无改于父之道，可谓孝矣"。第四层是先孝后忠。孔子主张孝是忠的前提条件，即谓"孝慈，则忠"（《论语·为政》)，具有孝心和忠心这样的德行，才可能为国家做出突出贡献。

孔子对古代孝意识、孝观念、孝行为和孝文字语言等诸多方面进行了整理，通过对孝的整理与提升，把孝纳入仁学的哲学体系之中，孝便成了理论化和系统化的孝，古代的孝不再只是一种自然或自觉的意识，不再只是一种简单而随意的行为，而是一种人类的基本德行，是人的一种本质规定，就像《中庸》中说的那样"仁者，人也，亲亲为大"。人之所以为人，就是因为人具有仁爱之心，孝为仁的基础，孝敬父母是最大的仁，是纯粹的仁，是真正的仁。孝是人的德行的根本，是一切德行的起点，爱人、爱国家、爱万物等美好德行都是从爱亲人开始的。孔子关于孝的理论既丰富了儒家思想的基本内容，使儒家思想更具根基性、现实性和系统性，同时也把人类之孝纳入道德起源、道德依据和道德目的进行了论述和架构，从孔子开始，孝德思想便真正开始诞生了。

儒家至圣孔子通过对周代及以前人类道德意识和道德行为进行梳理和整合，以"孝"为起点，"仁"为统摄，对人伦道德进行了理论化和系统化建设，在形式上完成了道德的理论架构。在此基础上，他又将人类社会之道德宽泛到天地、自然甚至宇宙万物之道，认为人伦道德就是宇宙法则的具体外现和衡量标准，从而在理论上把道德纳入了本体论范畴。在众多道德范畴之中，曾子作为孔子学说的正统继承者，倍加推崇孝德，认为孝是一切道德的根本和核心，并通过一系列论证，最终形成了以孝为核心的道德思想体系。

第三节 先秦儒家孝德思想的发展

一 曾子对孝德思想的发展

曾子是先秦儒家思想的重要人物之一，他上承孔子之道，下启思孟学派，在儒家思想中有着重要的地位，其思想内容极其丰富而广泛，被誉为儒家宗圣。在曾子广博的思想内容中，有关伦理道德思想的论述相对较多。而在众多道德范畴中，他又极为推崇孝德，并将孝道作为一切道德的根本和核心。

曾子认为孝德是顺应自然之道。《礼记》中有一句话："夫孝者，天下之大经也。"何为大经？就是至高无上的原则和规律。也就是说，作为人伦之孝，是顺应了天下之道，是不可更改的。这句话是有理论根据的，《周易》中所强调的"与天地合其德"，就是说人道要顺乎天道、地道，只有顺乎天地之道，人道才合乎自然之道。《周易·说卦传》里面说："立天之道曰阴与阳，立地之道曰柔与刚，立人之道曰仁与义"，人道效仿地道和天道，阴要顺乎阳，柔要顺乎刚，在人伦道德中，父母属阳、刚，子女属阴、柔，所以子女要顺乎父母，顺乎就是孝顺，这里的"顺"不是无原则地顺从，而是恭敬、礼让的意思。人法地、地法天，孝是顺应了自然之道，所以《曾子》中说道："天地之性人为贵，人之行莫大于孝。"说明孝是合乎天性，是天性在人性中的呈现和反映。

曾子认为孝为德之本。《曾子》记载："夫孝，德之本也，教之所由生也。"这句话是孔子传授给曾子的。在孔子的道德概念中，其外延是丰富而广博的，比如仁、义、礼、智、信、刚、毅、木、讷、勇、忠、恭、宽、敏、惠、温、良、俭、让等，这些道德都是孔子所提倡的。在这么多道德范畴中，孔子唯独以"孝"作为一切道德的根本和基础，其原因主要有四点：第一，人的生命和身体是父母给予的，一个人如果没有"子女"这一身份，其他一切身份都不可能存在。第二，一切道德都离不开感恩、克制和理性三个因素，一个人感恩意识、克制心理和理性思维的最好培养方式就是奉行孝德，感恩意识培养了爱心，克制人性的弱点便懂了礼节，理性思考便掌握了行为的优良选择。第三，一切道德行为的施行，又归结到孝德的圆满，因为儒家认为，做一个有道德的人，是人类的终极追求，也是父母所希望的，完成父母的夙愿，不是尽孝了吗？第四，也是最重要的一点，就是一切教化都是从孝开始的，即谓"教之所由生也"。由此可见，儒家认为人类的一切德行是因为顺"道"而得，道德是宇宙万物之道的体现，也是衡量万物之"变"符不符合道之"因"的标准，从而将道德论纳入儒家思想的本体论范畴。而曾子又以孝统摄人伦众道德范畴，以此确立了以孝为核心的道德观。

曾子认为孝是家庭伦理的普遍道德法则。在家庭关系中，儒家认为父母与子女的关系是最主要、最基本、最核心的。联结这种关系的两个道德是自上而下的"慈"和自下而上的"孝"，并用一句话"父慈子孝"来集中概括之。在"慈"和"孝"之中，儒家从人的天性和社会现象出发，认为父母慈爱子女是天然的，而当时社会不孝的现象更加突出，所以儒家道德的天平砝码自然偏向了"孝"。曾子主张尽孝道有三层境界：一是"能养"；二是"弗辱"；三是"尊亲"。"能养"包括三种层次，即"大孝不匮，中孝用劳，小孝用力"。"弗辱"包括"不亏其体，不辱其亲""举足不忘父母""恶言不出于口""立身行道"等方面。"尊亲"集中起来讲就是"爱而敬"，具体讲就是"谏"而"从"，"唯巧变"，"言必齐色"，一言以蔽之，即谓行中庸之道，要讲究一个"度"。通过一系列论证，曾子进一步确立了孝的家庭伦理地位。

曾子认为孝体现了人生终极关怀。个体人是一个有限存在物，而智慧又天然地赋予人类企盼超越有限、达到无限和永恒的精神渴求。对生命来源的思考构成这种无限追求的原点，对生命回归的思考构成这种无限追求的延点，对人间尘俗的超越构成这种无限追求的精神高点。儒家在这一纵一横之间，从道德领域中的长度和高度两个维度对人生进行了终极性思考。而曾子的孝德思想正是人生终极性关怀的集中体现。

第一，曾子认为孝体现人对生命本源的终极性思考。生命来自何方？这是人类古老而普遍性的话题。毋庸置疑，生命是父母给予的，正是基于这一点才有了最初的孝。曾子说："身也者，父母之遗体也。行父母之遗体，敢不敬乎？"生命和身体都是父母给的，尽孝首先就应该保护好自己的生命和身体。从这一点来看，曾子孝德思想是尊重生命、热爱生命、崇拜生命的。《说文》释孝："子承老也"，意为生命有继承、有延续就是孝。相反，生命断绝，香火不续，就是最大的不孝，孔子也以"无后"为最恶毒的语言，比如他说："始作俑者，其无后乎？"没有生命的延续，就没有家族和种族的延续，儒家为这种大逆不道冠以一个名称叫"不孝"，于此，孝的生命关怀意识也得以淋漓尽致的体现。

第二，曾子认为孝体现人对生命回归的终极性思考。生命周期是一个从无到有、从有到无的过程，生命回归是指生命回归到最原始状态，回归到大自然中去，这是一种自然规律。儒家思想对生命回归（或终结）是十分重视的，曾子认为："生，事之以礼；死，葬之以礼，祭之以礼；可谓孝矣。"他还说："故孝子之于亲也，生则有义以辅之，死则哀以莅焉，祭祀则莅之以敬，如此而成于孝子也。"人死后，在埋葬和祭祀上都要做到不违背礼的要求，因为在曾子看来，生前做到尽孝并不难，最难的是父母去世之后，子女还具有一颗缅怀和敬畏之心。

第三，曾子认为孝体现人类道德精神的超越性。人类一切生存、繁衍和交往活动的道德行从根本上把人和动物区别开来，道德精神是人类对原始生存欲望和物质欲望的一种超越。在曾子的道德观中，孝的超越性集中表现在两个层次上：一是超越人的基本生活需要；二是超越人类世俗道德。首先，曾子认为孝道超越了人的基本生活需要。《曾子》一书中说道："德者，本也；财者，末也。外本内末，争民施夺。是故财聚则民散，财散则民聚。"曾子认为道德和物质是本与末之间的关系，是一种基本对立的关系，二者不可兼得。还认为：" 仁者以财发身，不仁者以身发财。" 也就是物质是为道德服务的，道德才是人类的终极追求。曾子以此作为区别君子和小人的衡量标准，所谓 " 君子贤其贤而亲其亲，小人乐其乐而利其利"。曾子不仅在观念上是如此，在实践中也依然如此。比如当他锄草时，误伤了蔬菜的根，其父用木棒狠狠敲打他的背部，致使他倒地后很久不省人事。醒来回到家里之后，怕父亲因此担心和自责，还援琴而歌，以此告诉父亲自己没有受伤。《曾子》上还记载："曾晳嗜羊枣，而曾子不忍食羊枣。" 曾子不是不喜欢吃羊枣，但为了让父亲吃而克制着自己。同时曾子也主张守三年之孝，还曾经向孔夫子请教三年之孝的相关事宜。这些都说明，在曾子思想中，孝已经超越了人的基本生活需要，并将这种内在的信念外化于实践行为，实为难得。其次，在曾子孝道思想体系中，孝的道德精神超越性不仅表现在对基本生活需求的超越，更重要的是对世俗道德超越，这就是孝的信仰道德行。《曾子》中记载孔子对曾子的孝德教育理论："昔者明王事父孝，故事天明；事母孝，故事地察……孝悌之至，通于神明，光于四海，无所不通。" 在这里，孔子以古代圣明的天子为例教导弟子，认为只要虔诚地侍奉父母、奉祀天帝，天帝也能明了他的孝敬之心，就会显现神灵，降下福祉。这样伟大的孝，充塞于天下，磅礴于四海，没有任何一个地方它不能到达，没有任何一个问题它不能解决。所以说："夫孝，天之经，地之义，而民之行。天地之经，而民是则之。" 意思是说孝就像天空中日月星辰，永远有规律地照临人间，是永恒的道理和准则。显然，在这里，孝不再仅是人间的世俗道德，更是彼岸世界的一种信仰道德，它超越了经验和理性，蠹于超验领域和信仰世界。

曾子将生命意识和信仰理念纳入孝道思想之中，目的是为孝德思想奠定不容置疑、不容争辩、不容否定的坚实理论基础，其孝德理论对人生的终极性关怀在主观愿望上是美好而可贵的，对后世产生了深远的影响。

二 孟子对孝德思想的发展

孟子是子思的学生，子思又是孔子之得意门生曾子的学生。曾子以孝著名，是先秦时期最著名的孝子之一。孟子作为曾子的传人，对先师孔子及其弟子的孝德理论进行了继承和发展，为先秦儒家思想的发展做出了杰出的贡献，被后世尊称为"亚圣"。

《论语》中孔子的学生有若提出"孝为仁之本"的有名论断，孝作为道德范畴，首先出现在了孔子仁学体系中。以孝解释仁的根本，根据常理推论，孝的根本或孝的人性基础是什么呢？孔子并没有做出解释。对于人性而言，孔子指出："性相近也，习相远也。"（《论语·阳货》）人的性情是相近的，只是因为后天的习染不同，因而相差很远。但人性究竟是善还是恶？孔子并没有做明确回答。孟子明确提出人性善的观点，他说："人无有不善，水无有不下"（《孟子·告子上》），人没有不善的，就像水没有不向下流一样。人性本善为孝德的哲学基础提供了重要理论支撑。康学伟教授指出："孔子以人类所共有的人心之仁作为孝道的要基，孟子则进一步以性善来解释仁的来源，这就使得孝道的哲学基础更为牢固了。"孟子对孝德之内在依据的先验性解释，虽然与道德是社会产物的观点相违背，属于唯心主义的先验论，具有历史局限性，但其思维方式为后世留下广阔的思维空间。

孟子性善论与孝德思想。"孟子道性善，言必称尧舜"（《孟子·滕文公上》），孟子认为人的本性是善的，"人皆可以为尧舜"（《孟子·告子下》），就是因为每个人的先天都具有善的种子，至于能否达到圣人的境界，在于后天有没有决心去保持这种善的德行。仁义礼智这四种善的德行，是人天生就有的，"恻隐之心，仁之端也；羞恶之心，义之端也；辞让之心，礼之端也；是非之心，智之端也"（《孟子·公孙丑上》），恻隐、羞恶、辞让和是非之心就是善的种子，是人先天固有的本性。陈德述教授释其义："人的这四德是人所以为人的规定，也是人区别于禽兽的根本标志，如果没有这四德就不成其为人。"所谓："无恻隐之心，非人也；无羞恶之心，非人也；无辞让之心，非人也；无是非之心，非人也。"（《孟子·公孙丑上》）由于每个人先天具有善端，所以不需要经过学习和思虑就拥有它。所以，孟子说："人之所不学而能者，其良能也；所不虑而知者，其良能也。孩提之童无不爱其亲者，及其长也无不知敬其兄也。亲亲，仁也；敬长，义也。无他，达之天下也。"（《孟子·尽心上》）人不经过学习和思虑所具有的能力和见识，是因为他的良能和良知，这是先天的。孩童没有不知道亲爱自己父母的，等到长大没有不知道尊敬自己兄长的。亲爱父母是仁，是孝，孝敬父母是人类的自然情感。孝敬父母不能用"利"来衡量，不能带有功利主义色彩，孟子说："为人臣者怀利以事其君，为人子者怀利以事其父，为人弟怀利以事其兄，是君臣、父子、兄弟终去仁义，怀利以相接，然而不亡者未之有也。"（《孟子·告子下》）如果臣、子、弟怀着功利思想去侍奉君、父、兄，那就失去了仁义，这种人伦道德就要灭亡。上述文字表明：孟子的孝德思想是建立在人性善的基础之上的，孝是人先天的良知，是一种自然而然的情感。康学伟教授总结道："所以，孝的道德当然也是天赋的，人人都生而具备的，这也是人与禽兽的根本区别之所在。按照孟子的说法，人类的孝行皆本之于天然的爱亲之心，是人性的必然发展。"就像《后汉书》记载的那样："夫仁人之有孝，犹四体之有心腹，枝叶之有本根也。"基于这一点，孟子以上古时代有人不安葬自己父母，当看见狐狸在撕食尸体，蚊虫在叮咬尸体时，额头冒汗，不敢正视为反例，说明孝敬父母是人的本性所致，是人人都应该具有的道德。（《孟子·滕文公上》）

　　孟子仁政学说与孝德思想。《孟子》一书中提到"仁政"共10次，可见，孟子的政治主张就是要求统治者施行仁政，仁政学说是孟子思想的核心之一。孟子的仁政学说是在继承和发展孔子仁学思想的基础上提出的，性善论之人性假设的主要目的也是为其仁政学说做理论支撑的。他说："人皆有不忍人之心。先王有不忍人之心，斯有不忍人之政矣。以不忍人之心，行不忍人之政，治天下可运之掌上。所以谓人皆有不忍人之心者，今人乍见孺子将入于井，皆有怵惕恻隐之心。"（《孟子·公孙丑上》）什么是"不忍人之心"？孟子认为就是惊惧同情之心，同情之心就是仁爱之心。把这种同情之心运用到政治上，就是仁政。施行仁政可以得民心于天下，老百姓就会亲近和拥护他，以死报效君王。他说："君行仁政，斯民亲其上，死其长矣。"（《孟子·梁惠王下》）还说："万乘之国行仁政，民之悦之，犹解倒悬也。"（《孟子·公孙丑上》）孟子用老百姓得惠于仁政就像倒挂着被解救一样高兴的生动例子形容人们对仁政的渴望。百姓生活富裕，子女能养活自己的父母是孟子仁政学说的一个重要内容。孟子生活在我国奴隶社会向封建社会过渡的转换时期。此时，代表地主阶级经济性质的井田制还没有完全建立，加之战争频繁，人们处于水深火热之中，老人得不到赡养是社会普遍现象。所以，孟子孝德思想也特别重视物质方面的赡养，他将物质赡养作为第一层次的孝，"世俗所谓有不孝者五，惰其四支，不顾父母之养，一不孝也"（《孟子·离娄下》）。为此，他也对统治者不施行仁政进行了批评："今之制民之产，仰不足以事父母，俯不足以畜妻子；乐岁终身苦，凶年不免于死亡。"（《孟子·梁惠王上》）现在这种规划民众产业的措施，不能使人们养活自己的父母，这违背了仁政。并认为只有实行井田制，公平规划土地边界，使老百姓有固定的生产地，才能使百姓生活富裕。"夫仁政，必自经界始。经界不正，井地不均，谷禄不平，是故暴君污吏必慢其经界。经界既正，分田制禄可坐而定也"（《孟子·滕文公上》），同时减轻刑罚，薄敛赋税，深耕土壤，清除杂草，使百姓生养休息，"王如施仁政于民，省刑罚，薄税敛，深耕易耨"（《孟子·梁惠王上》），就能做到"地不改辟矣，民不改聚矣，行仁政而王，莫之能御也"（《孟子·公孙丑上》）。孟子仁政学说的最高目标是使富民富国，天下百姓安居乐业，老有所养，这与孔子的德治思想是一致的。孟子对于不施行仁政而富强的国家政治是十分不满的，认为这违背了孔子的德治思想，他以孔子批评冉求为例："君不行仁政而富之，皆弃于孔子者也，况于为之强战？"（《孟子·离娄上》）

　　孟子十分重视以孝德为核心的道德教化。对于孝德教育的巨大社会功能，早在孔子思想中就有体现，"弟子入则孝，出则悌，谨而信，泛爱众，而亲仁。行有余力，则以学文"（《论语·学而》），孔子在这里所指的"文"，主要指"孝""悌""信"等内容，其中以孝为核心。孟子仁政学说继承了这一思想，他说："地方百里而可以王。王如施仁政于民，省刑罚、薄税敛，深耕易耨；壮者以暇日修其孝悌忠信，入以事其父兄，出以事其长上，可使制梃以挞秦、楚之坚甲利兵矣。"（《孟子·梁惠王上》）孟子认为除了搞好物质生产之外，还应该让青壮年在空闲时修习孝悌忠信的道理，在家用这些来侍奉父兄，出外用这些来侍奉尊长，他们就能主动拿着木棒来打击秦、楚的坚甲利兵了。所以，统治者要重视学校的教育，强调孝敬长辈的道理，"谨详序之教，申之以孝悌之义，颁白者不负戴于道路矣。老者衣帛食肉，黎民不饥不寒，然而不王者未之有也"（《孟子·离娄下》）。总而言之，孟子仁政学说重视道德教化，而孝德教育是学校道德教化的核心。

孟子还认为"养、敬、追"三者相结合才是真正的孝。在他提出的"不孝"五条标准中，懒惰不劳动、玩棋嗜酒和贪财偏爱妻子儿女，这三条都是讲的不从物质上赡养父母；因放纵欲望而给父母蒙羞和逞强好斗给父母带来危害，这主要是从精神赡养方面来说的。在孟子看来，物质赡养父母是最起码的、最基本的孝，也最容易做到，他说："五亩之宅，树墙下以桑，匹妇蚕之，则老者足以衣帛矣。"但物质赡养还要有诚心，发自内心地敬爱父母，他说："悦亲有道，反身不诚，不悦于亲矣。诚身有道，不明乎善，不诚其身矣。是故诚者，天之道也；思诚者，人之道也。至诚而不动，未之不也；不诚，未有能动者也"（《孟子·离娄上》），孝亲要讲究诚意，最大的孝就是尊亲、敬亲、爱亲，所以"孝子之至，莫大乎尊亲"（《孟子·万章上》），因为老百姓对自己的父母非常尊敬，所以作为国君，应该尊重他们的愿望，"若杀其兄父，系累其子弟，毁其宗庙，迁其重器，如之何其可也？"（《孟子·梁惠王下》）杀掉别人的父兄，拆毁他们的宗庙，搬迁他们的礼器，使别人无法追念、祭祀祖先，这与仁政背道而驰的做法，定会激起别人的强烈反抗。孟子认为"养生者不足以当大事，惟送死可以当大事"（《孟子·离娄下》）。所以他对于"三年之丧"也是持肯定态度的："三年之丧，齐疏之服，饘粥之食，自天子达于庶人，三代共之。"（《孟子·滕文公上》）

总之，孟子对儒家孝德思想进一步丰富和发展，特别是针对孝德理论中的一些具有争论性的命题进行了解释和说明，他把儒家孝德思想纳入人性论和教育论的范畴予以论证，对推动儒家孝德理论的建设和发展具有重要意义。

三 荀子对孝德思想的认识和发展

荀子是战国末叶著名的思想家和文学家，也是先秦儒家思想的集大成者。荀子的思想，综合了战国道家、名家、墨家、法家诸家的思想成分，对儒家学说进行了创造性的发展。荀子不以孝德思想而著名，"性恶论""隆礼"和"重法"是其思想的主要内容。孟子从"性善"出发，认为孝是主体内心的自觉和自我的道德修养；荀子则主"性恶"，认为孝是一种他律道德，需要用外在的"礼"来约束和规范。较之孔孟孝德之说教，荀子孝德思想更贴近现实，这正是荀子对孔孟儒家孝德思想的独到见解和创新发展。

荀子性恶论与孝德思想。荀子的人性论与孟子的人性论是根本对立的。孟子认为人的本性是善的，庶人与圣人有着共同的人性基础，所以人人都可以成为圣人，至于为什么没有成为圣人，是因为"不为"的原因。孝是人的自然情感，是善端所致，就像孩童都爱自己的父母一样。荀子主张"性恶"。他说："人之性恶，其善者伪也"（《荀子·性恶》），"伪"是"人为"的意思，冯友兰说："荀况所说的'伪'是跟自然相对立的，不是跟真实相对立的。"显然，荀子认为人类的教育、文明和道德都是"伪"出来的，是人为的结果。他说："虑积焉，能习焉，而后成，谓之伪"（《荀子·正名》），孝作为父子人伦道德，也是"人为"而来，当然这个"伪"决不意味着孝是子女故作之态，而是可以通过教育、感化而具有这种品质，一句话，荀子强调道德不是自然固有的东西，而是社会的产物。他指出："夫子之让乎父，弟之让乎兄，子之代乎父，弟之代乎兄，此二行者，皆反于性而悖于情也；然而孝子之道，礼义之文理也"（《荀子·性恶》），孝悌之情，都是与人性相反的，不是先天固有的情感，就像"夫禽兽有父子而无父子之亲，有牝牡而无男女之别"一样，禽兽是自然的产物，虽有父子关系，但没有父子之间的孝慈亲情。冯友兰指出："荀况和孟轲关于人性的理论都是为一定的阶级服务的，为一定的政治路线服务的。孟轲主张性善，是企图以此证明奴隶社会的道德原则和秩序是出乎自然。荀况主张性恶，是企图以此证明封建社会的道德和秩序是出乎必要。"由此看来，荀子与孔孟关于父子人伦间的孝德思想，就其人性基础而言，有很大的差别，是先秦儒家孝德思想的新发展。

荀子礼法论与孝德思想。荀子对"礼"和"法"都是十分重视的，他说："故下之亲上欢如父母，可杀而不可使不顺，君臣、上下、贵贱、长幼，至于庶人，莫不以是为隆正。然后皆内自省以谨于分，是百王之所同也，而礼、法之枢要也"（《荀子·王霸》），法是从政治而言，礼是从文化、道德而言的，两者都属于上层建筑。康学伟教授认为："荀子隆礼，主要是看重外在的规制，而不讲内在的仁性，这样，他的所谓礼，实已与'法'比较接近了，这是儒家思想向外扩展的重要一步。"荀子认为人的本性是恶的，人有许多欲望，这些欲望是无限的，人一旦追求欲望的满足，就会产生争夺，对社会造成混乱和危害。制定礼仪的目的即在于调节人的欲望,从而避免对欲望的无限追求,达到维护社会的安定团结。为此,他说:"礼起于何也?曰:人生而有欲,欲而不得,则不能无求;求而无度量分界,则不能不争;争则乱,乱则穷。先王恶其乱也,故制礼义以分之,以养人之欲,给人之求,使欲必不穷乎物,物必不屈于欲,两者相持而长,是礼之所起也"(《荀子·礼论》),礼仪的制定,不仅可以规定人的等级和身份,还可以根据人的社会等级的不同,限制人的不同欲望,达到满足人的不同欲望的目的。从这里可以看出,荀子关于人性的认识,虽然也属于先验性解释,但是性恶论比性善论更具现实性,所以具有朴素唯物论的特点。但是荀子将"礼"的作用扩大化了,他对于人的欲望满足的理想主义,使其学说难以摆脱唯心论的桎梏。荀子在儒家孝道思想领域中做出的突出贡献,就是将孝纳入其礼法观,他说:"礼也者,贵者敬焉,老者孝焉,长者弟焉,幼者慈焉,贱者惠焉"(《荀子·大略》),孝亲要讲究礼,孝要服从于礼。他还说:"礼者,谨于治生死者也。生、人之始也,死、人之终也,终始俱善,人道毕矣。"生和死是人一生中的大事,所以都要按照"礼"的规定严格对待。在"孝"和"礼"之间,荀子更重视"礼"。一个人做到"礼",更能找准自己在社会中的人生坐标,更能明确自己的人际关系角色。所谓"先祖者,类之本也"(《荀子·礼论》),祖先是血缘家族之本源,尊敬先祖的同时,家族个体也就找到了属于自己的家族集体血缘梯位,确保了自己在血缘家族的集体认同,个体的归属感得到极大满足。"故礼,上事天,下事地,尊先祖而隆君师"(《荀子·礼论》),显然,荀子的"立法论"是从封建统治阶级的角度出发的,为维护封建统治服务的。所以,在"尊君"和"孝亲"两者之间,荀子更加关注"尊君"。他认为:臣道的要务就是忠君。在此前提下,他将忠君分为大忠、次忠和下忠,他说:"以德覆君而化之,大忠也;以德调君而辅之,次忠也;以是谏非而怒之,下忠也"(《荀子·臣道》),他还举例说明,周公辅佐成王是大忠,管仲辅佐桓公是次忠,子胥辅佐夫差是下忠。

从父与从义。荀子对孝德的认识,较之于孔子和孟子有许多不同。例如:孔子强调"入则孝,出则悌";孟子在"养、敬、追"三位一体的孝德思想中更加重视"孝敬、孝顺";而荀子更重视"从义"。他将孝德划分为三个层次,"入孝出悌,人之小行也;上顺下笃,人之中行也;从道不从君,从义不从父,人之大行也"(《荀子·子道》),不难看出,荀子对孝德的三个层次的划分是在对前人孝德思想的内在矛盾的深刻思考的基础上进行的。因为,孝不可能是完全意义上的"顺",如果是这样,那就要求父母本身也是一个孝子,是一个道德至善的人,是一个具有慈爱之心的人,是一个立身行道、忠君爱国的人……当然,在现实生活中,这是不可能的,父母也是有缺点的人,对于父母的缺点我们应该这么办?可能这也是"主张孝"和"反对孝"的分歧所在。荀子希图在这个分歧上找到平衡点,提出了"从义不从父"的观点,当然,这不是荀子的发明,只是他更加重视罢了。王长坤博士认为:"荀子所处的时代,封建统治秩序已基本确立,道德教化的根本任务,在于为巩固封建统治秩序服务,所以,荀子十分强调'孝'要服从于封建的统治秩序的需要,要从义不从父,从义高于从父。"王博士站在封建制度的高度,对荀子"从义不从父"的观点进行了政治化解释。荀子具体分析了在哪些情况下,可以"从义不从父",他说:"孝子所不从命有三:从命则亲危,不从命则亲安,孝子不从命乃衷;从命则亲辱,不从命则亲荣,孝子不从命乃义;从命则禽兽,不从命则修饰,孝子不从命乃敬。"(《荀子·子道》)概而言之,荀子的孝德思想的最高原则是"从义不从父",其最高目的是建立封建社会伦理的理论基础,为封建统治阶级服务的。

综合来看,荀子以"性恶"论为出发点,强调"礼法"的巨大社会功能,主张"礼"是一切德行的基础,"礼"高于"孝",认为孝的最高原则是"从义不从父",其目的是为封建政治伦理奠定理论支撑,为封建制度的建立和统治服务。

四 《礼记》是孝德思想的集大成之作

《礼记》是儒家思想的重要经典之一,它是一部以儒家礼论为主的论文汇编。传世《礼记》有《大戴礼记》与《小戴礼记》之分,它们的作者分别是西汉的戴德和戴圣,两人之间是叔侄关系。《礼记》以"礼学"为核心,以"孝德思想"为主干,系统地论述了"礼"在规范人伦等级秩序和维护社会稳定的强大社会功能。

先秦儒家大师孟子和荀子对人性做出了两种截然不同的判断,《礼记》以"礼"出发,把顺乎人情与约束人情结合起来,说明二者都需要礼的规范，其目的是调和性善论和性恶论之争。因为"人情"就是"喜、怒、哀、惧、爱、恶、欲，七者弗学而能"。人情作为一个衡量人的标准，是一个不包含个人价值判断的客观标准，较之"性恶"与"性善"主观价值判断更接近于实际，更具有科学性与客观性。"礼"对于顺乎人情和节制人情有着至关重要的作用，所以《礼记》上说："故礼义也者……所以达天道、顺人情之大宝也。"（《小戴礼记·礼运》）"是故先王之制礼乐，人为之节。"（《小戴礼记·乐记》）

既然"礼"是顺乎人情和约束人情的规范，那么"礼"的根源又是什么呢？它的终极依据又是什么呢？《礼记》的作者将目光投向了主体之外的世界，在更为广阔的视野中追问"礼"的根源和依据，那就是"天道"。"夫礼，先王以承天之道，以治人之情，故失之者死，得之者生"（《小戴礼记·礼运》），《礼记》作者认为礼的产生是应承天道结果，天道如此，人道亦然。《礼记》还说："夫礼与天地同节"（《小戴礼记·乐记》），"凡礼之大体，体天地，法四时，则阴阳，顺人情，故谓之礼"（《小戴礼记·丧服四制》），"是故夫礼，必本于大一，分而为天地，转而为阴阳，变而为四时，列而为鬼神"（《小戴礼记·礼运》），天道中宇宙万事万物的变化都是按照一定的规则和秩序进行的，人道的依据就是天道，所以人道也必然要有一定秩序和规范，这种规范就是"礼"。"礼"如同宇宙中的时间和空间以及自然规律一样，经天行地，包罗万象，永恒不灭。

礼与孝的关系。肖群忠教授在《礼记的孝道思想及其泛化》一文中详细地论述了两者的关系，他说："从其产生来看，礼与孝均是中国伦理史上出现较早的观念与德目，而且，二者均是从祭祀活动中相互凭借、相伴而生的。最初的孝，不是后来的善事父母（人伦道德）之意，而是指由敬天发展而来的敬祖观念，这种敬祖观念主要是凭借祭祖活动来表达的，在祭祀时，一方面要颂扬祖先之功德，另一方面则要用一定的礼节来表达、体现对祖先的崇敬即孝心……二者在强调'敬'这一点上，其精神实质是完全相同的。孝的第一要义是子对亲之爱，子对亲之爱必须包含或体现为敬，不表现为敬的爱就是处于下位的儿子对父亲的爱了……无论是从礼与孝的内在作用机制，还是从礼、孝在整个儒学体系中的作用机制来看，二者均是内情外行、孝里礼表的关系。"他从三个方面对孝与礼的关系进行了详细论述,其一,孝与礼的产生是相依相伴、互为凭借的;其二,孝与礼都是敬爱之心的表达;其三,孝是礼的内在根据,礼是孝的外在表达,两者一里一外,共同构成孝德的思想体系。

《礼记》认为"礼"的终极依据是天道,与"礼"密切相关的"孝"的外在依据同样体现在天道上。《周易》有云:"乾,天也,故称乎父;坤,地也,故称乎母。"天为父,地为母,父母给子女以生命,把它放大到宇宙中,就是"天地化育、滋养了万事万物"。孟子也认为孝须有诚心,否则就违反了天道,为其提供了理论基础。他说:"悦亲有道,反身不诚不悦于亲矣;诚身有道,不明乎善不诚其身矣。是故,诚者天下之道也,思诚者人之道也。"所以,作为人道的孝德的外在依据是"天",人道效仿天道。《礼记》把孝德与天道思想合为一体,认为"夫孝,置之而塞乎天地,溥之而横乎四海,施诸后世而无朝夕,推而放诸东海而准,推而放诸西海而准,推而放诸南海而准,推而放诸北海而准"(《小戴礼记·祭义》),此时的孝德思想再也不只是个人自觉的行为,而是具有普遍意义的人道准则,它不受时空的限制,在时间上与天地同寿,在空间上与万物俱在,行乎万世,横乎四海,充塞宇宙,是绝对的真理。

《礼记》以先秦大孝子曾子为例,对孝德思想的具体内容进行了全面阐述。曾子在孔门弟子中以孝著称,他不仅大力发展了孔子的孝德理论,而且以实际行动践行其精深的孝德思想。《孟子》一书中就记载了曾子尽心尽力供养双亲的事迹,如"曾子养曾皙,必有酒肉;将彻,必请所与,问有余,必曰'有'"(《孟子·里娄上》),除此之外,《论语》《荀子》《韩诗外传》《孔子家语》等也记载了一些关于曾子践行孝德的言行。《礼记》以大量篇幅树立了曾子这一大孝子的光辉典范,《大戴礼记》一书中的《曾子》十篇就是曾子及其弟子孝德思想学说的汇编。《礼记》中孝德思想的具体内容有:

第一,奉养父母。《礼记》认为物质赡养父母是最基本、最起码的孝行方式,奉行孝心,首先应该做到物质奉养。《礼记》以曾子的话为例:"曾子曰:'孝有三,大孝尊亲,其次弗辱,其下能养。'"意在说明如果一个人连物质赡养父母都没有做到,就根本不能谈"次孝"与"大孝"。《盐铁论》中记载了曾子在衣食起居上细心照顾双亲,尽其最大可能为父母提供一个良好的物质生活条件,"曾子养曾皙,必有酒肉"(《盐铁论·

孝养》），这一点在《孟子·离娄上》中可以得到印证："曾子养曾晳，必有酒肉；将彻，必请所与，问有余，必曰'有'。"《礼记》中还记载了曾子对于"敬"是十分重视的。曾子的老师孔子曾说过："今之孝者，是谓能养，至于犬马皆能有养，不敬，何以别乎？"（《论语·为政》）曾子继承了孔子关于孝的核心是"敬"这一思想。因为"敬亲是养亲的伦理尺度，是一种基于血缘之爱，发自内心的真情流露，只有建立在'敬'基础上的养才是合乎人伦之道的"。于此，曾子说："君子之孝也，忠爱以敬，反是乱也。"（《大戴礼记·曾子立孝》）

第二，养父母之志。作为儒家孝德理论和实践的集大成者，曾子在"养"和"敬"的基础上，进一步提出了"安"，"养可能也，敬为难；敬可能也，安为难……"（《小戴礼记·祭义》）"安"就是安父母的心，养父母的志，让父母没有烦恼，安静安心地度过晚年。怎样才能做到"养志"呢？曾子说："……和言色、悦言语、敬进退，养志之道也。"（《吕氏春秋·孝行览》）父母年龄大了，喜欢安静，所以子女说话要和颜悦色、心平气和，不能动不动就大呼小叫，使父母不能安下心来休息，这就没有做到"养志"。曾子认为"养志"还需要做到不违背他们的意志，"曾子曰：'孝子之养老也，乐其心，不违其志，乐其耳目，安其寝处，以其饮食忠养之。'"（《小戴礼记·内则》）不违背父母的意志，片面夸大"顺"，这是《礼记》孝德思想的显著特色，也是孝德思想由"孝敬"向"孝顺"过渡，最终导向"愚孝"的一个起点。

第三，重视葬礼和祭礼。《礼记》孝德思想比以往更加重视丧亲之礼和祭亲之礼，认为只有在亲人的丧事和祭事上才能更加表达孝子心中的真实情感。曾子说："……安可能也，卒为难。"（《小戴礼记·祭义》）可见，曾子将"安"作为"事生"的最高要求，但在"事生"和"事死"两者之间，曾子偏重于"事死"。"故孝之于亲也，生则有义以辅之，死则哀以莅焉、祭礼则莅之，以敬如此，而成于孝子也。"（《大戴礼记·曾子本孝》）曾子认为如果父母已经去世，仍然能像健在的时候，怀着敬爱之心去重视丧礼和祭礼，也只有这样的人才能称为"孝子"。显然，《礼记》是以"礼"来规定"孝"的，它把"孝"放在"礼"这个大框架之内来论述孝德思想，如"父母既没，以哀祀之加之，如此谓礼终矣"（《大戴礼记·曾子本孝》）。可见，《礼记》对于赡养以礼、葬之以礼、祭之以礼的一整套规定,是符合人的自然情感,它不带任何功利色彩,是血缘亲情自然而然的表达。

第四,贵生全体。儒家思想特别强调个人生命的延续,追求传宗接代、延续香火,这不仅是个体生命的延续问题,也是氏族延续和种族延续的延续问题。因为儒家思想家关注民族文化如何得到有效传承,只有种族得到延续,民族文化才能得到继承和发展。比如:孔子"因革损益",其理想目标是"周礼"的复兴与光大;孟子之所以特别重视"无后有三,无后为大"(《孟子·离娄上》),归根结底是为了圣人思想的承传与实践。《礼记》重视"贵生全体"是对儒家思想文化发展观的深刻领悟和理性诠释。《礼记》记载曾子的话"身也者,父母之遗体也。行父母之遗体,敢不敬乎?"(《小戴礼记·祭义》)身体是父母给予的,所以孝敬父母应该是真心的、虔诚的、不附加任何条件的。《礼记》还说:"天之所生,地之所养,无人为大。父母全而生之,子全而归之,可谓孝矣。不亏其体,不辱其身,可谓全矣。"(《小戴礼记·祭义》)父母给了子女一个健全的身体,子女应该好好珍惜,不要因为斗殴、犯法等伤害了身体,如果子女死后不能完完整整地把身体归还父母,那就是不孝。

第五,孝与顺。关于孝的问题,一直存在"如果父母不对,应该怎么办"的争论。孔子的回答侧重在"微谏"、孟子的回答侧重在"权谏"、荀子的回答侧重在"从义"、《礼记》的回答侧重在"顺从"。《礼记》上说:"孝子之养老也,乐其心,不违其志。""父母之所爱亦爱之,父母之所敬亦敬之。"(《小戴礼记·内则》)"父母所忧忧之,父母所乐乐之。"(《大戴礼记·曾子事父母》)子女的喜怒哀乐应该以父母的感情为本位,一切以父母为中心,显然这是一种逆来顺受,是不可取的。《孔子家语》中记载:"曾子耘瓜,误斩其根。曾皙怒,建大杖以击其背。曾子仆地而不知人,久之。有顷,乃苏,欣然而起,进于曾皙曰:'向也,参得罪于大人,大人用力教参,得无疾乎?'退而就房,援琴而歌,欲令曾皙而闻之,知其体康也。"(《孔子家语·六本》)曾子因失误做错了事,遭到严厉的惩罚,差点性命不保,苏醒后还要关心父亲是否打疼了手,甚至弹琴取悦父亲。曾子这种一切以父母为中心,对父母的意志逆来顺受是对孝的歪曲,是孝德思想走向"愚孝"的危险信号,他的做法令孔子都不能理解,所以孔子对弟子们说:"参来,勿内",他以不见曾子作为惩罚。

　　第六，事亲与事君。事亲是孝的表现，事君是忠的表现；孝主要是子女与父母之间亲情伦理关系，忠主要是臣与君之间的政治关系。对于"孝"与"忠"之间的关系问题，孔子以仁为统帅，孝与忠都属于仁学的一个范畴；孟子更加重视"孝"，荀子则主张"尊君"。《礼记》明确地把孝与政治结合起来，把孝的内涵进行扩充，如"居处不庄，非孝也；事君不忠，非孝也；莅官不敬，非孝也；朋友不信，非孝也；战阵无勇，非孝也。五者不遂，灾及于亲，敢不敬乎？"（《小戴礼记·祭义》）从上述文字来看，所谓五种不孝，其中就有三种不孝与政治有关，侍奉君主、不好好做官和作战不勇敢都属于不孝之列，显然，这都是为当时的统治阶级服务的。

　　由此可见，《礼记》的孝德思想是对孔孟孝德思想的偏离，从此，儒家孝德思想逐渐向孝道思想转化，孝作为家庭伦理和个人道德的合理内核和价值开始变质，不断异化，对后世产生了持久而深远的影响。

第 三 章

孝道的形成

第一节　孝道的概念

"道"是什么？《周易》上说："形而上者之谓道"，"形而上"是指现象背后的本质和原因，是一个抽象概念。作为一种本体论假设，道家主要从外在世界寻找依据，即自然；先秦儒家则从人性的内在规律出发寻找终极性根据，强调做人处世要合乎人性规律。道家和儒家对"道"的终极原则上理解虽有差别，但在认为"道是一个辩证统一体"的观点上是一致的，即"一阴一阳之谓道"。同时，儒家也面临一个问题，那就是"人性为何这样？"追问答案的结果是"天命"，"天命"是使人性原本如此的自然而然的力量。从这一点来看，道家和儒家都强调"道"是至高无上的原则性、规律性的客观存在。综合看来可以从四个方面来具体理解"道"。第一，"道"是飘忽不定、阴阳合一、虚实相济的合规律性存在物。"道"飘忽不定，充满生气和活力，是合乎人性规律的，人们追求并保持它，就达到"道"与"心"的统一；阴阳是自然而然的普遍法则，阴阳是相伴而行、缺一不可的，阴阳是"一对一"而不是"一对多"或"多对一"的关系，这种关系是数理和谐的美的存在物；"道"是变动不居、周流六虚的，虚实在变化中彼此消长但又不游离于对方，这是虚实相济的美的存在物。第二，"道"的生命力在于"易"。"生生之为易""《易》有太极，是生两仪"，"道"不只是自身存在的完美物，更是一个不断生成万物的存在者。世界之所以美就在于具有生命活力，"道"正是世界万物的生命源泉。第三，"道"在时间美学意义上体现为"永恒"与"无限"。"人是自卑的生存者！"人作为经验世界的个体存在物是有限的，人的理性同样是有限的，人对于自身的有限性和外部世界的变幻莫测，感到无比的忧虑与孤寂，超越有限达到无限和永恒是人类的终极性关怀，"道"正是弥补人的生命缺陷而达到的永恒确证，人的生存便有了完整性意义。第四，"道"在于保持本性的"真"。《中庸》说："天命之谓性，率性之谓道"，儒家之"道"不完全在于客观或主观，而是客观的"天命"与主观的"性"的统一体，保持本性与天命一致就是循道，"道"的一致性和统一性就是"真"。由于"本性"也是变化的，这就是"性相近也，习相远也"（《论语·阳货》），所以孟子从性善论出发，强调人要顺应本性的发展，如"恻隐之心"（《孟子·告子上》）就是本性、善端；荀子则从性恶论出发，"无伪则性不能自美"（《荀子·礼论》），认为需要外力进行规范，引导人向自然之性的方向发展。由此可见，"道"既是至善，也是至美至真的。孔子把"志于道"（《论语·述而》）作为自己最高理想追求，"朝闻道，夕死可矣"（《论语·里仁》），而这个"道"就是追求人类美好社会的理想，实现礼乐安邦的政治目标。

由孝德到孝道。孝德，更多地偏重于伦理学范畴；孝道，更多地侧重于哲学和宗教学范畴。当孝仅仅作为一种道德而存在的时候，它的原始性意义还是相对较为完整；一旦把孝提高到哲学和宗教学的范畴来对待时，孝的意义可能会刚性化、固化和原则化，甚至附上盲目性宗教崇拜色彩。但从另一方面来讲，世俗的道德必须建立在一定的信仰之上，人类要一步步走向更高的文明，必须依赖于道德的进步，而道德进步的基石又依赖于孝，因为孝为百德之先，一个不孝的人难以真正做到其他的道德行为，除非是权宜之计的隐忍。既然如此，孝就必须实现从孝德到孝道的提升，这种提升既是理论发展的必然逻辑，也是人类世界的现实悲哀！这种悲哀就是不断地需要信仰，又不断地否定信仰，人就是信仰与现实之间摇摆的时钟。当孝道成为一种"必然"和"时尚"，便被世人所广泛接受。

儒家的道德范畴很多，比如仁、义、礼、智、信、刚、毅、木、讷、勇、恭、宽、直、敏、惠等，而在众多道德范畴中，唯有孝与道合用最为常见。"夫孝，天之经也，地之义也，民之行也。"（《孝经·三才》）儒家赋予"孝"以"道"的本体论意义，是因为"孝"与"道"极为相近，"孝悌之至，通于神明，光于四海，无所不通"（《孝经·感应章》）。

孝合乎人性本真,是宇宙的普遍规律,它精细唯微,无处不在,所以"通"。"通"形象地揭露了"孝"的存在状态,因为"孝"是天经地义,是普遍规则,是人性完整的体现,是美的;而"不孝"代表着人性缺陷与畸形,是粗糙与丑陋的象征,所以"孝"则"通","不孝"则"不通"。"通"还是一个动态过程,"孝"的动态意义体现在对生命的不断追问中,子女的生命来源于父母,父母的生命又来源于祖辈,所以"孝"有着更高的敬祖意义;"孝"的生命动态意识还表现在延续观念上,"生生"就是孝道,儒家主张"不孝有三,无后为大"(《孟子·离娄上》),香火不断,代代相传,这就是圆满。"通"也是时间轴上一种永恒的追求,儒家对人生有限性的认识既不同于道家的浪漫主义(肉身不老),也不同于佛家的虚无主义(灵魂不朽),而是一种现实主义,即个体生命是短暂而有限的,但由于生命是代代相传的,整个血脉系统是可以无限延续的。血脉延续不断,就可以使生命超越有限而达到无限,"孝"的血脉意识正是基于时间意义上对生命的能动认识。"孝"之于"通",还有一个意义就是对"性相近"而"通",人类的孝观念源于对父母的感恩意识和敬爱意识,是一种自然血缘亲情,属于人性本真之道,它体现了人伦关系中最自然、最纯粹、最真挚的人性之美,因而人性是横向相"通"的。"孝本源于原始的亲亲之爱",亲亲之爱是摒弃了功利算计的爱、是摈斥了矫揉造作的爱,这种"爱生于自然之亲情",是自然的,也是崇高的,孔子强调"父子相隐",其理由就是如果一旦毁坏了人性中的"直",那么社会必将向着"礼坏乐崩"的方向发展。总之,儒家认为"孝"是宇宙的规则和人性的准则,近乎"道",所以称之为"孝道"。"通于神明"形象地说明了"孝"在宇宙中的运行规则,"通"是"孝"作为"道"在宇宙间运作的艺术性表达。

第二节 《孝经》的成书

《孝经》是儒家十三经之一,其总字数不过一千八百余,可是,其诞生两千年来,上至帝王将相,下至黎民百姓,广为传习,备受尊崇,影响所及,远至异族他国。这样一本儒家重要的伦理学著作,此书形成的时代、作者等一系列问题,千百年来,学术界聚讼不已,众说纷纭,论

战不休,莫衷一是,概括起来大约有八种说法:

第一,孔子作之说。我国现存最早的目录学文献《汉书》记载:"孝经者,孔子为曾子陈孝道也。夫孝,天之经,地之义,民之行也。举大者言,故曰孝经。"(《汉书·艺文志》)《孝经纬钩命诀》上说:"孔子曰:吾志在《春秋》,行在《孝经》。"《唐明皇注孝经》上也说:"子曰'吾志在《春秋》,行在《孝经》'。"东汉郑玄在《六艺论》中更是明确认为《孝经》就是孔子所作,"孔子以六艺题目不同,指意殊别,恐道离散,后世莫知根源,故作《孝经》以总会之"。后世许多学者更是以孔子作《孝经》为附和,如元代的陈继儒,明代的蔡毅中,清代的阮元等人。

第二,孔子门人作之说。持这种观点首先是北宋时期的司马光,他在《古文孝经指解自序)中说:"圣人言则为经,动则为法,故孔子与曾参论孝,而门人书之谓之《孝经》。"清代的毛奇龄也认为《孝经》是孔子门人所作:"此乃是春秋战国间七十子之徒所作,稍后于《论语》,而与《大学》、《中庸》、《孔子闲居》、《孔子燕居》、《坊记》、《表记》诸篇同时,如出一手。"

第三,曾子作之说。首倡此说者为西汉司马迁,他在《史记》中说:"曾参,南武城人,字子舆,少孔子四十六岁,孔子以为能通孝道,故授之业,作《孝经》,死于鲁。"(《史记·仲尼弟子列传》)孔安国也认为:"唯曾参躬行匹夫之孝,而未达天子、诸侯以下扬名显亲之事,因侍从而咨问焉。故夫子告其谊,于是曾子喟然,知孝之为大也。遂集而录之,名曰孝经。"西北大学硕士研究生侯希文先生也认为是曾子作《孝经》,"至于《孝经》中的人名称谓问题。可能是《孝经》在流传过程中,曾参的后学对其进行加工、整理所致。因此说《孝经》的作者应为曾参"。

第四,曾子门人作之说。宋代思想家在研究《孝经》时,开始怀疑《孝经》为孔子本人或曾子所作,比如司马光、胡寅、晁公武等人就持此说。如晁公武在《郡斋读书志》中说:"今其首章云:'仲尼居,曾子侍。'非孔子所著明矣。详其文意,当是曾子弟子所为书也。"此说比较中允平实,得到了近现代大多数学者的认同。北宋胡寅说:"曾子问孝于仲尼,退而与门弟子言之,门弟子类而成书。"朱熹也持此观点,他认为"《孝经》,'夫子曾子问答之言,而曾氏门人之作记也'"。

第五，子思作之说。王应麟在《困学纪问》卷七中引宋人冯椅的话："子思作《中庸》，追述其祖之语，乃称子。是书当成于子思之手。"清代倪上述在《孝经勘误辨说》说："孝经……考之本文，揆诸情事，确为曾氏门人所记，且断与《大学》、《中庸》同出于子思。此三书之中，于仲尼则称字，祖也；于曾子则称子，师也。"

第六，孟子门人作之说。近人王正己认为："从大体上看来，《孝经》思想有些与《孟子》的思想相同。"还说："总之《孝经》的内容，很接近孟子的思想，所以《孝经》大概可以断定是孟子门弟子所著的。"

第七，汉儒作之说。这种观点出现在清代，姚际恒首先提出，他在《古今伪书考》中说："案是书来历出于汉儒，不惟非孔子作，并非周秦之言也。"后来黄云眉在《古今伪书考补证》中亦阐明此说；甚至任继愈主编的《中国哲学发展史》也持此观点。

第八，孔、曾作《孝经》后儒篡杂之说。持此论者以为《孝经》本为孔子或曾子所作，但在流传过程中，后世儒者有意识地加以附会或篡改，或因秦火书亡而假《孝经》之名自作之。这种观点产生于疑经之风初萌时，朱熹在著《孝经刊误》时说："《孝经》独篇首六、七章为本经，其后乃传文，然皆齐鲁间陋儒篡取左氏诸书之语为之，至有全然不成文理处，传者又颇失其次第，殊非《中庸》、《大学》之祷也。"

关于《孝经》的作者，笔者持上述第七种观点，即为战国末汉代初儒家所作。除了上述的论据以外，黄中业在论文中引用了大量有力的论据，最终得出："《孝经》的成书年代上限，应当在《荀子》的成书之后。"他在文中还指出：《古文孝经》的成书时间是在荀子之后二三十年间，孔安国所注释的《古文孝经》在梁朝已亡佚，不复流传；《今文孝经》出自颜芝曾私藏《孝经》，由于此本与汉初长孙氏等五人传习讲授《孝经》稿本相同。《今文孝经》虽然不是战国末《孝经》原本，而是由汉初儒家编著而成，在内容上做了补充和删改，但大体内容和基本观点相同。后来，刘向重新校定《孝经》，《今文孝经》也不再流传。今天流传的《孝经》是刘向以《今文孝经》为底本、参照《古文孝经》并做了适当修改而成的版本。唐玄宗以刘向版为定本为《孝经》作注，就是我们今天所流传的《孝经》。

第三节 《孝经》对孝德思想的总结与提升以及孝道理论的形成

《孝经》这部不上两千字的论孝专著，它全面、系统地对先秦儒家孝德思想进行了总结，并在此基础上进一步将孝德思想大力提升，并冠以"天之经，地之义"的至高无上宇宙本体论，自此作为家庭伦理的孝与政治紧密结合起来，先秦儒家孝德思想逐渐泛化、哲学化、政治化甚至神秘化，儒家孝道思想便形成了。《孝经》在汉代复出后，立即受到了统治阶级的重视。汉文帝时，就开始设置《孝经》博士，东汉时，《孝经》被正式列入"七经"，北宋时期，《孝经》被正式列入"十三经"，成为封建统治阶级修齐治平的皇家圣典。

《孝经》对孝德思想的总结与提升，主要表现在：

第一，孝为道德本源。《孝经》上说："夫孝，德之本也，教之所由生也。"（《孝经·开宗明义章》）就是说，孝是一切道德的根本，所有的品行的教化都是由孝行派生出来的。《孝经》还记载："曾子曰：'敢问圣人之德，无以加于孝乎？'"（《孝经·圣治章》）曾子向夫子提出了一个问题：难道圣人的德行中，就没有比孝更为重要的吗？孔子回答说："天地之性，人为贵。人之行，莫大于孝……父子之道，天性也，君臣之义也。父母生之，续莫大焉。"（《孝经·圣治章》）孔子认为天地之间，万物之列，只有人才是最尊贵的；人的各种品行中，没有比孝行更加伟大的了。父母与子女之间是一种天然血缘关系，子女对父母的孝也是一种天性。父母生下子女，是家族血缘的继续，所以"身体发肤，受之父母，不敢毁伤，孝之始也"（《孝经·开宗明义章》）。保证生命的延续，确保传宗接代是孝的起点和重要内容。当然，人与动物有着本质的区别，动物也可以传宗接代，于是《孝经》有说："立身行道。扬名于后世，以显父母，孝之终也。"（《孝经·开宗明义章》）人应该有进取之心，要建功立业，遵循天道，能扬名于后世，光宗耀祖，使父母荣耀显赫，这就是完满的、理想的孝行了。

第二，对孝的世界观论证。《易经》上说："立天之道，曰阴与阳；立地之道，曰柔与刚；立人之道，曰仁与义。兼三才而两之，故《易》

六画而成卦。"(《易·说卦》)天、地、人合称"三才"。《孝经》中《三才章》云:"曾子曰:'甚哉,孝之大也!'子曰:'夫孝,天之经也,地之义也,民之行也。天地之经,而民是则之。'"(《孝经·三才章》)意思是说孝道是天之道。天空中日月星辰,永远有规律地照临人间。大地孕育万物,生生繁衍,山川河流为人类提供丰饶的物产,皆有合乎道理的法则。孝道也是如此,乃是永恒的道理,不可变易的规律,是必须严格遵从的义务,是有利有益的准则。由此可见,《孝经》作者对孝德推崇备至。

第三,孝的政治化倾向。《孝经》在总论孝行时指出:"夫孝,始于事亲,中于事君,终于立身。"(《孝经·开宗明义章》)这是人生行孝德的三个层次和三种境界,也是孝由家庭伦理向政治伦理转变的标志性论点。《孝经》还对社会不同阶层的人的孝行进行了细致的划分,这就是"五等之孝",依次是"天子之孝""诸侯之孝""卿大夫之孝""士之孝""庶人之孝",并单独列出五章进行论述。王长坤博士对"五等之孝"进行了总结:"五等之孝是等级之孝,每一等级的孝行具体要求不同。庶人重在事亲,士介于事亲与事君之间,卿大夫以忠为孝,诸侯、天子只是个'立身'问题,从而各司其职,循例礼守法。'五等之孝'是对孔子君君、臣臣、父父、子子在孝道上的具体化,其实质是为维护等级秩序服务的。"《孝经》对"五等之孝"的划分,其根本目的是为当时统治阶级服务的,孝的政治化倾向十分明确。

第四,孝的法律制度化规定。《孝经》除了强调道德教化和劝诫达到孝行天下、淳化世风的作用,还主张以立法的形式对不孝的行为进行相应的处罚,《孝经》中专门设立《五刑章》进行说明和论述。"五刑"是指墨(刺字)、劓(割鼻)、剕(断脚)、宫(破坏生殖器)、大辟(死刑)。《孝经》云:"子曰:'五刑之属三千,而罪莫大于不孝。要君者无上,非圣者无法,非孝者无亲。此大乱之道也。'"(《孝经·五刑章》)意思是说,像"五刑"这样的罪,还比不上"不孝",不孝之罪,罪大恶极,无法确定罪名。不孝以三种情况为最,一是胁迫君主,二是诽谤先圣,三是非议别人的孝行,此三者,乃是天下一切祸乱的根源,必须以法律的形式加以制止。

第五,孝的神秘主义解释。《孝经》认为孝道可以通于天地之神,神明受到感动而降下福佑。"子曰：'昔者，明王事父孝，故事天明；事母孝，故事地察。长幼顺，故上下治。天地明察，神明彰矣。故虽天子，必有尊也，言有父也，必有先也，言有兄也。宗庙致敬，不忘亲也。修身慎行，恐辱先也。宗庙致敬，鬼神着矣。孝悌之至，通于神明，光于四海，无所不通。诗云：自西自东，自南自北，无思不服。'"（《孝经·感应章》）《孝经》以古代圣明的天子为例，认为只要虔诚地侍奉父母、奉祀天帝，天帝也能明了他的孝敬之心，就会显现神灵，降下福祉。所以，即使是在宗庙举行祭祀，也要充分地表达对先祖的崇高敬意。这样伟大的孝道，充塞于天下，磅礴于四海，没有任何一个地方它不能到达，没有任何一个问题它不能解决。这里已具有了将孝道神秘化解释的倾向了，这对董仲舒神秘主义孝道观产生了深刻影响。

第四节 《孝经》首次提出"以孝治天下"的理论模式

中国古代社会是一个由氏族社会父系家长制演变而来的，宗族组织与国家组织合二为一。统治阶级为了维护世袭统治，把国家权力按血缘关系对王族贵族进行分配。家庭、家族与国家在组织结构方面的共同性，这种"家国同构"的社会格局是宗法社会的显著特征。中国古代社会家与国的系统组织与权力配置都是严格的家长制，家庭观念在中国传统文化中有着重要的地位。这种"家国同构"的社会政治模式是儒家文化赖以存在的社会渊源，儒家强调"修身、齐家、治国、平天下"的个人理想，就是"家"与"国"之间这种同质联系的反映。作为儒家重要经典之一的《孝经》，将维护家长制的"孝"提高到极致，是适应了中国古代社会宗法制度的需要。《孝经》中对孝的社会功能、孝的管理措施以及孝治天下可以达到的理想社会目标都进行了系统论述，它最终完成了"以孝治天下"的管理理论模式。

第一，《孝经》对孝的社会功能的论述。《孝经》首先以古代圣贤明君为例，说明孝治天下的巨大作用，它说："昔者明王之以孝治天下也，不敢遗小国之臣，而况于公、侯、伯、子、男乎？故得万国之欢心，以事其先王。"（《孝经·孝治章》）意思是说从前圣明的帝王以孝治天下，对小国的使臣都待之以礼，所以得到各国诸侯的爱戴和拥护。《孝经》上还说:"君亲临之,厚莫重焉。"(《孝经·圣治章》)所以父亲对儿子,具有国君与父亲的双重意义的身份,既有君王的尊严,又有为父的亲情,既有君臣之义,又有天性之恩,在人伦关系中,厚重莫过于此。《孝经》作者认为可以"移孝作忠","夫孝,始于事亲,中于事君,终于立身"。(《孝经·开宗明义章》)孝的第一个阶段是奉养双亲;第二个阶段是"移孝作忠",以侍奉父母之心去忠诚于自己的国君;第三个阶段是立身扬名,所以"立身行道,扬名于后世,以显父母,孝之终也"。(《孝经·开宗明义章》)"扬名后世"是孝的更高级的标准,但是它只能与忠君紧密联系才可能实现,因此,孝的第二个阶段和第三个阶段都是与"忠君"联系在一起的,这就是"孝治"的巨大社会功能。《孝经》主张:"君子之事亲孝,故忠可移于君;事兄悌,故顺可移于长;居家理,故治可移于官。"(《孝经·广扬名章》)孝向纵向方向发展,就可以忠君事君;孝向横向方向发展,就可以与兄弟朋友处好关系,可见,《孝经》对孝的巨大社会功能进行了系统的梳理。

第二,《孝经》对孝的管理措施的论述。《孝经》对"如何实现'孝治天下',孝治管理措施的具体内容是什么"进行了详细回答。首先,统治者要以身作则。《孝经》记载:"曾子曰:'敢问圣人之德,无以加于孝乎?'"(《孝经·圣治章》)曾子问孔子,是不是没有什么德行比孝更重要了,孔子回答:"天地之性,人为贵。人之行,莫大于孝。孝莫大于严父。严父莫大于配天,则周公其人也。"(《孝经·圣治章》)人是天地间最贵重的动物,孝是人的最重要的德行,这是因为天道如此,就像周公以德配天、泽及天下一样。其次,实行道德教化。《孝经》非常重视孝道的道德教化,比如:"教民亲爱,莫大于孝。教民礼顺,莫善于悌。移风易俗,莫善于乐。"(《孝经·广要道章》)孝道就是热爱自己双亲,由此进而推及热爱别人的双亲,人民之间就能亲爱和睦。《孝经》又云:"圣人之教,不肃而成,其政不严而治,其所因者本也。"(《孝经·圣治章》)就是说圣人教化人民,不需要采取严厉的手段就能获得成功,就能管理得很好,这正是因为根据人的本性,以孝道去引导人民的结果。最后,强化法律制度保障。《孝经》认为奉行孝道,要做到"五备"和"三除"。所谓"五备"是指"孝子之事亲也,居则致其敬,养则致其乐,病则致其忧,丧则致其哀,祭则致其严,五者备矣,然后能事亲"。

"三除"是指"事亲者，居上不骄，为下不乱，在丑不争"。（《孝经·纪孝行章》）《孝经》认为不孝是天底下最大的罪恶，不孝之罪大恶极，甚至超过三千条刑法中任何一条，"五刑之属三千，而罪莫大于不孝。要君者无上，非圣者无法，非孝者无亲。此大乱之道也"（《孝经·五刑章》）。《孝经》第一次提出以法律的形式来保障孝道的奉行，这为"以孝治天下"的管理模式的又一重要理论支撑。当然这也是《孝经》对于孔子等人孝德理论的巨大偏离和"质"的飞跃发展，汉代统治者多以法律强制性手段保障孝道的奉行，忽略了"孝"作为一种个人品德的道德自律性。由"德"向"道"的变化，是孝的异化发展，也为孝向"愚"的方向发展埋下了伏笔。

第三，《孝经》对孝的社会目标的论述。陈德述教授在《儒家管理思想论》一书中对儒家管理目标进行了概括性论述，他说："儒家提倡天人合一，通过克制自己的私欲和修身养性，达到心灵的和谐以及人与人之间的和谐，通过德治仁政、宽猛相济的治理方法和官员清正廉洁来实现官与民之间的和谐，最后企图通过实现大同社会来达到社会的整体和谐。"（《孝经·三才章》）《孝经》中也主张安民安国、社会和谐是孝的社会目标要求，如《孝经》上说："先之以敬让，而民不争；导之以礼乐，而民和睦；示之以好恶，而民知禁。"（《孝经·三才章》）还说："夫然，故生则亲安之，祭则鬼享之，是以天下和平，灾害不生，祸乱不作。故明王之以孝治天下也如此。"（《孝经·孝治章》）"和睦""和平"是儒家孝道思想所追求的理想目标，从这一点来看，儒家孝道思想在主观意志上是可取的，它闪耀着人性的光辉。《孝经》还引用孔子的话："先王有至德要道，以顺天下，民用和睦，上下无怨。"（《孝经·开宗明义章》）"至德要道"就是"以孝治天下"，以孝的道德教化引导人民，远比战争、杀戮和镇压更加文明，更加人性，也更具有稳定社会的作用。

除了认为"孝治"可以使人民安居乐业，达到天下太平外，《孝经》还认为"孝治"从客观上还可以促进社会物质文明的进步"……制节谨度，满而不溢。高而不危，所以长守贵也。满而不溢，所以长守贵也"。（《孝经·诸侯章》）奉行孝道，就不会骄傲，进而俭省节约，慎守法度，财富充裕并可以长久地保守财富。同时，奉行孝道，还可以"谨身节用，以养父母"（《孝经·庶人章》）。因为孝子常常会想起要奉养自己的父母，就不会铺张挥霍，他（她）会省吃俭用，以此来供养父母。这一点，在今天还具有教育意义，比如现在许多学生，为了与同学攀比而嫌父母太穷，做出一些过激的行为。

综上所述，《孝经》对先秦孝德思想进行系统总结和大力提升，它直接促使了孝由"德"向"道"的转化。众所周知，"道"与"德"在中国哲学史上是两个不同的概念和范畴。《道德经》说："道生之，德畜之，物形之，器成之。是以万物莫不尊道而贵德。道之尊，德之贵，夫莫之命而常自然。"（《道德经·五十一章》）"道"生长万物，"德"蓄养万物，使它们成长发育、开花结果、繁衍后代，给它们最大的照顾和护佑。虽然道家之"道"和先秦儒家之"道"的内容及特征有区别和差异，前者侧重于宇宙法则以及自然和人关系原则，后者更多地强调人类社会关系原则，但在"道"与"德"之间关系问题上，两者都强调"道是德的依据，德是道的外在体现"，在这一点上两者亦有异曲同工之妙。成中英也认为"道"与"德"的关系是："道代表了最高的价值和原则的理想或人生的真理。因为上天创造生命并决定人的才能和能力，因此，道也必须在对这些能力的自我实现和自我发现中体现出来，这些能力就被称为德。"由此可见，《孝经》将孝提升为宇宙万物的普遍原则，是一切道德的根源和依据，它充塞于天地之间，既是家庭伦理道德，也是政治伦理道德和政治手段，是制止一切祸乱的根本准则。《孝经·开宗明义章》中也明确将"孝"作为"至德要道"，显然《孝经》中"孝"不仅仅是一种个体德行，更是一种宇宙法则和本源，是一种万事万物之"道"，是一种人类社会之"道"。自此，《孝经》最终完成了儒家孝道思想的理论体系，它在世界观上将"孝"推向极致，在政治思想上主张"以孝治天下"，对汉代及以后的封建政治产生了深远影响。

第 四 章

孝治理论的形成与实践

第一节 汉代儒家的政治转向

关心政治、参与政治，这也是先秦儒家的社会理想和目标追求。只不过这种理想和追求更多的是从属于自己的思想主张，也就是努力用思想主张去影响政治，希望建立一个自己理想的道德社会模式。春秋战国时期，儒家在政治上并未显示出大的建树和作为，倒是法家在政治上取得了成功。但随着秦朝的灭亡，法家治理模式也随之失败。到了汉代，随着封建强权政治的建立，文化相对弱势的现实以及儒家的不断总结和反思，汉代儒家在坚持儒家基本理念的基础上，更加注重权变的思想，把孔子的权变思想发挥得淋漓尽致，而叔孙通正是汉初儒家的代表性人物。

叔孙通是山东薛县人，出生在儒家思想的诞生地。秦朝时，因为他精通儒术被召进朝廷，做了个待诏博士。几番转折，他投靠了刘邦。汉朝建立后，刘邦让叔孙通当博士，赐号为稷嗣君。由于天下初定，当年跟刘邦打天下的功臣，有的居功自傲，有的自由懒散，有的恶习难改，连上朝也是乱作一团，宴会上更是酗酒争功、拔剑击柱，刘邦厌烦却毫无办法。担任礼乐制度制定的叔孙通，通过一系列儒家礼仪，规范了刘邦手下的言行，解决了心头大患，因此得到了刘邦的赞赏，到了汉高祖九年（前198年），叔孙通被任命为太子太傅，地位十分显赫。儒家在汉代的政治地位也因此得到根本性好转。

叔孙通制定了哪些礼仪制度呢？第一，朝礼，也就是令诸侯王、列侯、文武百官等朝见皇帝必须遵守的礼仪制度，使君臣上下尊卑有序，皇帝的权威和尊严得以确立。第二，宗庙礼乐，即皇帝祭祀宗庙时使用的礼乐仪式，以体现天子的威严。第三，婚姻嫁娶之礼，他制定"六礼"，即婚姻嫁娶的六道程序和仪式，包括纳采、问名、纳吉、纳微、请期、亲迎，婚姻的隆重感和严肃感得以体现。除此之外，叔孙通还制定了其他礼仪制度，对规范当时社会秩序起到了重要作用。

叔孙通制定的礼仪制度，并非纯粹的礼仪，而是法制化的礼仪，也就是与律令同录，违反了礼仪就会遭到相应的法律制裁。儒家思想的权变特征、儒家文化的开放性、儒家实践的灵活性，在汉代更加得以凸显。儒家政治理想人格"志士仁人""大丈夫"等主体特征与封建政治之间的鸿沟得到较好的消解，这一切是以不断牺牲儒家人格精神和人格形象为代价的。可以这样说，儒家思想成功政治化的同时，也是儒家精神不断衰落、儒家思想不断附庸化和工具化的开始。

第二节 《春秋繁露》——儒家孝治思想的形成

《春秋繁露》是汉代儒家董仲舒阐述其政治哲学的一本书。它以公羊学为理论基石，大力发挥"大一统"之旨，以儒家思想为主干，兼杂阴阳五行和黄老之学，把"天人感应"的神学论发挥到极致，为汉代"以孝治天下"的封建主义政治模式的成型奠定了理论基础，儒家孝治思想也由此完全形成。

《春秋繁露》与儒家孝治思想的形成。

第一，"大一统"思想与孝。战国之乱，法家思想适应了当时社会的需要，为完成社会形式上的统一起到了重要作用。秦国以商鞅变法为契机，实现了国力空前的强盛，最终扫平六国，建立起了强大的秦帝国。表面强大的秦帝国却在短短十四年里走向灭亡，这说明秦帝国统一六国只是完成了军事上的统一，是小统；而社会政治和文化的"大统一"却没有真正实现；而经过战争祸害的社会也更需要实行稳定和谐的社会经济政策，董仲舒提出的"大一统"思想适应了当时社会的需要。

何为大一统？《汉书·王吉传》："《春秋》所以大一统者，六合同风，九州共贯也。"大，是动词，为重视、尊重之意；一统，原指天下诸侯皆统系于周天子，后来指封建王朝统治全国为一统，这就是大一统。

封建皇帝代表天子，一统也可以说是统一于天。在董子哲学里，天是至高无上，有人格意志，生养主宰万物的至神。他说："天者万物之祖，万物非天不生。"（《春秋繁露·顺命》）他对天推崇备至，用天来囊括万物，他的"大一统"思想的端倪也可窥见一二。他还认为人间之道是效仿天的规律来运作的，天是人道的依据和理由，即谓"道之大原出于天，天不变，道亦不变"。天是至大的，也是万物之祖，"祖"的观念与他主张的孝道思想不谋而合，也为他孝治思想的论证奠定了哲学理论基础。

第二，天人感应思想与孝。董仲舒根据《公羊春秋》中讲宣公变古易常天应之而有灾的灾异说，借阴阳五行学说并进一步发挥了《公羊春秋》中灾异说，他在应汉武帝之对策时说："臣谨案春秋之中，视前世已行之事，以观天人相与之际，甚可畏也。国家将有失道之败，而天乃先出灾害以谴告之，不知自省，又出怪异以警惧之，尚不知变，而伤败乃至。"这是董子最初的天人感应思想，其目的也是用天来限制皇帝的欲望和权力。为了进一步证明天人感应的合理性，他甚至宣称：人的外貌形体、精神意志、道德品质等，都是天的副本或复制品，与天相符的；人间的伦理道德也是效仿天的德行，"天生之以孝悌，地养之以衣食，人成之以礼乐，三者相为手足，合以成体，不可一无也"（《春秋繁露·立元神》）。还说："举显孝悌，表异孝行，所以奉天本也。"如果人间有"不信仁贤，不敬父兄"（《春秋繁露·治水五行》）的行为，上天就会示以狂风暴雨不止、五谷无收而警告之。

第三，三纲五常思想与孝。董仲舒在孔子的"君君臣臣父父子子"的伦理思想和仁的哲学思想基础上，进一步发展了孟子的"父子有亲，君臣有义，夫妇有别，长幼有序，朋友有信"的"五伦"道德规范和仁义礼智"四端"德行学说，提出了"三纲五常"封建伦理道德学说。"三纲"即"君为臣纲，父为子纲，夫为妻纲"，"五常"即仁义礼智信。《说文》中释纲为"维纮绳也"，就是提网的总绳之义；释常为"下裙也"（名词），基本形容词义有永久、固定不变之义，"纲常"合用就是指永恒不变的规范和法则，后用"纲常"作为三纲五常的简称。董仲舒说："君臣、父子、夫妇之义，皆取诸阴阳之道。君为阳，臣为阴；父为阳，子为阴；夫为阳，妻为阴。阴阳无所独行。其始也不得专起，其终也不得分功，有所兼之义。""王道之三纲，可求于天。"（《春秋繁露·

基义》）

　　董仲舒通过阴阳和五行学说把孝的道德伦理置于天的统一意志之下。他认为天有阴阳之道，二者相兼，三纲也效仿上天，有阴阳相兼之理，父慈子孝就是取自上天阴阳相兼之道，"阳兼于阴，阴兼于阳，夫兼于妻，妻兼于夫，父兼于子，子兼于父，君兼于臣，臣兼于君。君臣、父子、夫妇之义，皆取诸阴阳之道。君为阳，臣为阴；父为阳，子为阴；夫为阳，妻为阴。阴道无所独行。其始也不得专起，其终也不得分功，有所兼之义。是故臣兼功于君，子兼功于父，妻兼功于夫，阴兼功于阳，地兼功于天"。并且"贵阳而贱阴也"（《春秋繁露·阳尊阴卑》），所以父为子纲。同时，董仲舒还用"五行"与"五常"相对，即"东方者木，农之本，司农尚仁……南方者火也，本朝，司马尚智……中央者土，君官也，司营尚信……西方者金，大理，司徒也，司徒尚义……北方者水，执法，司寇也，司寇尚礼……"（《春秋繁露·五行相生》），并且用"五行"学说来解释孝，所谓"五行相生"，即为："木生火，火生土，土生金，金生水，水生木，此其父子也。"（《春秋繁露·五行之义》）

　　汉代皇帝大多数重视孝。汉代初期，虽然主要以黄老之学治国，但汉高祖、汉惠帝等汉初皇帝都大力提倡孝道。经过董仲舒的改造，儒家孝道更能适应封建统治的需要，作为家庭伦理的孝逐渐向政治伦理过渡，孝治思想开始形成，孝治思想落实到具体政治实践之中，于是形成了汉代"以孝治天下"的政治模式。

第三节　汉代"以孝治天下"的政治模式

　　汉代社会初期，占统治地位的思想是黄老之学。到了汉武帝时期，随着黄老思想逐渐被冷落，经学日益兴旺，董仲舒儒家学说得到了皇帝的重视，并实施了"罢黜百家，独尊儒术"的政治文化运动。在这样的背景下，作为在儒家思想体系中占重要位置的"孝"，也备受统治阶级的尊崇。

　　到了文帝时期，统治集团采纳了董仲舒的"三本"政治主张，认为治理国家必须抓住"孝悌、衣食、教化"三个根本，才能把国家治理好。孝悌强调精神文明建设，衣食强调物质文明建设，教化是精神文明和物质文明的保证。不仅如此,孝还渗透到当时社会的各个方面,与政治、经济、法律、伦理、教育等有着密切的关系。汉代孝治的主要措施有:

第一,在思想上高度重视。汉代对孝十分重视,汉高祖刘邦曾以诏告天下:"人之至亲,莫亲于父子,故父有天下传归于子,子有天下尊归于父,此人道之极也。"父子之间的亲情,是人伦中的至亲,由此推论出,父权子承是天经地义的事情,儿子继承了父亲的事业,应该感恩戴德,慎终追远。高祖去世后,汉惠帝继位后做的最重要的一件事就是下令各郡诸侯着手兴建高庙,"令郡诸侯王立高庙",以追思汉高帝。汉惠帝以身作则,奉行孝道,受到后世赞誉,《汉书》赞曰:"孝惠内修亲亲……可谓宽仁之主。"他死后,后人以孝惠为其谥号。汉武帝时期,也颁布诏书:"今天下孝子、顺孙愿自竭尽以承其亲。"可见,汉代大多数统治者非常重视孝,这是汉代封建社会一大显著特征。

第二,将孝纳入法律体系。汉代社会是我国历史上第一个完备地将孝纳入法律体系的朝代。把孝纳入法律是汉代孝治的一项重要措施,其总体思想是对孝的行为进行奖励,对不孝的行为进行惩罚,具体内容有:(1)设立三老、孝、悌、力田等官员进行专职监督,并依据政绩表现进行相应的奖励。汉文帝十二年(前168年)颁诏曰:"孝悌,天下之大顺也;力田,为生之本也;三老,众民之师也;廉吏,民之表也……其遣谒者劳赐三老、孝者帛,人五匹;悌者、力田二匹;廉吏二百石以上率百石者三匹。及问民所不便安,而以户口率置三老、孝、悌、力田官员,令各率其意以道民焉。"(2)举孝廉。在汉代社会,一般说来,孝与廉是相连的,孝官也是廉官,廉官也是孝官。孝悌是乡官,他们由当地德高望重,具有一定影响力的人来担任。吕后元年(前187年)二月,就曾"初置孝弟力田二千石者一人",汉武帝曾"令二千石举孝廉",二千石是一种官级,相当于当时的郡守级别。这些官员对于稳定地方秩序、道德劝诫、淳化世风起了重要的作用。统治者十分重视他们,除了奖赏以外,还给他们免除徭役、赏赐、加爵等特权。(3)奖励孝子。对孝子进行奖励是汉代孝治的又一重要措施。《汉书·武帝纪》记载:"皇帝使谒者赐县三老、孝者帛,人五匹;乡三老、弟者、力田帛,人三匹;年九十以上及鳏寡孤独帛,人二匹,絮三斤;八十以上米,人三石。"给县级孝者奖励五匹帛,与三老嘉奖相等,可见汉武帝对孝的重视程度。汉宣帝黄龙元年（前49年）夏四月，颁诏布告天下："关东今年谷不登，民多困乏。……赐宗室有属籍者马一匹至二驷，三老、孝者帛五匹，弟者、力田三匹，鳏、寡、孤、独二匹，吏民五十户牛、酒。"（4）惩罚不孝。汉代统治者对不赡养父母、殴打父母、告发父母等不孝行为进行严厉惩罚是汉代法律的一大特色。《汉书·淮南衡山济北王传》记载："子爽坐告王父不孝，皆弃市。"

第三，重视孝的教化作用。孝是汉代社会国民教育的主要内容和显著特征。特别是汉代"罢黜百家，独尊儒术"之后，儒家经学地位在当时十分显赫，成了占据统治地位的官方学术思想，汉代许多人通过学习、精通儒家经学而官运亨通，社会上下都非常重视儒家经学。加之政治上的举孝廉，人们可以通过学习儒家孝道经典，并在社会生活中加以实践，以孝扬名，就能够加官晋爵。所以，在汉代社会里，上至朝廷，下至庶民，都非常重视孝的教化功能。皇帝立太子，习通孝道，孝敬父母是考察内容之一。如元平元年（前74年）秋七月，大将军霍光奏议曰："礼，人道亲亲故尊祖，尊祖故敬宗。大宗毋嗣，择支子孙贤者为嗣。孝武皇帝曾孙病已，有诏掖庭养视，至今年十八，师受《诗》、《论语》、《孝经》，操行节俭，慈仁爱人，可以嗣孝昭皇帝后，奉承祖宗，子万姓。"刘病已也就是后来的汉宣帝。汉代各级学校教育中，《孝经》也是教育的主要内容之一，皇帝对孝道教育情况还要进行检查。如汉武帝元狩六年（前117年）六月派遣博士六人巡行天下，检查孝道教育落实情况，"谕三老、孝弟以为民师，举独行之君子，征诣行在所"。从总体上来说，通过朝廷的重视、地方政府的推动，汉代孝道教育在当时起到了重要作用，产生了像董永这样的大孝子，全社会敬父养老蔚然成风，对淳化世风、稳定社会起到了巨大推动作用。

汉代孝治既从理论上把中华孝道文化向纵深方向进行了历史性推进，又在客观上奠定了孝道无比广阔的实践基础。从政治效果和产生的影响来看，汉代"以孝治天下"既存在着人性光辉，又存在着封建糟粕。汉代"以孝治天下"使得作为社会的细胞——家庭十分团结，亲人关系和睦，有力地促进了家庭稳定和社会和谐。但是，随着汉代孝治政策的落实和推广，举孝廉重德不重才，甚至出现了"举秀才，不知书"的尴尬局面。加之功利主义和血缘情结的滋生，一些"假孝子"

采取弄虚作假、徇私舞弊等手段，以获取政治上的功利和功名。还有一些人千方百计，不择手段，沽名钓誉，掩人耳目，欺世盗名，以获得"孝子"的美誉。从这一点上来看，汉代孝治是国家政治昏暗和官员腐败无能的重要原因之一。

第 五 章

孝的发展与嬗变

第一节　汉代以后孝道的演进和孝治的实践

汉代之后，中国历史进入魏晋南北朝时期。这一时期，是中国文化第一次受到外国文化的强大冲击——佛学的传入，中国土生土长的儒、道与外来的佛学文化"三者"之间对立的冲突与融合成为文化发展的主要特征，儒学的独尊地位得到明显削弱。但是，儒家文化毕竟有它生长的土壤，作为儒家核心价值观念之一的孝道虽然没有像汉代那样备受推崇，但从总体上看，"以孝治天下"仍是统治阶级采用的基本国策。

魏晋南北朝时期统治阶级对孝道思想十分重视，并在政治上加以实践。曹操虽然一直强调"唯才是举"，但也认为："治平尚德行。"魏时著名思想家刘劭曾说："《孝经》以爱为至德，以敬为要道。"晋武帝司马炎灭掉蜀之后，要征召亡国之臣出任新朝官员时，曾任蜀汉尚书郎的李密因为家有老母九十有余，不愿意赴任，写下言辞恳切、委婉动人的《陈情表》一书，感动了晋武帝，不但恩准了他的请求，还礼待有加。相反，作为"竹林七贤"之一的嵇康却是因为被冠以"不孝"的罪名而被晋文帝杀害的，可见，孝在魏晋时期的重要性。从总体上看，魏晋统治阶级提倡孝道与汉代有着重要区别，魏晋时期的孝的提倡多具虚伪性和欺骗性，嵇康被杀就是明显的例子，"以孝治天下"只是一种手段而已，使阶级压迫和政治杀戮"师出有名"罢了。一些贵族也往往借助"孝"欺世盗名、沽名钓誉，以增加政治仕途优势的筹码。魏晋时期，孝道在民间的发展也出现严重异化，如《二十四孝》中的"闻雷泣墓""哭竹生笋""卧冰求鲤""恣蚊饱血"等故事的产生，都是孝道"极端化"的产物。

　　隋唐时期，统治阶级大都不太重视孝道。隋炀帝杨广杀死自己的父亲隋文帝杨坚，自称皇帝，在儒家孝道思想中属于大逆不道之为。唐代皇帝如李世民、李亨都属于不孝之子，肖群忠教授在总结唐代孝道时认为唐代总体上不太重视孝的原因是：第一，唐统治者他们本身就不是什么孝子；第二，唐代的宫廷政变和政治斗争频繁；第三，佛教的盛行打破了儒家社会等级观念；第四，李唐皇室的"胡化"色彩和各民族大融合之后受少数民族不重礼法、不讲孝道的影响。当然，唐代总体上不太重视孝道，并不意味着唐代完全不讲孝道，如《新唐书》记载："圣人治天下有道，曰：'要在孝悌而已。'父父也，子子也，兄兄也，弟弟也，推而之国，国而之天下。建一善而百行从，其失则以法绳之。故曰：'孝者，天下大本，法其末也。至匹夫单人，行孝矣概，而凶猛不敢凌，天下喁而旌之者，以教其孝而求忠也。'"孝是天下的"大本"，而法律只是不得已的办法，是下等措施。固然，这里的"孝"更多地具有政治色彩，也就是说，"孝"如果不推移为"忠"，不以"孝"求"忠"，那就起不到应有的作用。

　　总而言之，隋唐时期，许多皇帝为了使自己荣登皇位成为合情合理，大都不采取倡导"孝道"这一矛盾做法。但是，为了铲除异己，维护统治，他们又纷纷采取以"不孝"之罪名加以杀戮。所以，隋唐时期的孝道彻底抹去了血缘亲情的那层温情脉脉的面纱，使儒家更加明显地向着"虚伪性、欺骗性"方向发展。而在民间，孝道的极端异化更是表现得体无完肤、淋漓尽致。此时的孝道对先秦儒家提倡的"孝德"已是完全偏离、极端异化和彻底变质，孝道逐渐向"愚孝"方向畸形发展。元代郭居敬辑录的《二十四孝》正是孝向"愚孝"方向演进的经典之作。

第二节　《二十四孝》——愚孝的"经典之作"

　　自《孝经》以来，孝的神秘主义解释已初见端倪。汉代董仲舒更是以用阴阳五行模式解释孝道。作为家庭伦理之孝，它本是子女对父母养育之恩的真情报答，是子女发自内心的、毫无虚伪和掩饰的自然情感，这种情感是人伦关系最美好的东西。但是这种真情一旦笼罩上一层神秘主义宗教色彩，就会变质，孝行、孝德、孝道也就逐渐演变为愚孝。《二十四孝》正是儒家孝发展为愚孝的经典之作。

《二十四孝》全名《全相二十四孝诗选》，关于其作者，有三种说法，一说是郭居敬，一说是郭守正，一说是郭居业。四川大学江玉祥教授认为："郭守正、郭居敬两种说法，应以郭居敬为是，至于郭居业之说，显系郭居敬之误，不值一驳。"《二十四孝》成书后，立即受到世人的广泛关注，成为宣传孝道的通俗读物和儿童启蒙教材。清代王素绘和近代陈少梅以此为依据，为其配图，做出了《二十四孝图册》和《二十四孝图》，流传至今。

《二十四孝》的文章结构及主要内容：

不论从年代顺序，还是从行孝的方式来看，《二十四孝》中的故事杂乱无章，毫无逻辑结构可言，但后世对《二十四孝》的流传以及配图、配诗，都以这个编排为顺序。通过仔细研究就会发现，其实这二十四个故事是有逻辑次序的，那就是从"先帝行孝"到"圣徒行孝"，再到"历代孝子行孝"。

首先是"先帝行孝"。《二十四孝》中"孝感动天"讲的是上古时期帝王虞舜对父亲、继母尽孝的事迹。虞舜是儒家推崇和标榜的圣王形象，所谓"垂儒家道统，开华夏文明"正是对虞舜的正名之言。而"亲尝汤药"写的是汉文帝刘恒在母亲卧病三年，常常目不交睫，衣不解带，母亲所服的汤药，他亲口尝过后才放心让其服用。汉文帝以仁孝之名，闻于天下，他在位24年，重德治，兴礼仪，使西汉社会稳定，人丁兴旺，他与汉景帝统治时期被誉为"文景之治"。

其次是"圣徒行孝"。所谓"圣徒"，在这里是指儒家圣徒——孔子的弟子曾参、仲由和闵损。《二十四孝》中"啮指痛心"讲的是孔子学生中以孝著名的曾子行孝的故事。（文章前已有详细叙述，于此不多言）"百里负米"写孔子的学生子路早年家中贫穷，自己常常采野菜做饭食，却从百里之外负米回家侍奉双亲的感人事迹。"芦衣顺母"写的是闵子骞的继母开始虐待他，他的父亲准备将其休之，闵子骞跪求父亲饶恕继母。孔子曾高度称赞闵子骞的孝行，他说："孝哉，闵子骞！"

最后是"历代孝子行孝"。《二十四孝》中有19个故事写的都是历代孝子行孝的感人事迹，从行孝主体上看，他们的身份有国君、士官、文人、平民及隐士,在性别上有男有女。从故事的时代上看,从周代到宋代各个时期都有。从行孝的方式上看,有反哺报答、细心照顾父母双亲的,如"鹿乳奉亲""涌泉跃鲤""拾葚异器""行佣供母""怀橘遗亲""哭竹生笋""乳姑不怠";有实行自我牺牲来顺从父母的,如"戏彩娱亲""卖身葬父""扇枕温衾""卧冰求鲤""恣蚊饱血""扼虎救父""尝粪忧心""弃官寻母";还有以牺牲亲人为代价的行孝方式,如"涤亲溺器""刻木事亲""埋儿奉母"等。

《二十四孝》的"愚孝"思想。《二十四孝》中不乏因孝感动天地、对父母尽孝尽爱的感人事迹,但从总体上来看,其宣扬的是封建制度的"愚孝"思想。

首先,错树榜样。比如"埋儿奉母",东汉郭巨因家庭贫穷,就要埋掉自己的儿子,以此节省粮食来供养母亲。这种做法愚蠢至极,他的思维仅仅局限在母亲与儿子之间做出选择,难道就不可以有其他办法吗?再如"卧冰求鲤",晋代的王祥,其继母想吃活鲤鱼,适值天寒地冻,他解开衣服卧在冰上,妄图以自己的体温来融化冰层,从而抓到鱼。试想,天气如此寒冷,冰层如此之厚,体温又低,能行吗?如果冻坏了自己,还要病中的母亲千辛万苦来照顾自己,于心何忍?倒不如以利器砸冰而求鱼。可见,故事之荒唐,完全不符合实际,纯属编造。以这样的方式来教育世人行孝,是绝对行不通的。

其次,宣扬迷信。《二十四孝》中有许多神秘主义宗教色彩,其目的是宣扬封建迷信,麻痹民众,为封建专制统治服务。比如"卖身葬父",董永因为卖身于一富家为奴,换取丧葬费用的尽孝事迹就感动了上苍,"天上掉下一个林妹妹"——玉帝的女儿因感动下嫁于他做妻子。再如"哭竹生笋"写的是晋代孟宗少年时父亡,母亲年老病重,医生嘱用鲜竹笋做汤。适值严冬,没有鲜笋,孟宗无计可施,独自一人跑到竹林里,扶竹哭泣。少顷,他忽然听到地裂声,只见地上长出数茎嫩笋。孟宗大喜,采回做汤,母亲喝了后果然病愈。这些奇迹的发生,都是因为孝心之至,感动苍穹,上天降下福祉,成就了一代孝子美名。显然,这具有十足的欺骗性、愚昧性和麻痹性,它宣传的是只要委曲求全、盲目顺从、忍气吞声、一孝到底,就能出现奇迹,使你不仅获得了一个"孝子"的美名,而且还可以得财、做官,何乐不为呢?

最后，扭曲人性。《二十四孝》有些故事对人性是一种扭曲，甚至是灭绝人性，完全失去人情。如"尝粪忧心"，南齐的庾黔娄，自身是一个县令，赴任不满十天，父亲病重，医生嘱咐说："要知道病情吉凶，只要尝一尝病人粪便的味道，味苦就好。"黔娄于是就去尝父亲的粪便，发现味甜，内心十分忧虑，夜里跪拜北斗星，乞求以身代父去死。最后，父亲还是死了。作为一名县官，多少有一些知识，居然相信以"尝粪"可以判断吉凶，说明这个县官也是个糊涂官。再如"刻木事亲"，这本身没什么错误，对父母的追念是情理之中的事情，但因为妻子对木像有些不恭敬就二话不说，将其休了，这太没道理了。父母死不能复生，妻子被休了，如何面对世人？在那个时代，他的妻子只有去"上吊""跳河"了，难道主人公丁兰就不是间接杀人凶手吗？由此可见，《二十四孝》中许多所谓"孝子"，其内心是极端的冷酷无情，其做法是愚昧透顶，其名声是多么的虚伪可笑，完全是对人性的扭曲和灭绝，不值得后人歌颂。

综合说来，《二十四孝》对历史人物和历史事迹的过分夸张，表面上看是以宣扬孝道的身份出现，而其本质却是宣扬对封建上层统治者的忠心，其目的是为巩固封建统治，维护封建宗法统治秩序服务的，其封建糟粕暴露无遗。我们应对其封建"愚孝"成分予以彻底的否定，再现中华民族美德之精华中的"孝德"思想。

第三节　宋明理学阶段：愚孝理论体系的最终成型

晋之后，儒、释、道三教之间由长期斗争逐渐走向融合，到了宋代，演绎成一场声势浩大、波澜壮阔而又影响久远的儒学运动，这就是宋明理学。宋明理学以儒家经学为主体，吸收佛、道思想，直接促使儒家学说从汉学（重章句注疏）向义理之学转变，它是对隋唐以来逐渐走向没落的儒学的一种强有力的复兴，是儒学进入一个新的理论高度的产物。随着封建社会制度由鼎盛逐渐走向衰落，宋明时期封建专制主义的强化达到了登峰造极的地步。作为封建社会的两大精神支柱，孝与忠其本质具有内在一致性，所谓"家国同构，忠孝一体"。宋明时期统治者清楚地知道"事亲孝，故忠可移于君；事兄悌，故顺可移于长"。宋明理学将孝道理论加以哲理化和神学化，儒家仁义孝等德目变成天理，变成了人性和万物的本体。在民间，对父母的孝变成了绝对听命、盲目顺从、唯命是听，孝的本质进一步绝对化、极端化和愚昧化。总体说来，宋明理学阶段是中国愚孝理论体系的最终成型，孝完全背离了家庭伦理道德，变成了赤裸裸的封建专制统治思想武器。

第一，宋明理学对孝的哲理化论证。

宋明理学的奠基者程颢和程颐认为自然之法则就是"天理"，"天理云者，这一个道理，更有甚穷已？不为尧存，不为桀亡"。还说："几时道尧尽君道，添得些君道多；舜尽子道，添得些孝道多？"又说："父子君臣，常理不易，何曾动来？"二程将孝道提升为普世性美德，认为孝道乃是常理，是天道、天理，不会因为世事的变化而改变。

宋明理学的另一奠基人张载也说："乾称父，坤称母；予兹藐焉，乃混然中处。故天地之塞，吾其体；天地之帅，吾其性。民吾同胞，物吾与也……于时保之，子之翼也；乐且不忧，纯乎孝者也。"又说："天所以长久不已之道，乃所谓诚。仁人孝子所以事天诚身，不过不已于仁孝而已。"张载把天地比喻为父母，人由天地所生，从天与人的统一，推论出天道与人道、伦理的统一。冯友兰认为："'不已于仁孝'，就是说有超社会、超道德的意义。达到这样境界的人，他的精神境界就不是道德境界，而是天地境界了。"在这里，张载将社会伦理与家庭伦理统一起来，将孝道理论提高到与宇宙同等地位。

朱熹是宋明理学的集大成者，他继承了北宋时期程颢、程颐的理学，完成了客观唯心主义的哲学体系。在朱熹的思想体系中，理是至高范畴，他认为理是宇宙万物的本原。他说："天地之间，有理有气。理也者，形而上之道也，生物之本也；气也者，形而下之器也。"在朱熹那里，理是万事万物之先，之本。"君臣有君臣之理，父子有父子之理。"先有父子之间的"理"，再有父子之间的关系，父子之间的"理"就是慈孝。所以孝道就是子女的天分所在，是与生俱来的，也是天理所依的。

通过对二程、张载、朱熹孝道观的分析，不难发现，他们对孝的存在依据的探索，不再像先秦儒家那样从人之内在（性善和性恶）去寻找，而是将目光投向了更为广阔的宇宙。二程和朱熹主唯心，张载主唯物，其目的就是要为人伦之孝找到一个终极依据，他们最终完成了儒家孝道思想的本体论证明。

第二，宋明时期民间孝行的愚昧化。

宋元明清时代，是我国封建社会走向腐朽和没落的时代，封建统治阶级为了维护摇摇欲坠的封建制度，妄图做垂死挣扎，黔驴技穷之际，它们首先想到的还是以往封建皇帝惯用的伎俩，那时强化和鼓吹"君权""父权""夫权"和"神权"。这束缚在下层民众身上的四大绳索，其基本性质都是一样的，那就是强调绝对服从。为此，加强孝道教化就是宋元明清政府重要政治措施之一。《明史·孝义传》就说："孝悌之行，虽曰天性，岂不赖有教化哉！"孝悌虽是天性，但是还需要进一步教化民众。在政府大力倡导和极端教化下，民间演出了许许多多"君要臣死，臣不得不死""父要子亡，子不得不亡"的悲惨故事，如《宋史·孝义传》记载：太原的刘孝忠，母病三年，他不但割股肉，还断左乳以食母。还记载：田翼照顾病重的后母，后母食则食，后母不食则不食，当后母因中毒而死，他亲自尝药，也一命呜呼，他的妻子悲伤过度也死了，最后还是同乡把他们一起葬了。这种父母病，子女割股、挖乳、掏肝，甚至丢掉性命的愚孝行为，完全丧失了人性，在当时，这不仅没有引起人们的反思，反而被当作正面教材加以宣传，加以歌颂，甚至得到皇帝的召见慰谕。

正如肖群忠教授在总结宋元明清时期"愚孝"思想时说到的那样："封建道德把孝的内容定位不分是非曲直，绝对听命，盲目顺从，从本质上说，是要求子女屈从父权的统治，做惟命是听的奴才。这是封建社会的等级关系在家庭、家族中的反映。它表示父为子纲、子对父孝，是一种统治与被统治、压迫与被压迫的关系。正是由于这种观念上的极端化、专制化的教化与强迫教育，使民众在实践上表现出一系列的过激的、愚昧的所谓'孝行'。绝对顺从与愚昧献身把封建孝道从实践上推向了极端。"宋明理学时期儒家孝道思想通过哲理化论证，愚昧化实践，中国封建"愚孝"理论体系最终从本体论和实践观上走向成熟，完全变成了没落的封建统治思想利器，成为麻痹广大人民群众的精神桎梏。

第四节　新文化运动时期对孝的反思

1911年中国爆发了推翻清朝专制帝制、建立共和政体的全国性革命——辛亥革命，结束了中国的封建帝制，开启了民主共和新纪元。辛亥革命的志士仁人从理论上和实践上对维护封建统治的传统伦理思想进行了有力批判。1912年成立的南京临时政府的《临时约法》的制定，彻底把长期统治中国政治、社会的指导思想——儒学赶下台，将民主主义思想作为民主革命的指导思想。紧接着的新文化运动对传统文化（特别是孝道文化）进行了史无前例的历史性反思。

首先，对儒家先秦孝德思想的泛孝特征的反思。新文化运动时期对旧礼教和儒家进行猛烈抨击的吴虞在反对孔子的"三年之丧"论点时说三年不能离开父母怀抱，所以要守三年之孝，照此说来，孝不过是儿女与父母间的买卖交易。吴虞还认为"无后为大"的思想是错误的，他说："男子娶妻是一方面为父母娶的，一方面为子孙娶的，自己全不能作主，那自由恋爱的婚姻，更说不上了。"吴虞在《说孝》一文中指出："孝字最初的意义，是属于感恩。"儿女奉养父母，是一种社会公共美德，但是因此衍生出其他道德，是错误的。

其次，对儒家孝道观的欺骗性和虚伪性的反思。陈独秀在《东西民族根本思想之差异》一文中指出："宗法社会尊家长重阶级。故教孝……宗法制度之恶果盖有四焉。一曰损坏个人独立自尊之人格。一曰窒碍个人意思之自由。一曰剥夺个人法律上平等之权利。［如尊长卑幼同罪异罚之类］一曰养成依赖性。"陈独秀认为宗法制度强调孝，其不良影响就是造成社会的不平等、不自由。吴虞在《家族制度为专制主义之根据》一文中说道："夫为人父止于慈，为人子止于孝，似平等矣；然为人子而不孝，则五刑之属于三千，罪莫大于不孝；于父之不慈者，固无制裁也。"吴虞对《孝经》之《五刑章》中关于对不孝之罪的论述极度不满，认为它片面强调"不孝"之罪，对于"不慈"应如何，没有做一点评论，显然具有欺骗性和虚伪性。

再次，对传统愚孝思想的残酷性和愚昧性的反思。鲁迅从小就接受了《二十四孝图》的教育，对其中的愚昧思想极其反感，他说："倘使我的父亲竟学了郭巨，那么，该埋的不正是我么？"包红英教授认为："对郭巨'孝道'的极端，他给予了疑问，在这'孝'道与人道冲击当中，他的矛头是直接指向'孝'的。"鲁迅在《狂人日记》中对封建礼教的残酷性和愚昧性进行了深刻反思，他写道："我翻开历史一查，这历史没有年代，歪歪斜斜的每页都写着'仁义道德'几个字。我横竖睡不着，仔细看了半夜，才从这缝里看出字来，满本都写着两个字'吃人'。"《狂人日记》深刻地暴露了中国传统家族制度和礼教的极大弊害以及"吃人"本质。鲁迅反思和批判的对象是后世儒家宣扬的"愚孝"思想，这是必要的。

最后，对建立父子关系新伦理的反思。胡适在《关于"我的儿子"的通信》集文中第一次把西方尊重子女的个性与权利这种思想引入中国近代社会父子伦理关系的建设中，比如："树本无心结子，我也无恩于你。但是你既来了，我不能不养你教你，那是我对人道的义务，并不是待你的恩谊。"鲁迅是新文化运动时期建立新型父子伦理关系的思想集大成者，他认为爱敬之心是建立新型父子伦理关系的基石，"扩充这种爱，一要理解，以孩子为本位；二要指导，而非命令、呵责；三是解放，使子女成一个独立的人"。总之，新文化运动时期，鲁迅等人对建立父子关系新伦理的思考，与当时提出的"民主，科学，提倡新道德，反对旧道德"的口号是一致的，这种"自由、平等"的新理念也为现代新型代际关系的确立奠定了思想基础。

总体来说，新文化运动时期对孝的反思和批判，是适应当时民主革命的需要，是适应当时社会变革和进步的客观需求，它对于挣脱封建思想桎梏、接受"自由平等"的民主思想具有重大的启蒙作用。特别是鲁迅等人对传统孝的"形而下"之批判和"形而上"之继承的构思，对于今天如何正确对待传统孝文化，具有很大的启迪性。

第六章

孝文化的现代思考

　　传统孝文化在中国历史长河中的地位十分重要，这一点是肯定的。从孝的起源来看，中国传统孝文化是农耕文明的产物，冯友兰先生也认为中国儒家哲学是"农的渴望和灵感"；从孝的形成和发展来看，在不同历史时期它与当时的社会、政治、经济和文化融合在一起，因此，不可避免地带有历史和阶级局限性，特别是它的封建性糟粕，应该毫不犹豫地予以摒弃。但从总体上来看，孝文化的内容仍有许多有价值的东西，具有不少人民性的精华，这些有合理价值的东西应该给予吸取和发扬。我们应运用辩证唯物主义和历史唯物主义的基本观点，采取批判继承和抽象继承相结合的方法，正确地对待传统孝文化。

第一节　孝文化的当代价值

　　要正确认识中国传统孝文化的当代价值，就必须对它的合理内核有一个清晰的理解。陈德述先生在《儒家的孝道及其现实意义》一文中，曾将儒家孝道文化的合理内核精辟地概括为八个方面，即敬爱、奉养、侍疾、承志、立身、诤谏、送葬和追念，并认为："多年以来，人们的孝道观念渐渐淡薄，不少的人根本不知道什么是'孝'以及怎样'孝'。现在，重提孝道是已经成了不可不为之势了。"陈老先生对今天如何行孝进行了总结，通过分析不难发现，这八个方面中将"敬爱"放在首位，可见孝的本质就是"敬"和"爱"，这是对生我养我的父母的崇敬和感恩，是基于自然血缘关系的本能在心理和行为上自觉释放，这一过程不是任何外力强加的；"奉养"和"侍疾"是孝的基本内涵，也是孝最起码的要求;"送葬"和"追念"是孝的最后环节,也是最能体现孝子之孝心的关键处;"承志""立身"和"诤谏"是对孝子本身的要求,是孝子自身素质的体现。作为一个完整的"孝",应该体现在这八个方面,同时,这也为当今孝的评价标准提供了依据。笔者认为传统孝文化的当代价值主要体现在以下几个方面:

一是赡养父母。衣食住行是决定人的生活质量的前提和基础。由于许多原因,我国农村老人与城市老人在社会保障方面还存在一定差距,居住在城市的老年人基本都能享受到"低保",而在许多农村,老年人在物质生活方面还必须依靠儿女,相对而言,孝敬父母,农村更需要关心老人的物质生活。所以,在当今社会,赡养父母仍是孝的基本内涵。赡养父母主要包括两个方面,一是让父母吃饱穿暖;二是父母有病要及时医治。

二是敬爱父母,精神安慰父母。孝的核心在于敬,这种敬是发自内心的一种真诚的爱。只有做到"敬爱父母",才能很好地从精神方面去抚慰他们。当今社会,儿女很少和父母生活在一起,而父母年龄大了,交往圈子变窄,人际互动减少,缺乏情感支持,从而引发情感危机,情节严重者甚至得了"老年抑郁症",导致一些身体疾病的产生。敬爱父母,精神安慰父母,首先要做到常回家看望父母。1999年春节联欢晚会上,陈红一首《常回家看看》曾感动了千家万户,唱出了无数父母的心声,许多老人流下了感动的泪水。其实,父母真的不需要我们为家做多大贡献,一家人团团圆圆,平平安安,这就是对他们精神的最大抚慰。

三是立身立业。古话说"三十而立",用现在的话来说,就是走正道,成就一番事业。现在,很多学生从学校毕业后,成天抱怨工作难找,不愿意出去找工作,即使找到工作,也不安心上班,理由一大堆,还振振有词,心安理得充当"啃老族",父母"敢怒不敢言"。对父母而言,这不仅增加了他们的物质负担,也是一种心理伤害和精神折磨。

四是追念父母。追念就是不忘父母的生育、养育、教育之恩,这既是对父母生命的追念,也是对父母品格、意志和文化的追念,所以儒家对于"慎终追远"是极为重视的,甚至主张守"三年之丧"。在今天这个时代,守三年之丧是不可取的,但是在传统的清明节之际,子女应该去去先人的坟前,去追念那份厚重的恩情。

以上四点，是笔者对孝的当代价值的概括，虽然不很准确，但只要是做到了，也不愧为新时代的孝子，这也是笔者所希求的。

第二节　新时代弘扬孝文化的意义

孝的本质就是敬和爱，孝的价值就是敬爱和敬爱的引申。所以，敬爱父母具有普遍的意义，这是超越时代和阶级的。孝是家庭道德的基础，子女赡养父母，让父母安度晚年，这是天经地义的。虽然儒家强调的孝不仅仅局限于家庭伦理，它从爱亲开始推延去爱别人，爱社会，爱国家，爱万物，这已超出了孝的本来含义，是泛孝主义和博爱主义。封建孝道思想（特别是愚孝观念）宣扬对于父权要绝对服从的奴隶主义，这剥夺了子女的独立人格，这是绝对应该抛弃的。当今社会，是经历过"科学"与"民主"的思想解放运动的崭新时代，父母与子女之间的关系是完全平等的，在此基础上弘扬民族优良传统，提倡新孝道，是人格平等的孝，是民主的孝。所以，在今天，继承、弘扬传统孝文化具有特别重要的意义。

首先，弘扬孝文化有利于减缓"老龄化"的社会危机。今天的中国，已经步入老龄化社会，据世界银行统计和预测，1950 年，中国 60 岁及以上老年人口为 4160.7 万人，占世界老年人口总数的 13.4%；1990 年为 9935 万人，占世界老年人口总数的 21%；预计 2030 年将增加到 32845 万人，占世界老年人口总数的 26%。现在世界上每 5 个老年人中就有 1 个中国老年人；2030 年将是世界上每 4 个老年人中就有 1 个中国老年人。如此庞大的老年队伍，对于还没有进入经济强国的中国来说，属于"未富先老"，完全依靠政府养老，显然是很困难的。要使老人真正过上"老有所依，老有所养，老有所乐"的幸福生活，子女还得为此做出努力。加之，中国传统养老方式就是居家养老，这也是被中国老人普遍认同和接受的养老方式，为老人提供舒适的养老环境和奉养方式，更是子女不可推卸的责任。

其次，弘扬孝文化有利于促进代际和谐，家庭和睦。代际和谐就是两代人（无论是社会的，还是家庭内的）都要相互依存，相互帮助，实现不同代人的共同利益。可是，当前社会，代际关系并不是完全和谐，相反，两代不同人之间形成了一层隔阂，这就是"代沟"。由于环境的影响，当代青少年很少站在别人的立场考虑问题，许多子女在走向社会的过程中，背弃父母原有的观点，有了新的见解而造成思想观念、行为习惯的差异。代沟的加深甚至会造成亲子关系的扭曲，比如当今"长幼地位颠倒""儿女依赖父母""啃老族""养儿防不了老"等现象十分突出，这严重影响了家庭和睦和社会和谐。有这样一个真实的故事：一位80多岁的老人，因多病在身，长期卧床不起。他有三个儿子，家境也不错。可是老人仍住在村外的一间破旧房里，老人病倒没人看，衣食没人管，经村干部和邻居多次调解，三个儿子才轮流送饭。但是不管老人如何呻吟，如何哀求想吃点什么，送饭人好像没听见，就这样，不久老人就一命呜呼了。谁读了这个故事都会深受感触，人类社会发展到如此文明的程度，还有这样对待自己父母连猪狗都不如的事情发生，这是和谐社会最不和谐的音符。家庭是社会的细胞，只有代际和谐，家庭和谐，社会才会和谐。在当今这个"爱少有余，敬老不足"的社会里，孝敬父母在代际和谐中起着至关重要的作用。

最后，有利于提高公民道德素质。孝是一种应然之道德，是一种自觉之道德。孝心的培养，重在教化和自我修养。孝的本质是爱，通过爱自己的父母，然后把这种爱心推广出去，爱别人，爱祖国，爱人民，爱社会，所以孝敬父母是其他爱心的起点。试想，如果一个人连自己的父母都不爱，又怎么去爱别人呢？更别说热爱祖国了。孝讲究尊老敬老，一个有孝心的人，就懂得去爱别的老人，在公交车上给老人让座，扶老人过马路等。孝讲究立身行道，成就一番事业，一个有孝心的人，就懂得忠于自己的岗位，认真工作。孝讲究诚实守信，一个有孝心的人，就懂得忠于职守，忠于祖国，忠于人民，不会偷奸耍滑，贪污腐败。孝讲究团结和睦，遵纪守法，一个有孝心的人，就懂得坚决维护祖国统一和民族团结，就懂得和分裂祖国及违反宪法的阴谋活动做坚决的斗争。孝讲究人与自然和谐相处，一个有孝心的人，就懂得珍爱生命，热爱自然，爱护环境……总之，弘扬孝文化，有利于提高公民的基本道德素质，提升民族的精神品质。

结语：追古而鉴今，对传统孝文化的研究，我们应从它的发展历史和现实价值两方面入手，唯有如此，我们才能对传统孝文化有一个清楚的认识，进而更好地运用辩证唯物主义和历史唯物主义的基本观点，分清其精华与糟粕。任何民族传统文化的溯源、形成和发展本身就是对本民族文化传统的不断扬弃和继承创新的历史过程。人类的孝意识是动物进化过程中在意识领域里的一种产物。在母系氏族社会里，人类母系血缘关系的明确决定了子女对母性怀持着一种崇高的敬爱意识，这既是对生命给予者的崇敬，也是对母权的服从和经验的崇拜的现实表达。我国在原始社会后期向奴隶社会转变的历史过程中，"孝"完成了从意识到行为的过渡。不过，此时的孝行还是一种零散式的、自由式的、随意式的实践活动。孔子通过对孝的整理与提升，古代的孝不再只是一种自然或自觉的意识，不再只是一种简单而随意的行为，而是一种人类的基本德行，是人的一种本质规定。《礼记》的孝德思想是对孔子孝德思想的偏离，儒家孝德思想逐渐向孝道思想转化，孝的合理内核和价值开始变质，不断异化。《孝经》对先秦孝德思想进行系统总结和大力提升，最终完成了儒家孝道思想的理论体系，它在世界观上将"孝"推向极致，在政治思想上主张"以孝治天下"，对汉代及以后的封建政治产生了深远影响。《二十四孝》的本质却是宣扬对封建上层统治者的忠心，其目的是巩固封建统治。宋明理学时期儒家孝道思想通过哲理化论证，愚昧化实践，中国封建"愚孝"理论体系最终从本体论和实践观上走向成熟，完全变成了没落的封建统治思想利器，成为麻痹广大人民群众的精神桎梏。新文化运动时期对孝的反思和批判，是适应了当时民主革命的需要，是适应当时社会变革和进步的客观需求，它对于挣脱封建思想桎梏、接受"自由平等"的民主思想具有重大的启蒙作用。敬爱长辈、孝敬父母是人类生存发展和繁衍生息的内在需要，传统孝文化对于家庭中不同代际良性的代际关系形成起着重要作用。现在，我国已面临老龄社会到来的严重挑战，社会和谐是社会主义的本质属性之一，家庭和谐是社会和谐的基础。在新形势下，继承、弘扬和重建传统孝文化的合理价值，积极探索出一条适应现代化建设的孝文化的新路子，是时代赋予我们的新的历史使命。

笔者在众多前辈和同行研究的基础上，着重从孝文化发展的历史入手，坚持历史与逻辑相结合的原则，着重考察了孝的起源，孝意识向孝行的转变，孝德、孝道、孝治以及愚孝的形成这一历史发展脉络，这对于中国传统孝文化的研究来说，仅仅是一个开端。作为一名刚刚涉足哲学思想发展史的学习者，此文仅是笔者在学习中的一些体会，不足和偏颇之处，恳请方家批评斧正。

下 篇

中华孝文化的综合研究

第七章

儒家传统孝文化研究

第一节 论中国地理环境对孝文化的影响

"孝是中华文化与中华伦理的鲜明特点"[1],孝本是人伦关系中的一个普遍道德范畴,却在中国文化中有着特殊的内涵、作用和地位,其原因为何?著名国学大师钱穆从文化与地理环境的关系出发,首先对中国文化进行了深入分析,他认为"中国文化不仅比较孤立,而且亦比较特殊,这里面有些可从地理背景上来说明"[2]。孝是中国传统文化最为核心的内容之一,必然深受中国地理环境的影响。

一 中国地理环境概况

中国地理环境十分特殊,这主要表现在地理位置、气候特征和地质特点三个方面:

(一)地理位置

中国地处亚洲东部、太平洋西岸,疆土辽阔,跨纬度较大,山川纵横,河流交错,得天独厚的地理位置为人类早期文明的诞生提供了有利的外部条件。同时,中国大陆又处于一个相对封闭的空间环境,其北部是长期冰冻的西伯利亚荒原、东面是太平洋、南面是岛屿、西部是高山,这样的环境所孕育的人类文明必然存在一定的特殊性。从内陆环境来看,由于山脉和河流的阻隔,平原与平原、盆地与盆地之间相对独立,小型

---

[1] 肖群忠:《孝与中国文化》,人民出版社2007年版,第148页。
[2] 钱穆:《中国文化史导论》,商务印书馆2009年版,第1页。

家族式的生产、生活方式在这样的环境中十分合宜；而在一些山区，家族聚居、家庭单居的传统定居模式也极容易形成。

（二）气候特征

中国大部分领土处于北温带，温带季风气候明显，冬季寒冷干燥，夏季炎热多雨，气候与干旱互补，形成了一种气候温和、雨水充足的总体特征。这一特征十分有利于农作物的生长，为农业的发展提供了适宜的外部条件。

（三）地质特点

中国四大平原土质特征优良，特别是华北平原和长江中下游平原因冲积而成，土质养分充足。"黄土高坡和由黄土冲击的平原土壤疏松，在生产工具简单、铁器还未运用的情况下，易于清除天然植被和开垦耕种。"① 在生产力极其落后的古代社会，土质养分十分充足又便于简易工具开垦耕种的特点，使得中国古代农业的发展格外繁荣和成熟。

二 中国地理环境对孝产生之文化土壤的影响

独具特色的中国孝道孕育于特殊的文化背景之中，这一文化背景就是古代农耕文明的发达和宗法制的确立，而中国地理环境对孝的文化背景的形成起着关键性因素。

（一）中国地理环境对古代农耕文明的影响

中国独特的地理环境孕育了古代农耕文明。第一，中国陆地范围广，有著名的四大平原，适合农业生产的耕耘面积大，加之"在夏代以前，我国境内的沙漠比现在少"②，使古代农业文明的产生和兴盛具有了先决条件；第二，农业灌溉水源充足，比如松辽平原有一片大海——辽海，"古代长江和淮河的水面都比现在宽得多"③，充足的水源使古代农业对"天时"的依赖性有所弱化，农业的独立性和保障性增强；第三，气候合宜，利于农作物的生长，比如"在华北地区，气候十分温和，雨量也很

---

① 张岱年、方克立：《中国文化概论》，北京师范大学出版社2004年版，第21页。
② 同上。
③ 本书编写组：《中国古代史常识》（历史地理部分），中国青年出版社1981年版，第1—3页。

充足"①，这为古代农业的发展提供了客观可能；第四，土质状况优良，中国不少平原都属于冲积平原，土质松散而肥沃，在生产工具较为落后的古代，这样的土质既便于耕耘又有养分的保障，如"黄河中下游土质疏松……适宜农耕和畜牧，因此这里生产发展较快"②等，这些独特的地理环境较早地孕育了中国古代农耕文明的诞生，优厚的自然条件又使中国古代农业文化早于其他文化体系而走向成熟。

农耕文明中经验崇拜是孝行为发生的心理动因之一。古代社会里，特别是文字产生和大量使用之前，社会生产经验的积累、总结和传承受到极大的限制。所以，原始农业经验的积累和传承一般只能通过陪同成年或老年人参加实践劳动，在这个过程中去逐渐熟悉并掌握。这就决定了老者在社会中的优势地位，年轻人要懂得农业生产劳动技巧，就得向老者学习。朱岚教授曾指出："事实上，许多农业生产的规律性的东西，都是大量实践经验的概括和总结……所以，在农业社会，老人既是德的楷模，更是智的化身。后辈敬重和爱戴具有丰富经验的前辈长者，年轻者服从、侍奉老年人，乃是顺理成章的事。"③ 在这个意义上讲，原始人类对老者的崇拜就是一种对经验的崇拜的表现，经验崇拜也是孝行为发生的重要心理动因之一。

古代农耕文明的发展为孝的发生奠定了物质基础。人类的孝意识来源于动物反哺报恩的自然本能，但孝意识的行为外化却需要一定的历史条件，即建立在社会生产力相对发达的基础之上。受生产力水平影响，原始社会时期的孝意识还无法突破物质局限的樊篱，使反哺报亲的本能无法在行为上进行理性表达，甚至发生一些与孝理相违背的事情，比如"人吃人，在现代人看来是极为野蛮、可怕的行为，但在原始人的心目中却是十分自然的事，吃掉丧失劳动能力的老弱病残者，解除他们坐以待毙的恐怖，正是合乎道德的义举"④。原始社会部落迁徙生活也印证了这

---

① 本书编写组：《中国古代史常识》（历史地理部分），中国青年出版社1981年版，第1—3页。
② 同上。
③ 同上。
④ 朱岚：《论传统孝道的文化生态根源》，《西北民族学院学报》（哲学社会科学版）2001年第1期。

一点：在迁徙过程中，体弱老人还往往做出"让子女吃掉自己"的选择，以保证子女能在迁徙过程中保持充足的体力以维护种族生命的延续。随着生产工具的改进，剩余产品的产生，人类生活有了相对稳定的物质保障，孝行为的产生便具备了客观可能。如《吴越春秋·弹歌》中记载："断竹、续竹、飞土、逐宍"的歌谣，实际上就是黄帝时期的一首孝歌，"《弹歌》之发，乃孝子护尸、众人助吊之情也"[①]，它说明人类孝意识已经表现在行为上；再从"黄帝孝母石"的故事到舜帝"孝感动天"，这些都说明孝在这一时期体现在人伦关系上已不再只是一种蒙昧的、自然的意识，而成为一种主动的、自觉的道德实践行为，这是人类道德发展史上的一次重大飞跃，是人类走向道德文明的重要标志。

（二）中国地理环境对宗法制形成的影响

中国山脉纵横，河流交错，受山水阻隔，族群（部落）的生存活动区各自处于一个相对封闭的地理空间。当面临大规模外敌入侵时，在交通和信息不发达的条件下，诉诸外部力量联合抗敌是极其困难的，所以群体内部的凝聚力显得尤为重要；加之相对封闭的生存环境，内乱成为群体内部灾难性甚至毁灭性的罪魁祸首，古人感叹"季孙之忧，不在颛臾，而在萧墙之内也"[②]也反映了这一点。地理环境条件决定了中国人在内部管理上必须采取特殊的方式：血缘宗法制管理而非纯宗教式和行政式管理模式。在战术上古代中国历来强调"上阵父子兵""喝血酒结兄弟"等，其本质就是宗法制的血缘情节及其泛化的表现。再从古代农业生产的自身需求来看，小农经济模式需要家族成员的巨大凝聚力和向心力，以便快速、高效地组织人力进行农业生产；而在生产工具落后的状况下，开田垦地、筑坝兴渠等基础设施建设基本靠人力来完成，在没有先进管理方式的时代，血缘关系式管理模式的先进性和有效性得以凸显。由而观之，中国血缘宗法制的形成及其在社会管理中地位的确立与中国特殊地理环境的影响是密不可分的，而宗法制对中国孝文化形成的影响是重大的。

第一，宗法制强化了孝的血缘亲情认同。孝在实质上就是对生命给

---

① 黄淑娉：《中国原始社会史话》，北京出版社1982年版，第26页。
② 刘正国：《〈弹歌〉本为"孝歌"考》，《音乐研究》2004年第3期。

予者和养育者的感恩报恩,是血缘亲情的自然表达,是生命意识的关怀。中国人赡养父母、敬宗念祖称之为尽孝,孝重辈分;而对血缘外老人的帮助和关爱则称之为敬老,敬老重年龄,它们的本质区别就是血缘意识。宗法制按血缘亲属关系分配权力和利益,使孝的血缘亲情认同在政治上得到进一步巩固。第二,嫡长子继承制使孝的代际传承意识得以强化。父死子继是嫡长子传承制的基本原则,"传承"包括三层含义:血脉传承、父业继承、父道继承,中国孝文化主张"身体发肤,受之父母"①、"不孝有三,无后为大"②、"成家立业,立身行道"、"无改于父之道"③正是代际传承意识的具体表现。第三,分封制的血缘泛化色彩使孝的泛血缘情结更为浓厚。分封制中受封的对象主要是亲族和同姓子弟,后来的异姓受封很多时候带有"赐姓"的附加条件,其泛血缘色彩彰明较著,这对孝的影响是深刻的,孝文化中的"拜义父认义子""喝血酒结兄弟"等现象其实质就是泛血缘情结的表现形式之一。总之,宗法制在强化孝道德主体的家族群体认同感、强化血缘亲情的凝聚力和向心力等方面起着重要的作用,它是中国孝文化形成和发展的社会制度环境。

三 中国地理环境对父母子女性格形成的影响

中国进入农业社会以后,饮食结构受农业生产方式的制约,性格的形成也相应受到影响,并在长期发展中形成一种相对稳固的性格模式。梁漱溟在《中国文化要义》中就把中国人的性格概括为十点:自私自利、勤俭、爱讲礼貌、和平文弱、知足自得、守旧、马虎、坚忍及残忍、韧性及弹性、圆熟老到。肖群忠教授概括性总结了中国社会父母子女性格在孝文化中的表现:"仁爱敦厚,忠恕利群,守礼温顺,爱好和平……权威主义;因循守旧、保守落后;权利意识淡薄、忍耐不争。"④ 这与中国特定的地理环境和农耕文明密不可分,中国社会父母子女性格特征促使了中国孝文化的形成和特征,中国孝文化的发展又使这种性格特征进一

---

① 张燕婴:《论语译注》,中华书局2007年版,第250页。
② 胡平生、陈美兰:《孝经礼记译注》,中华书局2007年版,第221页。
③ 金良年:《孟子译注》,上海古籍出版社2004年版,第165页。
④ 张燕婴:《论语译注》,中华书局2007年版,第7页。

步牢固化。

（一）勤劳、和平、尚老、仁爱

第一，勤劳。中国农耕文明讲究精耕细作、一分耕耘一分收获，加之优良的土质特征和气候条件很大程度上决定了付出与收获的正比例关系，这就养成了子女勤劳的性格特征。子女尽孝，物质赡养是基础，在古代，物质保障的关键靠勤劳，《说文》中释孝：善事父母；孟子强调："惰其四支，不顾父母之养，一不孝也"[1]，说明勤劳是孝子应具备的性格素质。

第二，和平。农耕文明还有一个显著的特征，就是以家庭为单位的小生产，片区聚集地的居住方式和姓氏血缘关系使家庭与家庭之间的联系十分紧密，进而形成家族本位意识，家族认同使得人与人之间相对和谐；加之受地理位置相对封闭的外因影响和家族认同感所产生的强大抗外力作用，同一家族很难和外来群体产生剧烈摩擦，这就养成了中国人珍爱和平的性格特征。孝文化强调"父慈子孝""老吾老以及人之老，幼吾幼以及人之幼"等在本质上就是追求家庭和家族之间的和谐目标，缺少叛逆注重和平正是中国父子关系中子女性格的典型特征。

第三，尚老。从农耕文明的伦理观养成来看，传统农业生产是一种简单重复再生产方式，其特点就是讲究吃苦耐劳、技术含量低，长期从事农业生产者将更多的注意力放在了伦理道德领域，维护家庭稳定，规范家庭成员关系远比改进生产技术和改造自然更为重要，家庭纵向关系注重父慈子孝，家庭横向关系讲究兄友弟恭，夫妻关系则经历了由重女权向重男权的转变。农业要获得好收成，观天象、辨雨晴、防虫害、查时节等农业生产经验十分重要，这就决定了老人在农业生产中的优势地位。所以家庭伦理关系中，老人处于道德核心位置，尚老风尚便产生了。

第四，仁爱。从居住特点来看，农耕文明形成了以血缘家庭为单位的生活方式，这种家庭模式除了利于有效组织生产以外，还利于清晰地辨别自己的血缘传承关系、血缘亲疏关系和血缘等级关系。家庭与家庭组合起来的家族系统将血缘亲情的传承、亲疏和等级关系演绎得淋漓尽致，姓氏是强化血缘传承关系的纽带，称呼明确了血缘关系的亲疏，辈

---

[1] 肖群忠：《孝与中国文化》，人民出版社2007年版，第213页。

分则是血缘等级关系的规定和确证。各种血缘亲疏和等级关系不同,则爱心的表达也是不一样的,这就是后来儒家所主张的仁爱——等差之爱,"亲亲"便是仁爱的起点,仁爱万物则是"亲亲"的推演,孝的核心和根本就是仁爱,即谓"孝悌也者,其为仁之本与"①。

总之,中国独特的地理环境和农耕文明铸就了中国人独特的性格基因,而勤劳、和平、尚老、仁爱则是孝文化中道德主客体所具有的积极性格特征。

(二)保守、温顺、权威、中庸

第一,保守。中国大地理环境是一个封闭的系统,内陆由于山脉和河流的阻隔,陆路交通不发达,水路交通由于地势落差较大很难适用,居民聚居地基本上又处于一个半隔离状态,居住在山区的居民,更是各自为政,"老死不相往来",农耕文明经济模式又强化了小农意识,养成了中国人怡然自得、因循守旧的保守性格特征。这一点在传统孝道理论中可窥见一斑:"三年无改于父之道,可谓孝矣。"② 父辈在生产中总结了许多经验,形成了一种较为稳固的职业模式,在古人看来,"无改"就是行孝。"父母在,不远游"③ 更说明了传统孝道注重农业固定生活方式、反对探索冒险、抱古守旧的保守主义性格特征。

第二,温顺。中国古代农耕文明主要发生在内陆,这与激进性和斗争性的海洋文明有着较大区别,海洋型性格主动,内陆型性格主静,主静表现出温顺的性格特征,即谓"仁者乐山"。而农业生产需要观天象、顺季节,应时而作;经验的获得也需要谦虚谨慎、和气守礼。长此以往,养成了中国人温顺的性格。传统孝道在某种意义上就是一种"顺"文化,顺从父母意志就是孝的表现,但孝顺又是有条件的,即父母在意志上是符合道德和常理的。从这一点看,孝与其说是顺从父母意志,还不如说是顺从人伦纲常之道。

第三,权威。如果说温顺侧重于孝道德主体,那么权威就是从孝道德对象而言的。权威主义的形成与中国的地理环境也有密切的关系,具

---

① 金良年:《孟子译注》,上海古籍出版社2004年版,第187页。
② 张燕婴:《论语译注》,中华书局2007年版,第2页。
③ 同上书,第7页。

体表现在崇拜上天、集体主义和经验至上等方面。古人意识中的"天"是人格化的天,有意志、至德无上,掌管宗教的巫师和掌管政权的"天子"都是上天在人间的代言人,普通人须顺从上天权威而"以德配天",掌握话语权的人群这种权威意识便形成了;古代农耕方式和家族式定居生活使得组织内部统一思想,从而有效地与自然、野兽做斗争,家族权威意识形成;加之经验至上的小农生产方式,老人和父母在家族和家庭中占有绝对权威,封建统治阶级利用和强化这一点,以至于传统孝道逐渐演变和异化成"在家靠父母""天下无不是的父母""父叫子亡,不敢不亡"等愚昧主义。

第四,中庸。中国大部分领土处于北温带,华夏文明发祥地汉中平原和华北平原的气候温和,不太寒冷也不太炎热;农业生产又需要精耕细作,农作物育苗十分讲究水分、光照、肥料的多少,多与少都将直接影响产量,这就养成了中国人讲究"中庸"的性格特征。中国人既不追求纯科学的抽象思维,也不陷入西方式的宗教狂迷之中,就像冯天瑜先生说的那样:"华夏—汉人崇尚中庸,少走极端,是安居一处,企求稳定平和的农业经济造成的人群心态趋势。"[①]《礼记》释孝为"顺于道,不逆于伦",顺道、不逆就是中庸之道。孔子阐释孝"色难",心甘情愿、和颜悦色,实质就是倡导中庸。"中庸"不仅维护了孝自然情感正统,但在封建主义的政治影响下,"中庸"文化又不断变质和异化,对子女性格发展起着压抑的坏作用。

中国地理环境使父母或子女在性格上有着保守、温顺、权威、中庸等特征,这些性格特征在封建政治制度和文化专制的强势影响下,使孝文化的封建主义色彩愈演愈烈。

四 中国地理环境对孝文化特点的影响

(一)封闭性

受相对封闭的地理环境和小农经济意识的影响,中国孝文化的封闭性色彩十分突出,主要表现在家族认同感强烈、姓氏情结严重、血缘关系排他性明显等方面。中国家庭是一个封闭性系统,家庭成员矛盾十分

[①] 张燕婴:《论语译注》,中华书局2007年版,第48页。

隐蔽，强调家庭矛盾内部解决、家丑不可外扬。父母在不远游，因为离家时间太长、距离太远就意味着家庭结构的不完整或解体。"父为子隐，子为父隐"①，使父子组成的家庭人伦系统扩展到政治关系圈层面，家庭系统就是一个简单的封闭性的社会系统。儒家认为这个封闭性的系统是不能被破坏的，因为一旦破坏就意味着人情和人伦的丧失，丧失道德感的"礼坏乐崩"社会是灾难性的、悲剧性的社会。

（二）宗教性

不管是从地理位置、土壤条件还是从气温特征来看，农业生产的优势在中国是十分明显的。但农业生产最大的缺陷就是受雨水和病虫影响较大，远古时期的农事祭歌"土反其宅，水归其壑，昆虫毋作，草木归其泽"就突出反映了这一点。宗教就是在生产力水平低下、人与自然斗争力量软弱、人对自然力量无限崇拜的情况下产生的。中国的宗教仪式在古代是十分成熟和完备的，这是适应传统农业发展的客观需要。随着主观思维的发展和生命意识的加强，人类对自我生命来源也在不断探索和追问中，中国古代农业固定的生活空间和稳定的家庭结构，生命血缘意识更为强烈。生命来源于父母，父母生命又来自他们的父母，以此类推，生命都来自自己的祖先。《说文》释祖：从示，且声。示指祭祀，且古意为男性生殖器，所以祭祀祖先的根本含义就是人类生命意识的流露。孝与中国的宗教祭祀文化是密切相关的，孔子阐释孝的含义时讲："生，事之以礼；死，葬之以礼，祭之以礼"②；《礼记》认为：祭就是追养继孝。儒家孝道经典著作《孝经》中则把宗教神秘主义与孝道融合一体，"孝悌之至，通于神明，光于四海，无所不通"③；严复更是直接认为"孝是中国的宗教"④。如此观之，农业生产的务实精神和自然血缘的生命意识使中国孝文化的产生深深地打上了宗教色彩的烙印。

（三）延续性

首先，从中西地理关系看，"不仅距离遥远，而且隔着高山、沙漠、

---

① 冯天瑜：《中华文化史》，上海人民出版社1990年版，第174页。
② 张燕婴：《论语译注》，中华书局2007年版，第195页。
③ 同上书，第14页。
④ 胡平生、陈美兰：《孝经礼记译注》，中华书局2007年版，第270页。

草原、海洋等一系列地理障碍"①。在交通工具落后的时代，要翻越这些地理障碍较难，西方军事和文化很难侵入中国，从整体上无法撼动中国文化的统治地位。其次，从周边关系来看，由于中国内陆农业文明相对发达，岛屿文明和游牧文明无法适应农业地区，最终导致文化上软弱而成为被征服者。再次，从中国自身地理优势来看，客观上由于周围地理障碍难以逾越，不便向外扩张，即使外出远征，最终也因为无法实现农业生产不能立足、无所收获而归。最后，从疆土面积来看，中国疆土广袤，平原辽阔，河流纵横，山脉突兀，面对外来入侵有很大的周旋余地，减少了整个华夏民族被颠覆的危险。从这四点可以看出，中国地理位置优势是华夏文明得以延续不绝的根本原因，这对中国孝文化延续性特征的影响是明显的，主要表现两个方面：一是血脉的延续，二是文化的延续。比如儒家主张的"身体发肤，受之父母，不敢毁伤"②、"不孝有三，无后为大"③ 等就是血脉延续意识的表达。而"三年无改于父之道"④、"立身行道，扬名于后世"⑤，这是孝的文化延续意识的体现。

（四）情境性

中国孝文化的情境性是指孝道实践中随着具体情况的不同而发生相应的变化。比如：儒家主张孝是不违背父母意志，但又主张"从道不从君，从义不从父，人之大行也"⑥；既强调"父母在，不远游"，又补充说"游必有方"；⑦ 既认为子女婚姻应由父母做主，"不告而娶"⑧ 是不孝，又说"不孝有三，无后为大"；既认为"父母全而生之，子全而归之，可谓孝矣"，⑨ 又认为"战阵无勇非孝也"⑩、"舍生取义"⑪，等等。

---

① 梨蒙：《论严复的中西宗教比较》，《上饶师专学报》1993 年第 2 期。
② 张岱年、方克立：《中国文化概论》，北京师范大学出版社 2004 年版，第 22 页。
③ 胡平生、陈美兰：《孝经礼记译注》，中华书局 2007 年版，第 221 页。
④ 金良年：《孟子译注》，上海古籍出版社 2004 年版，第 165 页。
⑤ 张燕婴：《论语译注》，中华书局 2007 年版，第 7 页。
⑥ 胡平生、陈美兰：《孝经礼记译注》，中华书局 2007 年版，第 221 页。
⑦ 方勇等：《荀子译注》，中华书局 2011 年版，第 279 页。
⑧ 张燕婴：《论语译注》，中华书局 2007 年版，第 48 页。
⑨ 金良年：《孟子译注》，上海古籍出版社 2004 年版，第 165 页。
⑩ 胡平生、陈美兰：《孝经礼记译注》，中华书局 2007 年版，第 174 页。
⑪ 陆玖：《吕氏春秋译注》，中华书局 2011 年版，第 486 页。

这些并不说明中国孝道理论的自相矛盾性，它恰恰是孝依道德情境变化的特性。孝的情境性使得孝在生活中更具实践可能性，以孔子及其弟子为例，抛家别亲，周游列国，并非不孝；传播仁学，恢复礼制的志向也是一种大孝精神。孝的情境性实质上就是讲究灵活变通，这与中国生活环境以及由此形成的心理惯势有关，主要表现在三个方面：一是中国大陆由平原、高原、山区和沿海构成，各地区的农业或半农业生产大相径庭，比如南方可以种二、三季稻，北方却不行，而农作物品种也是不一样的，这就要求随着地势、天气、季节的变化而变化，墨守成规只能一无所获。二是外来民族文化对中原文化的影响使中国文化呈现多样性，外来民族入侵虽然因不能适应农业生产未能消灭中原文化，但其影响是不能忽略的，特别是各民族之间互相通婚、习惯互相影响、语言交融，使汉民族内部人员结构复杂化，汉民族文化与少数民族文化不断融合而再生。三是中国大陆山脉纵多，人为建筑十分重视地理位置的选择，这一点比固定的方向位置更为重要，比如修建房屋都讲究"坐北朝南"，而实际上随着山势的变化使这一原则弱化，中国文化原典《周易》就是专门阐释万物阴阳变化规律的著作，它更好地说明了中国人"因势而变、因时而变"的心理定式和思维模式。

总之，孝在中国文化发展史上的地位是极为重要的，中国特殊的地理气候环境决定了孝产生的文化土壤、孝伦理关系中父母子女性格特征、孝文化自身特点的特殊性。正是由于地理环境的影响，使具有普遍人伦关系的孝在中国大地上具有格外的道德意义、政治力量和社会功能。中国孝文化经过古代思想家的伦理提升和哲学架构以及封建统治阶级的政治推动，对中国社会产生了深远而绵久的影响。清代理学家曾国藩曾说过："读尽天下书，无非一孝字"，认真分析中国孝文化产生的地理环境因素，对于认清中国孝文化的独特内容和特殊功能以及全面深入了解中国传统文化有着极其重要的意义。

第二节 《诗经》中孝诗的几种类型

《诗经》中有不少关于孝道方面的诗歌，在《诗经》中"孝是作为一种宗族共同的伦理准则被强调的"。《诗经》中孝观念的时代性十分明显,"是周代礼乐文化大背景下产生的",所以《诗经》中的孝观念正是那个时代下伦理道德价值取向的一个缩影。要全面了解周代的孝观念,可以从《诗经》中孝诗的几种类型来看。

一 《诗经》中的感亲怀亲诗

父母对子女的爱是一种自然本性,是最原始、最质朴、最高尚的感情,父母对子女的恩情是十分厚重的,知恩、感恩、报恩是子女尽孝的起点。《诗经》中以反复吟唱的形式歌颂子女对父母之恩的感念之情,突出地表现在《国风·邶风·凯风》和《小雅·谷风之什·蓼莪》两诗之中。

其一

> 凯风自南,吹彼棘心。棘心夭夭,母氏劬劳。
> 凯风自南,吹彼棘薪。母氏圣善,我无令人。
> 爰有寒泉?在浚之下。有子七人,母氏劳苦。
> 睍睆黄鸟,载好其音。有子七人,莫慰母心。
>
> ——《国风·邶风·凯风》

诗中以旁衬和对比的手法,表现母亲为了抚养子女长年操劳,她的身躯如同风中枣树的枝条一样瘦弱、弯曲、枯老,子女们尽孝不应该像鸟儿歌唱一样停留在口头而美丽动人,要付诸行动,纵使子女众多,也不要互相推诿。诗歌中塑造了一位普通母亲的感人形象,深深叩响着读者的心灵。

其二

> 蓼蓼者莪,匪莪伊蒿。哀哀父母,生我劬劳。
> 蓼蓼者莪,匪莪伊蔚。哀哀父母,生我劳瘁。
> 瓶之罄矣,维罍之耻。鲜民之生,不如死之久矣。
> 无父何怙?无母何恃?出则衔恤,入则靡至。
> 父兮生我,母兮鞠我。拊我畜我,长我育我。
> 顾我复我,出入腹我。欲报之德。昊天罔极!

南山烈烈，飘风发发。民莫不穀，我独何害！
南山律律，飘风弗弗。民莫不穀，我独不卒！

——《小雅·谷风之什·蓼莪》

树欲静而风不止，子欲孝而亲不待致思。诗中以"生、鞠、拊、畜、长、育、顾、复、腹"等动词描绘了父母养育子女的艰辛，朴质无华，情真意切，如诉如泣，泣血成声。"莪"又称抱娘蒿，代表孝子；而"蒿"和"蔚"都是不孝的象征。诗人以蒿、蔚自比，抒发了"我"欲报答父母之恩，而父母已永远离"我"而去的莫大悲哀。可谓"声声泪、字字血、句句情"，把孝子对父母的感恩之情表达得淋漓尽致、惟妙惟肖。

二 《诗经》中的爱亲敬亲诗

孝亲关键在于爱亲敬亲。孔子曾说："今之孝者，是谓能养。至于犬马，皆能有养。不敬，何以别乎？"意思是如果不敬爱父母，仅仅做到侍奉吃穿，这和喂养动物没有本质区别。《诗大序》中也说：先王以是经夫妇，成孝敬，厚人伦，美教化，移风俗。《诗经》中体现出来的爱亲敬亲意识十分常见，如：

其一

弁彼鸒斯，归飞提提。民莫不穀，我独于罹。
何辜于天？我罪伊何？心之忧矣，云如之何？
踧踧周道，鞫为茂草。我心忧伤，惄焉如捣。
假寐永叹，维忧用老。心之忧矣，疢如疾首。
维桑与梓，必恭敬止。靡瞻匪父，靡依匪母。
不属于毛？不罹于里？天之生我，我辰安在？
菀彼柳斯，鸣蜩嘒嘒，有漼者渊，萑苇淠淠。
譬彼舟流，不知所届，心之忧矣，不遑假寐。
鹿斯之奔，维足伎伎。雉之朝雊，尚求其雌。
譬彼坏木，疾用无枝。心之忧矣，宁莫之知？
相彼投兔，尚或先之。行有死人，尚或墐之。
君子秉心，维其忍之。心之忧矣，涕既陨之。

> 君子信谗，如或酬之。君子不惠，不舒究之。
> 伐木掎矣，析薪扡矣。舍彼有罪，予之佗矣。
> 莫高匪山，莫浚匪泉。君子无易由言，耳属于垣。
> 无逝我梁，无发我笱。我躬不阅，遑恤我后。
> ——《小雅·节南山之什·小弁》

在这首充满哀怨的诗中，诗人的父亲听信谗言，将自己流放外地。对于父亲的所作所为，诗人没有怒斥父亲，与父亲为敌；而是以诗歌的形式把对父亲的敬爱之心抒发出来。当看到桑树梓树林，老幼相扶、枝叶相依，是何等的团结和睦，与自己的处境形成强烈的反差时，诗人触景生情，以歌咏情，字里行间流露出对父母的敬爱之心和对美好父子伦理的无限向往之情。

其二

> 陟彼岵兮，瞻望父兮。父曰：嗟！
> 予子行役，夙夜无已。上慎旃哉，犹来！无止！
> 陟彼屺兮，瞻望母兮。母曰：嗟！
> 予季行役，夙夜无寐。上慎旃哉，犹来！无弃！
> 陟彼冈兮，瞻望兄兮。兄曰：嗟！
> 予弟行役，夙夜必偕。上慎旃哉，犹来！无死！
> ——《国风·魏风·陟岵》

《陟岵》被称为千古羁旅行役诗之祖，诗中描写了征人登高思念亲人时所念所想所感。诗人通过亲人念己的设想，衬托出自己对亲人的无限思念和敬爱之情。真可谓笔曲而意达，言婉而情深，诗人把自己对父母、兄长那深沉的爱表达得率直而强烈，细细读之，唯有泪千行。

三 《诗经》中的伺亲养亲诗

孝亲的关键和核心是敬，但物质赡养也不能忽视，毕竟这是孝亲的起点和基础。《说文解字》中释孝："善事父母者"，离开了物质赡养的敬爱，孝便是空洞的、抽象的，这样的孝子是空头的道德家，是欺世盗名、沽名钓誉。孔子主张"夫孝，始于事亲""有酒食，先生馔"；曾子认为"能养"礼记是孝的三个重要内容之一；孟子强调"惰其四支，不顾父母之养""家穷亲老，不为禄仕"等都是强调物质赡养的重要性。《诗经》也强调物质赡养，由于在生产力水平低下和战事频繁的年代，要做到物质赡养尤其困难，《诗经》对这种难以报答的刻骨铭心的感情进行了强烈的诉说和表达，比如：

其一

肃肃鸨羽，集于苞栩。王事靡盬，不能蓺稷黍。
父母何怙？悠悠苍天，曷其有所？
肃肃鸨翼，集于苞棘。王事靡盬，不能蓺黍稷。
父母何食？悠悠苍天，曷其有极？
肃肃鸨行，集于苞桑，王事靡盬，不能蓺稻粱。
父母何尝？悠悠苍天，曷其有常？

——《国风·唐风·鸨羽》

这首诗表达了诗人因为长期服役、不能耕种庄稼以养活自己的父母，于是对战争和徭役产生了控诉和抗议之情。诗人以鸨鸟比喻征人，以鸨鸟聚集树上随风摇摆不定比喻征人受领导差遣出征在外飘忽不定，生动而形象。俗话说：鸦有反哺之义，作者认为自己连乌鸦报答养育之恩也不能做到，惭愧之情、嗟怨之气萦绕心头，千滋百味，无法释怀。

其二

四牡騑騑，周道倭迟。岂不怀归？王事靡盬，我心伤悲。
四牡騑騑，啴啴骆马。岂不怀归？王事靡盬，不遑启处。
翩翩者鵻，载飞载下，集于苞栩。王事靡盬，不遑将父。
翩翩者鵻，载飞载止，集于苞杞。王事靡盬，不遑将母。
驾彼四骆，载骤骎骎。岂不怀归？是用作歌，将母来谂。

——《小雅·鹿鸣之什·四牡》

这是一首典型的孝子无法尽孝而产生嗟叹之怨的诗篇。全篇以"我心伤悲"为诗情定调,"启处"本是安居乐业、赡养父母的基础,作者却因王事而奔波在外,不能在家尽孝,十分忧伤。雏(一种孝鸟)在树上自由飞翔,与无法尽孝的自己深受王事约束形成鲜明的对比。末章"念母",是承"将父""将母"两章而来,以母概父,将作者愧疚与还念之心表达得淋漓尽致。

四 《诗经》中的承亲显亲诗

继承父母之志,立身行道,成就一番事业,这就是孝。《孝经》云:"立身行道,扬名於后世,孝之终也。"开宗明义要想成就一番事业,首先要立志,要磨炼自己的意志,要有百折不挠的精神,事业成功,父母光荣,即谓孝。《论语》上说:"父在,观其志;父没,观其行;三年无改于父之道,可谓孝矣。"学而不改变父亲的正道就是孝道。

其一

> 下武维周,世有哲王。三后在天,王配于京。
> 王配于京,世德作求。永言配命,成王之孚。
> 成王之孚,下土之式。永言孝思,孝思维则。
> 媚兹一人,应侯顺德。永言孝思,昭哉嗣服。
> 昭兹来许,绳其祖武。于万斯年,受天之祜。
> 受天之祜,四方来贺。于万斯年,不遐有佐。
> ——《大雅·文王之什·下武》

《下武》诗以赞美周朝世代明主能继承先王文德为出发点,旨在说明后人应继承先人之德。武王之所以能够配天居镐京(都城),是因为能够继承太王、王季、文王留下来的祖德。成王、康王之所以能够取信于黎民,是因为取法先王、孝承祖德。"永言孝思,孝思维则"是对周朝政治繁荣昌盛根源的经典概括:孝是永恒的原则,善继善述则政通人和。

其二

> 闵予小子,
> 遭家不造,

嬛嬛在疚。
于乎皇考，永世克孝。
念兹皇祖，陟降庭止。
维予小子，夙夜敬止。
于乎皇王，继序思不忘。

——《周颂·闵予小子》

成王继位之时，年龄幼小，在政治上既没功劳也没建树，要很好地继承先王留下来的政治遗产是不容易的。如何信服于臣、驾驭下属？辅政的周公给出了建议：永远恪守孝道，以孝立德，以德服人，感化群臣；同时还要继承先王遗志于心胸之中，以实际行动完成遗志。归纳起来就是两条：一是如何立身，二是如何承志。

五　《诗经》中的祭亲追亲诗

祭拜祖先是古代祭祀中的重要内容之一，也是儒家孝道思想的重要内容之一。孔子对孝的阐释："生，事之以礼；死，葬之以礼，祭之以礼。"为政以礼来规定孝，说明祭祀不能只关注形式，更重要的是在于保持一颗敬爱之心，做到"祭如在，祭神如神在"（《论语·为政》）。通过祭祀，一方面表达对先人的缅怀之心；另一方面使后人时时保持一颗敬畏之心，以达到继承先人正道、规范自我行为的目的，这就是"慎终追远，民德归厚"（《论语·学而》）。《诗经》中关于祭祀追念的孝道观突出表现在以下几首诗歌中。

其一

既醉以酒，既饱以德。君子万年，介尔景福。
既醉以酒，尔肴既将。君子万年，介尔景明。
昭明有融，高朗令终，令终有俶。公尸嘉告。
其告维何？笾豆静嘉。朋友攸摄，摄以威仪。
威仪孔时，君子有孝子。孝子不匮，永锡尔类。
其类维何？室家之壸。君子万年，永锡祚胤。
其胤维何？天被尔禄。君子万年，景命有仆。

其仆维何？釐尔女士。釐尔女士，从以子孙。

——《大雅·既醉》节选

这首诗以人格化的神之口吻，重在叙述享受了酒食祭品的神主，对主祭者礼数完备、孝心备至而心满意足，他将保佑主祭者享受万年长寿、光明聪慧、子孙兴旺。

其二

楚楚者茨，言抽其棘。自昔何为，我艺黍稷。
我黍与与，我稷翼翼。我仓既盈，我庾维亿。
以为酒食，以享以祀。以妥以侑，以介景福。
济济跄跄，絜尔牛羊，以往烝尝。或剥或亨，或肆或将。
祝祭于祊，祀事孔明。先祖是皇，神保是飨。
孝孙有庆，报以介福，万寿无疆。执爨踖踖，为俎孔硕。
或燔或炙，君妇莫莫。为豆孔庶，为宾为客。
献酬交错，礼仪卒度，笑语卒获。神保是格，报以介福，万寿攸酢。
我孔熯矣，式礼莫愆。工祝致告，徂赉孝孙。
苾芬孝祀，神嗜饮食。卜尔百福，如几如式。
既齐既稷，既匡既敕。永锡尔极，时万时亿。
礼仪既备，钟鼓既戒。孝孙徂位，工祝致告。神具醉止，皇尸载起。

——《小雅·谷风之什·楚茨》

《楚茨》是一首祭祖祀神的乐歌。它浓墨重彩记叙了祭祀仪式整个过程，不管是祭前准备工作还是祭后宴乐的安排布置，都详细地展现了周代祭祀仪制风貌。时至今日，读罢，在眼前依然可以浮现出华夏先民在祭祀祖先时的那种热烈庄严、祭后家族欢聚宴饮的融洽欢欣的场景，这是一首给人以身临其境之感的祭祀画面的诗。

总之，儒家重要经典之《诗经》，字里行间流露出人类自然亲情之感，从诸多方面对儒家孝道内容进行了叙述和概括，对儒家孝道思想的论述侧重于情感倾向，较之儒家其他经典对孝道理论系统论述的理性倾向有着明显的区别。孝道是儒家重要理论，更是人类美好的情感，准确把握《诗经》中孝道的基本类型，对于了解西周时代的孝观念，对于今天研究中华孝道、讴歌人间孝道美德有着重要的意义和价值。

第三节 曾子以孝为核心的道德本体论思想

曾子是儒家至圣孔子的得意门生，也是孔学的正统继承和弘扬者。曾子在孔子道德本体论的学说基础上，把"孝"作为一切道德的根本和核心，对孝道理论进行了深刻而系统的分析论述，夯实了儒家孝道思想的理论根基。曾子以孝为核心的道德本体论思想宛如一朵绽放在儒家思想体系中的绮丽的奇葩，对后世包括儒家思想在内的中国文化产生了巨大影响。下面，笔者将对曾子以孝为核心的道德本体论思想做浅陋分析。

一 儒家道德本体论及曾子之孝

儒家对道德极为重视，儒家至圣孔子通过对周代及以前人类道德意识和道德行为进行梳理和整合，他以"孝"为起点，"仁"为统摄，对人伦道德进行了理论化和系统化建设，在形式上完成了道德的哲学架构。在此基础上，他又将人类社会之道德宽泛到天地、自然甚至宇宙万物之道，认为人伦道德就是宇宙法则的具体外现和衡量标准，从而在理论上把道德纳入了本体论范畴。在众多道德范畴之中，曾子作为孔子学说的正统继承者，又倍加推崇孝道，认为孝是一切道德的根本和核心，并通过一系列论证，最终形成了以孝为核心的道德思想体系。

（一）儒家的道德本体论

在中国古代哲学上，本体论是指探究天地万物产生、存在、发展变化根本原因和根本依据的学说。道德本体论，就是把道德视为宇宙万物存在和变化的依据和原则，这一点，在儒家思想中体现得尤其明显。

儒家思想认为"天"和"地"统摄于道。儒家重要经典《周易·系辞》里讲道："一阴一阳之为道"，意思是"阴"和"阳"乃构成"道"的两个元素。天为阳，地为阴，地天是阴阳的最高体现。"天"和"地"顺应了"道"的要求，而合乎"道"的要求就是合乎德行的，所谓"天无私覆,地无私载,日月无私照"①,就是说天地日月之德行体现在覆盖和承载万物上,没有私心和偏见,一视同仁,囊括了万物,包含了一切美与丑,善与恶,真与伪。

"道"与"德"。《周易·系辞》云:"形而上者谓之道","道"为无体之名,没有形状,看不见摸不着,只能够靠理性去把握。这种无体之名,其实就是宇宙万物运行的普遍规律和存在的根本依据。《说文解字》上说:"德者,得也。内得于己,外得于人。""德"的本意就是合乎了"道",是顺应"道"而在内心有所"得",在行动上有所实践,就做到了"德"。从这一点上看,"道"和"德"联系在一起,就构成宇宙万物的依据、原则和规律。

儒家的道德本体论。儒家将道德视为万物的本体,主要采用了两种途径去证明。一种是从外在的生成论角度去论证;另一种是从内在的人性论角度去论证。前者主要说明道包含阴阳两个方面,阴阳生成宇宙万物,万物(包括人,人为宇宙万物之灵)因顺应"道"便有了"德",所以道德是万物的本源,是万物存在的依据,这一点前面有所叙述,于此不再累赘;后者主要说明道德是人区别于动物之所在的根本标志,是人的本性,不是外在强加的。儒家至圣孔子说:"性相近也",说明人的本性是相近的,孔子得出此结论,是因为人性是合乎道德的,所以相近。孔子还将这作为人与动物的根本区别,他说:"今之孝者,是谓能养。至于犬马,皆能有养;不敬,何以别乎?"② 敬是有道德的表现,如果不讲道德,那么赡养父母和饲养动物就没有区别了。因为道德是人的本性,所以操守道德完全是自己的事,即谓"为仁由己,而由人乎哉?"③ 孔子主张"君子求诸己,小人求诸人"④,曾子认为要"吾日三省吾身"⑤,其依据就是道德是人性所有,其目的就是要做到道德自律和道德实践。

由此可见,儒家把道德纳入本体论范畴,认为道德是宇宙的普遍性原则和依据。并通过对道德的本体论架构,使道德成为天道、地道、人

---

① 王梦鸥:《礼记今注今译》下,天津古籍出版社1987年版,第670页。
② 杨伯峻:《论语译注》,中华书局2006年版,第15页。
③ 同上书,第138页。
④ 同上书,第187页。
⑤ 同上书,第3页。

道、万物之道的最高本体，为作为人伦之道德找到了最高支撑点，同时又将人伦之道德抽象化为天理万物之本体，儒家道德本体论由此可窥见一斑。

（二）曾子以孝为核心的道德观

曾子的伦理道德思想内容是十分丰富的，比如仁、义、忠、信、毅、礼、恭、谦等道德都是他所倡导的。在众多道德中，他最推崇孝道，并将孝道作为一切道德的根本和核心。

首先，孝道是顺应自然之道。《礼记》中有一句话："夫孝者，天下之大经也。"① 何为大经？就是至高无上的原则和规律。也就是说，作为人伦之孝道，是顺应了自然之道，是不可更改的。这句话是有理论根据的。《周易》中所强调的"与天地合其德"，就是说人道要顺乎天道、地道，只有顺乎天地之道，人道才合乎自然之道。《周易·说卦传》里面说："立天之道曰阴与阳，立地之道曰柔与刚，立人之道曰仁与义"，人道效仿地道和天道，阴要顺乎阳，柔要顺乎刚，在人伦道德中，父母属阳、刚，子女属阴、柔，所以子女要顺乎父母，顺乎就是孝顺，这里的"顺"不是无原则地顺从，而是恭敬、礼让的意思。人法地、地法天，孝是顺应了自然之道，所以《曾子》中说道："天地之性人为贵，人之行莫大于孝。"② 说明孝是合乎天性，是天性在人性中的呈现和反映。

其次，孝为德之本。《曾子》记载："夫孝，德之本也，教之所由生也。"③ 这句话是孔子传授给曾子的。在孔子的道德概念中，其外延是丰富而广博的，比如仁、义、礼、智、信、刚、毅、木、讷、勇、忠、恭、宽、敏、惠、温、良、俭、让等，这些道德都是孔子所提倡的。在这么多道德范畴中，孔子唯独以"孝"作为一切道德的根本和基础，其原因主要有四点：第一，人的生命和身体是父母给予的，一个人如果没有"子女"这一身份，其他一切身份都不可能存在。第二，一切道德都离不开感恩、克制和理性三个因素，一个人感恩意识、克制心理和理性思维的最好培养方式就是奉行孝道，感恩意识培养了爱心，克制人性的弱点

---

① 王聘珍：《大戴礼记解诂》，中华书局1983年版，第32页。
② 陈桐生：《曾子子思子译注》，中华书局2009年版，第8页。
③ 同上书，第3页。

便懂了礼节,理性思考便掌握了行为的优良选择。第三,一切道德行为的施行,又归结到孝道的圆满,因为儒家认为,做一个道德的人,是人类的终极追求,也是父母所希望的,完成父母的夙愿,不是尽孝了吗?第四,也是最重要的一点,就是一切教化都是从孝道开始的,即谓"教之所由生也"。

由此可见,儒家认为人类的一切德行是因为顺"道"而得,道德是宇宙万物之道的体现,也是衡量万物之"变"符不符合道之"因"的标准,从而将道德论纳入了儒家思想的本体论范畴。而曾子又以孝统摄人伦众道德范畴,以此确立了以孝为核心的道德观。

二 孝是社会及社会与自然相互关系的普遍道德法则

在曾子孝道思想中,一方面,孝是社会关系中的道德准则;另一方面,孝也是社会与自然相互关系中的普遍法则。

(一)孝是人类社会的道德准则

曾子认为,孝是人类社会的道德基石,是人类伦理道德的基本准则;这种准则不仅适用于家庭伦理,而且还可以扩大到政治伦理和社会伦理之中。

首先,孝是家庭伦理的普遍道德法则。在家庭关系中,儒家认为父母与子女的关系是最主要、最基本、最核心的。联结这种关系的两个道德是自上而下的"慈"和自下而上的"孝",并用一句话"父慈子孝"来集中概括之。在"慈"和"孝"之中,儒家从人的天性和社会现象出发,认为父母慈爱子女是天然的,而当时社会不孝的现象更加突出,所以儒家道德的天平砝码自然偏向了"孝"。曾子主张尽孝道有三层境界:一是"能养";二是"弗辱";三是"尊亲"。"能养"包括三种层次,即"大孝不匮,中孝用劳,小孝用力"[①]。"弗辱"包括"不亏其体,不辱其亲""举足不忘父母""恶言不出于口""立身行道"等方面。"尊亲"集中起来讲就是"爱而敬",具体讲就是"谏"而"从","唯巧变","言必齐色",一言以蔽之,即谓行中庸之道,要讲究一个"度"。通过一系列论证,曾子进一步确立了孝的家庭伦理地位。

---

① 陈桐生:《曾子子思子译注》,中华书局2009年版,第37页。

其次，孝是政治伦理的普遍法则。在《孝经》一书中，曾子总结了孔子的语录，并认为作为家庭伦理的"孝"可以推广出去，也就是"移孝作忠"。"夫孝，始于事亲，中于事君，终于立身。"① 孝的第一个阶段是奉养双亲；第二个阶段是"移孝作忠"，以侍奉父母之心去忠诚于自己的国君；第三个阶段是立身扬名，所以"立身行道，扬名于后世，以显父母，孝之终也"②。"扬名后世"是孝的更高级的标准，但是它只能与忠君紧密联系才可能实现，因此，孝的第二个阶段和第三个阶段都是与"忠君"联系在一起的，这就是"孝治"的巨大政治功能。《孝经》云："君子之事亲孝，故忠可移于君……居家理，故治可移于官。"③ "孝"往纵度方向推广，"故以孝事君则忠"④，就是忠君事君。《孝经》还从天子之孝、诸侯之孝、卿大夫之孝、士之孝、庶人之孝五个方面对政治伦理孝道进行了详细论证，在此基础上，并对孝道进行了法律制度化规定，主张以立法的形式对不孝的行为进行相应的五刑处罚。曾子真正确立了孝道在政治伦理中的普遍法则，也为后世"以孝治天下"的政治伦理模式奠定了基础。

最后，孝是社会伦理的普遍道德法则。人生活在社会关系之中，人与人之间有经济关系、政治关系、文化关系、伦理道德关系等。在纷繁复杂的关系中，儒家思想认为伦理道德关系最为重要，人与人之间的伦理道德关系又是由"孝"衍生出来的。曾子说："居处不庄，非孝也；事君不忠，非孝也；莅官不敬，非孝也；朋友不信，非孝也；战陈无勇，非孝也。"⑤ 从个人举止到朋友交往，从任职工作到军旅战事，都可以以"孝"的标准来衡量之。在曾子看来，家庭伦理与社会伦理是相同的，孝还具有重要的社会伦理功能。

(二) 孝是人类与自然相互关系的普遍法则

儒家既关注人与人之间的相互关系，同时也十分强调人与自然的和

---

① 胡平生、陈美兰：《礼记孝经译注》，中华书局2007年版，第221页。
② 同上。
③ 同上书，第265页。
④ 陈桐生：《曾子子思子译注》，中华书局2009年版，第3页。
⑤ 同上书，第34页。

谐统一关系。《论语》中记载:"子钓而不纲,弋不射宿。"① 孔子不用系满钓钩的大绳来捕鱼,不射归巢的鸟,是因为在孔子看来,捕鱼和狩猎都有一个"度"。《孔子家语》云:"启蛰不杀,则顺人道;方长不折,则恕仁也。"② 万物都有自己的生长规律,遵循自然规律和法则就是仁爱精神,也就是顺应了人道。孔子又说:"断一树,杀一兽,不以其时,非孝也。"③ 仁爱的核心是孝,仁爱万物,是孝从社会伦理到生态伦理扩大化和延伸化的表现。

曾子是孔子得意门生之一,他对孔子的仁爱思想和孝道理论理解笃深,并将孝道理论进一步梳理和拓展,使儒家孝道理论开出了璀璨的奇葩。孔子关于孝的生态伦理思想也深深影响着曾子,曾子常常以孔夫子的话为标榜,力倡做到:"树木以时伐焉,禽兽以时杀焉。"④ 曾子认为滥砍泛伐、肆杀恣伤不仅破坏了人的生存环境,而且极不人道,其本质就是不孝。曾子这一观点的理论基础主要有两点:

其一,天地万物同体合德。《易·说卦》:"是以立天之道,曰阴与阳;立地之道,曰柔与刚;立人之道,曰善与恶;兼三才而两之,故《易》六画而成卦。"儒家认为天地人三才是同体的,也是合德的,天有阴阳、地有柔刚、人有善恶,三者类而似之。还说:"夫大人者,与天地合其德,与日月合其明,与四时合其序。"儒家从"道"的本体论高度论述了"三才"同体,又从"德"的伦理维度证明了"三才"合德。所以人之孝德既顺应天地自然之道而来,升华后的孝德又是人与自然相互关系的一大法则。

其二,天地万物生命同源同理。《周易》上说:"生生之谓易。"易的实质就是生,生既是一种状态,也是一个过程。又说:"是故,易有太极,是生两仪,两仪生四象,四象生八卦,八卦定吉凶,吉凶生大业。"儒家从宇宙生存论角度论证了世界万物从无到有、从小到大、从少到多这样一个生存过程和结果。"太极"是道的开始,万物都是由道而生,所

---

① 杨伯峻:《论语译注》,中华书局 2006 年版,第 83 页。
② 王肃:《孔子家语》,王国轩、王秀梅译注,中华书局 2011 年版,第 148 页。
③ 王梦鸥:《礼记今注今译》下,天津古籍出版社 1987 年版,第 621 页。
④ 同上。

以万物生命同源。万物种类要生存就需要繁衍，其中延续生命至关重要。人类延续生命叫操守孝道，万物也需要这样的孝道，儒家仁爱万物的生命意识，其理论实质就是孝道精神。

三 "孝"与人生终极性关怀

个体人是一个有限存在物，而智慧又天然地赋予人类企盼超越有限、达到无限和永恒的精神渴求。对生命来源的思考构成这种无限追求的原点，对生命回归的思考构成这种无限追求的延点，对人间尘俗的超越构成这种无限追求的精神高点。儒家在这一纵一横之间，从道德领域中的长度和高度两个维度对人生进行了终极性思考。而曾子的孝道思想正是人生终极性关怀的集中体现。

（一）"孝"体现人对生命本源的终极性思考

生命来自何方？这是人类古老而普遍性的话题。毋庸置疑，生命是父母给予的，正是基于这一点才有了最初的孝。《孝经》云："身体发肤，受之父母，不敢毁伤，孝之始也。"[①] 曾子说："身也者，父母之遗体也。行父母之遗体，敢不敬乎？"[②] 生命和身体都是父母给的，尽孝首先就应该保护好自己的生命和身体。从这一点来看，曾子孝道思想是尊重生命、热爱生命、崇拜生命的。

生命的生命又来自何方？《周易》云："萃，亨，王假有庙，利见大人。"《象传》曰："王假有庙，致孝享也。""致孝享"就是拿出供品来孝敬先祖，以表示追念。对生命的追本溯源并以宗教形式进行感恩，恰恰体现了孝的生命终极性关怀。如果说"善事父母者"是直接的"孝"，是"事生"，是"第一生命"崇拜的"孝"，它更注重现实关怀；那么"致孝享"则是更高形式的"孝"，是"事死"，是"第二生命"崇拜的"孝"，它更贴近终极关怀。

生命的延续又如何？《说文》释孝："子承老也"，意为生命有继承、有延续就是孝。相反，生命断绝，香火不续，就是最大的不孝，孔子也

[①] 胡平生、陈美兰：《礼记孝经译注》，中华书局2007年版，第221页。
[②] 陈桐生：《曾子子思子译注》，中华书局2009年版，第34页。

以"无后"作为最恶毒的语言，比如他说："始作俑者，其无后乎？"①曾子的再传人孟子也说："不孝有三，无后为大。"② 没有生命的延续，就没有家族和种族的延续，儒家为这种大逆不道冠以一个名称叫"不孝"，于此，孝的生命关怀意识也得以淋漓尽致的体现。

（二）"孝"体现人对生命回归的终极性思考

生命周期是一个从无到有、从有到无的过程，生命回归是指生命回归到最原始状态，回归到大自然中去，这是一种自规律。儒家思想对生命回归（或终结）是十分重视的，曾子认为："生，事之以礼；死，葬之以礼，祭之以礼；可谓孝矣。"③ 他还说："故孝子之于亲也，生则有义以辅之，死则哀以莅焉，祭祀则莅之以敬，如此而成于孝子也。"④ 人死后，在埋葬和祭祀上都要做到不违背礼的要求，因为在曾子看来，生前做到尽孝并不难，最难的是父母去世之后，子女还具有一颗缅怀和敬畏之心。

再从"孝"字产生的殷周时代来看，这个时代对宗教的重视是一个普遍现象，祖先崇拜构成这个时期文化现象的一个重要组成部分。"孝"字的正式产生就是这种文化背景下孕育的结果。所以"孝"字的原义一开始就与宗教色彩有着密切的关系。舒大刚教授甚至认为："从西周金文、《诗经》、《仪礼》等较早的上古文献看，'孝'字的本义并非'事亲'，甚至也还不是'事人'，而是'敬神'、'事鬼'的宗教活动。这一意义上的'孝'字，与中国上古时期'祭必有尸'的习俗有关。从字形上看，'孝'字上部象尸，下部象行礼之孝子。"⑤ 由此看来，"孝"所形成的一系列宗教仪式，体现了对生命回归的终极关怀。

（三）"孝"体现人类道德精神的超越性

人类一切生存、繁衍和交往活动的道德行从根本上把人和动物区别开来，道德精神是人类对原始生存欲望和物质欲望的一种超越。在曾子的道德观中，孝道的超越性集中表现在两个层次上：一是超越人的基本生活需要；二是超越人类世俗道德。

---

① 金良年：《孟子译注》，上海古籍出版社 2004 年版，第 8 页。
② 同上书，第 165 页。
③ 陈桐生：《曾子子思子译注》，中华书局 2009 年版，第 54 页。
④ 同上书，第 46 页。
⑤ 万本根、陈德述：《中华孝道文化》，巴蜀书社 2001 年版，第 209 页。

首先，曾子认为孝道超越了人的基本生活需要。《曾子》一书中说道："德者，本也；财者，末也。外本内末，争民施夺。是故财聚则民散，财散则民聚。"① 曾子认为道德和物质是本与末之间的关系，是一种基本对立的关系，二者不可兼得。还认为："仁者以财发身，不仁者以身发财。"② 也就是物质是为道德服务的，道德才是人类的终极追求。曾子以此作为区别君子和小人的衡量标准，所谓"君子贤其贤而亲其亲，小人乐其乐而利其利"③。曾子不仅在观念上是如此，在实践中也依然，比如当他锄草时，误伤了蔬菜的根，其父用木棒狠狠敲打他的背部，致使他倒地后很久不省人事。醒来回到家里之后，怕父亲因此担心和自责，还援琴而歌，以此告诉父亲自己没有受伤。《曾子》上还记载："曾晳嗜羊枣，而曾子不忍食羊枣。"④ 曾子不是不喜欢吃羊枣，但为了让父亲吃而克制着自己。同时曾子也主张守三年之孝，还曾经向孔夫子请教三年之孝的相关事宜。这些都说明，在曾子思想中，孝已经超越了人的基本生活需要，并将这种内在的信念外化于实践行为，实为难得。

其次，在曾子孝道思想体系中，孝的道德精神超越性不仅表现在对基本生活需求的超越，更重要的是对世俗道德的超越，这就是孝的信仰道德行。《曾子》中记载孔子对曾子的孝道教育理论："昔者明王事父孝，故事天明；事母孝，故事地察……孝悌之至，通于神明，光于四海，无所不通。"⑤ 在这里，孔子以古代圣明的天子为例教导弟子，认为只要虔诚地侍奉父母、奉祀天帝，天帝也能明了他的孝敬之心，就会显现神灵，降下福祉。这样伟大的孝道，充塞于天下，磅礴于四海，没有任何一个地方它不能到达，没有任何一个问题它不能解决。所以说："夫孝，天之经，地之义，而民之行。天地之经，而民是则之。"⑥ 意思是说孝道就像天空中日月星辰，永远有规律地照临人间，是永恒的道理和准则。显然，在这里，孝不仅是人间的世俗道德，更是彼岸世界的一种信仰道德，它

---

① 陈桐生：《曾子子思子译注》，中华书局2009年版，第29页。
② 同上书，第31页。
③ 同上书，第20页。
④ 同上书，第50页。
⑤ 同上书，第12页。
⑥ 同上书，第7页。

超逾了经验和理性,蠹于超验领域和信仰世界。

曾子将生命意识和信仰理念纳入孝道思想之中,目的是为孝道思想奠定不容置疑、不容争辩、不容否定的坚实理论基础,其孝道理论对人生的终极性关怀在主观愿望上是美好而可贵的,对后世产生了深远的影响。

总之,曾子在深刻领会孔子关于孝道思想内涵的基础上,进一步认为孝是世界的普遍道德法则,它横贯于自然领域和人类社会,纵贯于经验世界、理念世界和信仰世界。曾子把孝道提升至宇宙间永恒不变的道理和规律的理论高度予以论证,并认为孝无处不在,无时不有,缥缈无定又浩瀚无边,通于天地之神。通过一系列的论证,曾子最终确立了以孝为核心的道德本体论。

第四节 曾子孝廉思想探微

曾子是先秦儒家思想的重要人物之一,他上承孔子之道,下启思孟学派,在儒家思想中有着重要的地位,其思想内容极其丰富而广泛。在曾子广博的思想内容中,有关孝的论述比较多,而关于"廉"这个字的直接叙述基本没有,但综观其思想概貌,其伦理思想和政治主张无不与"廉"紧密相关。其孝廉思想内容丰富、体系完备,有着鲜明的特征,对后世产生了重要影响。

一 曾子孝廉思想概述

曾子将"孝、廉"思想融为一体,并进行理论化和系统化,形成了"以仁为最高理念,以孝为道德实践基础,以廉为政治伦理途径,以人为本位,最终实现德政的政治目标"的孝廉思想理论体系。

(一)曾子孝廉思想以仁为最高理念

曾子作为孔子最得意的弟子之一,对孔子仁学思想的理解是十分深刻而准确的。《论语》中记载:"曾子曰:'夫子之道,忠恕而已矣。'"[1]曾子在笃诚学习和"三省吾身"中深深领会到孔子思想中"一以贯之"

---

[1] 《论语·里仁》。

的思想就是"仁",而这个"仁"包括两个方面,即"己欲立而立人,己欲达而达人"① 和"己所不欲,勿施于人"②。曾子说:"士不可以不弘毅,任重而道远。仁以为己任,不亦重乎?死而后已,不亦远乎?"③ 曾子以孝著称,出仕为官也坚守仁德,《曾子》记载:"齐迎以相。楚迎以令尹……曾子重其身而轻其禄。"④ 晋国和楚国邀请曾子做大官,但他都推辞了,其中缘由有三点:一是担心自己的学问和道德修养不能完成拯救黎民众百姓的使命;二是认为在俸禄和道义两者的选择中偏重于道义;三是当时政治环境正值"无道",无道则隐,这是孔子所创导的。三者集中于一点,就是"出仕"绝不能违背"仁"。

(二) 曾子孝廉思想以孝为道德实践基础

孔子所创建的仁学体系中,认为孝是一切仁德的基础和根本,其他道德都是由"孝"延伸出来的。《论语》中云:"孝悌也者,其为仁之本与!"⑤ 在这么多道德范畴中,孔子唯独以"孝"作为一切道德的根本和基础,其原因主要有四点:第一,人的生命和身体是父母给予的,一个人如果没有"子女"这一身份,其他一切身份都不可能存在。第二,一切道德都离不开感恩、克制和理性三个因素,一个人感恩意识、克制心理和理性思维的最好培养方式就是奉行孝道,感恩意识培养了爱心,克制人性的弱点便懂了礼节,理性思考便掌握了行为的优良选择。第三,一切教化都是从孝道开始的,即谓"教之所由生也"。第四,一切道德行为的施行,又以孝道为检验标准,做一个道德的人是父母所希望的。儒家正是基于此理,充分说明孝为仁的根本,是一切仁德的起点。要践行其他仁德必须首先实践孝德,这正是曾子孝廉思想的核心。

(三) 曾子孝廉思想以廉为政治伦理途径

曾子对"廉"概念范畴的界定。曾子曾说过:"上失其道,民散久矣。"⑥ 曾子以"道"作为衡量政治得失的标准,这个"道"在政治领域

---

① 《论语·雍也》。
② 《论语·卫灵公》。
③ 《论语·泰伯》。
④ 《曾子·晋楚》。
⑤ 《论语·学而》。
⑥ 《论语·子张》。

中的具体含义就是"廉","廉"是"道"的外在表现。在曾子孝廉思想中,"廉"的范畴主要体现在五个方面：一是择官而仕。"忠行乎群臣,则仕可也。"① 曾子认为君臣有道的社会出仕方可。二是遵纪守法。《曾子》中说："制节谨度,满而不溢……非法不言,非道不行。"② 讲的就是要遵守法度,使自己不处于危险的境地。三是清廉节用。曾子认为要正确处理"德财"之间的关系,所谓"德者,本也；财者,末也"③。所以,"生财有大道……仁者以财发身,不仁者以身发财"④。在曾子看来,只要能够满足基本生活和赡养父母的需要,再多的俸禄也就没有意义了,所以"曾子重其身而轻其禄"⑤。同时,曾子还认为浪费与腐败紧密相关,主张要"谨身节用"⑥。四是不行贿受贿。"就之不赂"⑦ 接近别人,不要用财物贿赂,否则,这就是你滑向深渊、走向犯罪的开始。五是不近美色。曾子认为美色是克制欲望的"一道坎",跨不过这"一道坎"就会十分危险,所以"君子……财色远之"⑧。

"廉"是实现政治目标的伦理途径。俗话说"儒言治世",渴望清明廉洁的政治环境,实现德治的政治目标是先秦儒家的理想追求。《曾子》中记载："曾子曰：'子曰：大学之道,在明明德,在亲民,在止于至善。'"⑨ 这是儒家所强调的"三纲领","明明德"说的是修养好德行；"亲民"说的是以德化民,革新政治；"止于至善"说的是民风淳正、政清人和、国泰民安的美好社会。如何实现"三纲领"呢？曾子又强调了"八条目"：格物、致知、诚意、正心、修身、齐家、治国、平天下。从这八个步骤来看,"格物、致知"讲的是要学好知识和本能,最怕当官没文化,知识和能力是为政的起码条件；"诚意、正心、修身"是道德层面的要求,是对"廉"型政治伦理的规定,是实现"齐家、治国、平天下"

---

① 《晋楚》。
② 《仲尼闲居》。
③ 《明明德》。
④ 同上。
⑤ 同上。
⑥ 《仲尼闲居》。
⑦ 《守业》。
⑧ 同上。
⑨ 《明明德》。

理想目标的基本准则和必然途径。

（四）曾子孝廉思想以人为本位

曾子认为天地之间"人"最为伟大，所谓"天之所生，地之所养，人为大矣"①。认为人是天地间最伟大的。《礼记》云："人者……五行之秀气也。"② 曾子向孔子请教圣人之德时，孔子也说："天地之性人为贵。"③ 可见，在曾子思想中，人是最重要的，这正是曾子思想中的精华。曾子孝廉思想以人为本位，认为一切德行的修养和廉政的实施，都是为了人，为了天下百姓，所谓"爱亲者不敢恶于人，敬亲者不敢慢于人，爱敬尽于事亲，而德教加于百姓"④。就是告诫统治阶级要以敬爱父母之心对待黎民百姓，以道德感化和教育人民，使人民生活幸福，人民就会拥护它。

（五）曾子孝廉思想以实现德政为目标

曾子同孔子一样，对周代（西周）施行德治十分推崇，他曾经引用《诗经》中话"周虽旧邦，其命维新"，以周代为例来说明政治一定要不断革新吏治。他还以《尚书》中"克明德""顾諟天之明命""克明后德"等来说明彰明德行的重要性。曾子对统治者的道德基准十分重视，认为"是故君子先慎乎德。有德此有人，有人此有土，有土此有财，有财此有用"⑤。意思是统治者首先应修养德行，并将内在之德行付之于政治，施行德政，这样才会有老百姓拥护你，这就是曾子以实现政通人和、清明廉洁的德政为政治目标。

上述五个方面紧密关联，浑然一体，仁为理念，孝为基础，廉为途径，人为本位，德政为目标，共同构成曾子孝廉思想的主要内容和理论体系。

二 曾子孝廉思想特征

（一）注重"内省"修养，强调道德自律

曾子孝廉思想十分注重"内省"修养和道德自律。曾子说过："孝有

---

① 《大戴礼记·曾子大孝》。
② 《小戴礼记·礼运》。
③ 《仲尼闲居》。
④ 同上。
⑤ 《明明德》。

三：大孝尊亲，其次不辱，其下能养。"① 认为赡养父母是起码的、低层次的孝行，只有做到"不辱"和"尊亲"才是更高层次的孝行。如何做到"不辱"和"尊亲"呢？曾子认为需要时刻反省自身是不是保持了一颗"敬爱"之心，这是孝的本质特征。《孔子家语》中记载：有一次曾子耘瓜受杖后昏倒，醒来之后他没有埋怨父亲，而是反省"自身挨打会不会让父亲因此而内疚"，于是援琴而歌，好让父亲知道自己没事。在政治伦理观上，曾子反省"为人谋而不忠乎"，"忠，敬也，尽心曰忠"。② 可见，忠藏于心中，须自省。同时，忠也是一种政治伦理，是"廉"的表现之一。由此可见，注重"内省"修养，强调道德自律，是曾子孝廉思想的显著特征。

（二）以性善的人性预设为前提

曾子虽然对性善的直接论述着墨不多，但曾子主张性善却是一个不争的事实，原因如下：

第一，受孔子思想的熏陶。得老师心传的曾子，对孔子思想的主张十分准确。孔子对人性的论证集中体现在《论语》中的一句话："子曰：'性相近也，习相远也。'"③ 孔子讲"性相近"，虽然没有明确道出"性善"，但假如孔子主张"性恶"，那么在其思想体系中会更加强调外力的作用，比如制度和法律，不会过多强调道德的力量。曾子受孔子真传，也强调儒家"三纲领"中的最高境界是"止于至善"。

第二，孟子"性善论"理论来源与曾子有很大关系。众所周知，"孟子道性善，言必称尧舜"④，孟子学于子思，子思学于曾子。从古代教学传统来看，孟子"性善论"必定有理论渊源，而曾子思想对孟子也是有很大影响的。

第三，从曾子的行为来看。《曾子》中记载："齐景公以下卿之礼聘曾子，曾子固辞。"⑤ 曾子不受官的原因，我们从晏子为他送行时说的话

---

① 《曾子大孝》。
② （汉）许慎：《说文解字》。
③ 《论语·阳货》。
④ 《孟子·滕文公上》。
⑤ 《忠恕》。

可以看出:"吾闻反常移性者,欲也,故不可不慎也。"① 违反常道、移易本性,是因为人有私欲,可见,曾子不受官,是因为不违背本性,这是一种善。

(三) 以廉行孝的政治伦理实践观

在曾子孝廉思想中,一方面主张孝是一切道德的基础,倡导应将"孝"之家庭伦理进一步推广到"廉"之政治伦理范围,以孝促廉。另一方面则强调"孝"也是一切道德的重要检验标准,也就是说一切道德最终应回归和落根于"孝"。如果为政者违背伦理原则和触犯法律制度,就会让父母颜面受损和担惊受怕,就会无法保住俸禄来赡养父母。因此,为政者应恪守职业道德,保持政治操守,"以正当的俸禄行孝"而不是"以不义之财行孝",即"以廉行孝"。曾子恪守"立身行道,扬名于后世,以显父母"②的信念,在实践中也是这样做的,《曾子》中记载:"故吾尝仕齐为吏,禄不过锺釜,尚犹欣欣而喜者,非以为多也,乐逮亲也。"③ 曾子当官时俸禄较低,但仍十分欣慰,原因是自己以正当的俸禄来行孝,"以廉行孝"正是曾子孝廉思想的典型特征。

三 曾子孝廉思想的影响

孝廉思想是曾子思想的重要组成部分,曾子的孝廉思想对社会现实和后世儒家思想发展起着重要的影响,这体现了曾子孝廉思想的实践意义和理论价值。

曾子生活在奴隶社会向封建社会过渡时期,是时群雄称霸,战火横飞,"君不君、臣不臣、父不父、子不子"④。在这样的社会现实背景之下,曾子针砭时弊,匡扶正义,希求醒统治阶级于昏庸之际,救黎民百姓于水火之中。曾子同孔子一样,抱着"明知不可为而为之"的理想追求,操守"为人君止于仁,为人臣止于敬,为人子止于孝,为人父止于慈,与国人交止于信"⑤的执着信念,将理论知识内化为一种信念,一种

---

① 《忠恕》。
② 《仲尼闲居》。
③ 《养老》。
④ 《颜渊》。
⑤ 《明明德》。

信仰，一种精神追求。在实践中，曾子又将这种理想信念贯穿其中，学以致用，知行合一，体现了他的实践行为与内在精神追求的一致性。

曾子孝廉思想和孝廉故事主要集中体现在《论语》《大学》《孝经》《礼记》《孟子》《孔子家语》《韩非子》《韩诗外传》《说苑》《曾子》等著作之中。曾子孝廉思想中以仁为最高理念，传承了儒家思想的道统；曾子重孝，子思和孟子对孝道理论也十分重视；曾子期望构建一个清廉淳正的社会，孟子主张统治阶级"以不忍人之心，行不忍人之政"[①]；孟子明确提出"性善论"，其思想渊源于子思对人性和道性的理解，再追其源就是对曾子"性善"的人性预设和孔子"性相近"的人性判断；曾子主"德政"，孟子求"仁政"，旨趣相同，一脉相承。从以上论述可以看出，曾子孝廉思想对后世儒家思想产生了深远的影响。

综上所述，曾子孝廉思想是一个内容丰富而完备、特征鲜明的理论体系，其思想理论在理论和实践方面对当时和后世都产生了重要影响，也为我们今天加强社会主义廉政文化建设和构建反腐倡廉机制起到了启发作用。

第五节 孔子孝道理论与颜回的道德实践

颜回是孔子的得意门生，素以德行著称，其位排在孔子众弟子之首，后世称孔子为至圣、颜回为复圣，将颜回与孔子齐名，合称为"孔颜"。孔子是儒家伦理的布道者，他在整合西周之前伦理道德观念的基础上，最终形成了以仁为纲领和统摄，以孝、礼和尊师为基本支架的"一体三翼"伦理框架。

一 孔子对孝的哲学架构及其孝道学说基本理论

孝既是人类美好的自然情感，也是人类理性的道德行为。受生产力水平的限制和原始宗教的浸淫，古代人们在孝的实践上存在着局限性，对孝的认知还停留在愚蒙阶段。到了西周时期，孔子对人类思想进行了第一次大启蒙，把人类的认识从"天事"拉回到了"人事"，初步实现了

---

① 《孟子·公孙丑上》。

人类从"对象意识"向"自我意识"的思想变革。人类如何认识自身？孔子主要是从道德和智慧两个维度予以思考。智慧方面，孔子十分注重学习和教化。在道德方面，孔子以仁人之心作为人性根基和哲学前提，以孝悌为道德逻辑起点和主线，以忠恕为道德的内在规定，以礼为道德外在表现和行为原则，以仁为核心和目标架构起了儒家的原始道德哲学体系。在这个体系中，孝既是道德之基石，也是诸德之统摄，其他道德都不同层面上围绕"孝"这条主线而展开。

孔子关于孝道思想的内容较多，本书主要从以下三个方面予以阐述。

关于孝与仁。"仁"就人与人之间关系而言，是指人与人之间相互亲爱、相互友爱、相互关爱。孔子把"仁"提升到道德哲学的高度，认为"仁"是最高的道德原则、道德标准和道德境界。冯友兰分析认为："孔丘认为'仁'是最高的道德品质，具有这个道德品质的人称为'仁人'。"① 因为在孔子看来，"仁"既是做人的起码要求，是区别人与禽兽的基准线，即谓"仁者，人也"②，又是一种最高道德目标；"仁"既属于最低的道德人性基础，又属于最高的道德超验领域。在道德的经验世界和理性世界里，孔子以"孝"为主线进行贯穿。孔子认为"孝悌也者，其为仁之本与！"③，"仁者，人也，亲亲为大"④，孝和悌是为人的根本，是人作为社会存在物的群体道德认同，这种道德认同是理性的、自觉的，是区别于动物纯感性、天然的反哺报恩本能冲动的。人在社会角色中，首先是作为子女而存在着，所以在经验领域的道德实践最先表现在孝道方面。孔子的"仁"包括很多道德范畴，比如孝、悌、忠、义、礼、智、信、恭、宽、敏、惠、刚、毅、木、讷、勇等。"仁者，人也"，但不一定"人者，仁也"，一个人要成就仁德，必须做到坚守所有道德；要成就所有道德，必须首先做到孝。所以，要真正做到"仁"，不是一件容易的事，这也是孔子不轻易以"仁"冠人的原因。

关于孝与礼。孝就家庭伦理而言指的是"善事父母"，它包括两个基

---

① 冯友兰：《中国哲学史新编》上卷，人民出版社1998年版，第149页。
② 王国轩：《大学中庸译注》，中华书局2006年版，第95页。
③ 张燕婴：《论语译注》，中华书局2006年版，第2页。
④ 王国轩：《大学中庸译注》，中华书局2006年版，第95页。

本层面，即物质侍奉和精神侍奉。孔子认为物质侍奉父母是最基本的孝，精神侍奉是高层次的孝，精神侍奉就是要做到尊敬父母。所以他在回答学生子游"孝"的问题时说道："今之孝者，是谓能养。至于犬马，皆能有养。不敬，何以别乎？"① "敬"是区别侍奉父母和喂养动物的根本标志。《群书治要》中郑注言："敬，礼之本"，礼的本质就是敬爱之心，从孝与礼的关系上看，礼就是孝的外在表现。孔子甚至直接认为孝就是不要违背礼的规定，"孟懿子问孝。子曰：'无违'……'生，事之以礼；死，葬之以礼，祭之以礼'"②。如何做到"礼"呢？那就是要克制情感冲动而使行为符合礼的规定，所以颜回请教何为仁德时，孔子回答说"克己复礼为仁"③。在父母面前要克制自己，保持敬爱的容色态度，这就是孝，当子夏问何为孝时，孔子着重强调了"色难"④ 二字，可见，在孔子思想里，礼至于孝的重要地位。

关于孝亲与尊师。尊师既是一种仁德，也是孝的表现。孔子认为尊师也是一种孝，他在孝的"色难"释义后就加上了具体注解："有事，弟子服其劳；有酒食，先生馔。曾是以为孝乎？"⑤ 意思是说弟子帮老师做一些力所能及的事情，用酒菜孝敬老师，并做到和颜悦色，这就是孝。再从"教"字来看，就是由"孝"和"文"组成，从教育主体来讲，教师需要由具有孝德和文化的人来担当；从教育内容来说，道德知识和文化知识都是道德教育的重要内容。同时，父母与教师在个体人格塑造中都具有重要作用，《国语》中认为：民性于三，事之如一。父生之，师教之，君食之。君、亲、师三种伦理关系以什么道德标准来统摄呢？那就是孝。忠君是孝从家庭伦理向政治伦理的推延，尊师是孝从家庭伦理向社会伦理的推延。荀子更是以礼为纽带，将孝亲与尊师联系在一起，认为"故礼，上事天，下事地，尊先祖而隆君师。是礼之三本也"⑥。后世儒家信仰者把天、地、君、亲、师同位供奉在明堂之上，以此表达孝心。

---

① 张燕婴：《论语译注》，中华书局2006年版，第15页。
② 同上书，第14页。
③ 同上书，第171页。
④ 同上书，第16页。
⑤ 同上。
⑥ 安小兰：《荀子译注》，中华书局2007年版，第162页。

二 颜回对孔子孝道学说的领悟及道德实践

孔子以"仁"而不以"孝"称赞颜回的原因：一是颜回和他的父亲颜路都师从于孔子，师徒关系占据着主导地位，其光芒掩盖了父子伦理，连史书对颜回孝父也记载甚少；二是颜回过早去世，死得比他的父亲还早，没有尽到孝道；三是颜回以德闻名，排在德科之首，他的其他道德比如好学、尊师、忠恕、乐处、不迁怒等都十分优秀，孔子以最高道德"仁"来称道他。但仁的根基是孝，颜回的"仁"是以孝为前提的。从实践角度看，颜回对孔子孝道学说的领悟是深刻的，他突破了家庭伦理的范围，站在仁学的整体高度来理解孔子孝道学说。

（一）颜回对仁德的领悟与操守

《论语》中说："夫子之道，忠恕而已矣！"[1] 可见孔子之"仁"包括两个基本方面，一为忠，一为恕。忠就是"夫仁者，己欲立而立人，己欲达而达人"[2]，恕就是"己所不欲，勿施于人"[3]。孔子主张显达之后应施助于别人，不要以自己的意志强加别人，这是忠恕之道。忠恕是贯穿孔子学说的基本思想和核心内容，是仁学的具体运用。忠是从积极方面来阐述仁学的实践之道，一个人有所作为，同时也将经验传授于人，让别人也能取得成功，这样做就是推己及人，待人忠心，是忠之道；恕是从消极方面来论证仁学的实践之道，自己不愿做的事情，不要强加于别人，走向失败是大家都不想见到的事情，所以要将心比心，理解别人，宽恕待人，这就是恕之道。颜回曾接受孔子的教育："恭敬忠信而已矣。恭则远于患，敬则人爱之，忠则和于众，信则人任之。勤斯四者，可以政国，岂特一身者哉？"[4] 颜回依"忠信"定律行事，在随师周游途中，处处化险为夷。颜回始终操守"不迁怒，不贰过"[5] 的"恕"人之道，与人为善、宽和待人的处世原则常常得到孔子的称道，《孔子家语》记

---

[1] 张燕婴：《论语译注》，中华书局2006年版，第46页。
[2] 同上书，第82页。
[3] 同上书，第241页。
[4] 王国轩、王秀梅：《孔子家语译注》，中华书局2011年版，第159页。
[5] 张燕婴：《论语译注》，中华书局2006年版，第70页。

载:"回以德行著名,孔子称其仁焉。"① 《论语》中孔子赞语:"贤哉,回也!一箪食,一瓢饮,在陋巷,人不堪其忧,回也不改其乐。贤哉,回也!"② 还说"回也,其心三月不违仁;其余则日月至焉而已矣"③。颜回有治世之才,其长时间操守仁德、穷困潦倒时"不违仁",并非沽名钓誉式的权宜之计和无可奈何中的堕落,而是一种跨越时空的道德追求,他站在道德极峰的境界守望着人间的精神家园。

(二) 颜回对孝礼的理解与操守

孔子认为孝需要礼来规范,即"生,事之以礼;死,葬之以礼,祭之以礼"④,这是对孝礼的完整规定。道德具有潜在性和内隐性,外部难以判别和认定;而"礼"是一种外在的显性的行为,外部更容易予以主观鉴别和判断,所以"礼"之于道德十分重要。"礼"必须是爱心的真情流露和直观表达,决不能伪装,从道德的相对稳定性角度来看,伪装只能是暂时的,不可能长久,所以孔子说:"人而不仁,如礼何?"⑤ 颜回对孔子"礼"论的理解是深刻的,他经常引用孔子的"礼"论,比如:"吾闻诸夫子,身不用礼而望礼于人,身不用德而望德于人,乱也。"⑥ 在实践中,颜回更是以"礼"严格规范着自己的行为,特别是在遵守"祭祀之礼"上。祭祀是先秦儒家礼学思想的重要内容。儒家祭祀已故先人其中有两个原因,一是生命个体是先人给予的,先人有生育和养育之恩,尊敬先人是理所当然的;二是先人创造了一个时期的文化,人类正是继承了这种文化血脉,积累了认识和改造世界的生存智慧,才得以绵延至今。颜回认为祭祀之礼应避免"不洁"之物,《吕氏春秋》中记载:"孔子望见颜回攫其甑中而食之。选间,食熟。谒孔子而进食,孔子佯为不见之。孔子起曰:'今者梦见先君,食洁而后馈。'颜回对曰:'不可,向者煤炱入甑中,弃食不祥,回攫而饭之。'"⑦ 孔子认为祭祀是人死后极为

---

① 王国轩、王秀梅:《孔子家语译注》,中华书局 2011 年版,第 424 页。
② 张燕婴:《论语译注》,中华书局 2006 年版,第 75 页。
③ 同上书,第 73 页。
④ 同上书,第 14 页。
⑤ 同上书,第 26 页。
⑥ 王国轩、王秀梅:《孔子家语译注》,中华书局 2011 年版,第 241 页。
⑦ 陆玖:《吕氏春秋译注》,中华书局 2011 年版,第 227 页。

重要的事情,来不得半点疏忽,不得有片刻违背,这里既证明了颜回真诚而不虚伪,也表现了颜回对祭祀之礼是十分通晓的,并且始终如一地挚守祭祀之礼,真正做到了知行合一。在当时礼坏乐崩的情况下,颜回还能心存敬重之心,将夫子的恢复周礼的主张和追求化为实际行动,坚持"不违"祭祀之礼,实属难能可贵。

(三) 颜回孝师

孔子是颜回的老师,也是颜回父亲颜路的老师。颜路和孔子年龄相差不大,而尊师又是天经地义的,所以颜回体谅父亲,在尊师方面承担得更多,这也是孝亲的表现。再从理论的角度看,尊师也是一种孝,前已有论证,此不再赘述。古人云:为学莫重于尊师。讲的就是要学好知识,必须尊敬自己的老师。在这一点上,颜回可称后世楷模。颜回尊师主要表现在三个"不违"方面:

一是"不违"师意。颜回十分好学,得到老师和同学的极大称赞,《论语》里记载:"子谓子贡曰:'女与回也孰愈?'对曰:'赐也何敢望回?回也闻一以知十,赐也闻一以知二。'子曰:'弗如也!吾与女弗如也。'"[①] 颜回不仅好学,对老师的主张也持敬重的态度,"吾与回言终日,不违,如愚。退而省其私,亦足以发,回也不愚。"[②] 颜回在上课时表现得沉默寡言,不发表意见,在别人看来是愚蠢,但下课后,颜回却认真思考,反复琢磨,精益求精,孜孜以求,追求真理与不违师意。

二是"不违"师学。颜回好学,学识渊博,即使老师的学说遭到质疑,他也十分尊重老师的学问:"仰之弥高,钻之弥坚,瞻之在前,忽焉在后。夫子循循然善诱人,博我以文,约我以礼,欲罢不能。既竭吾才,如有所立卓尔。虽欲从之,未由也已!"[③] 夫子之学,道高理远,令颜回诚惶诚恐,竭精求索。在老师颠沛落魄时,他坚信:夫子之道至大,天下莫能容。虽然,夫子推而行之,世不我用,有国者之丑也,夫子何病焉?不容,然后见君子。

三是"不违"师礼。颜回在"不违"师礼上突出地表现在立志自始

---

① 张燕婴:《论语译注》,中华书局 2006 年版,第 56 页。
② 同上书,第 16 页。
③ 同上书,第 122 页。

至终侍奉老师。颜回父子两代均为孔子的弟子,父亲和老师年龄差不多,显然不能长期侍奉夫子。颜回一直希望自己能做到,所以当师徒身处险境、朝不保夕时,自己决不能先老师而死,否则自己就违背了尊师之大礼,《论语》记载:"子畏于匡,颜渊后。子曰:'吾以女为死矣。'曰:'子在,回何敢死?'"① 虽然颜回最终没能坚持做到,不幸夭折,却为天命。

三 颜回对孔子孝道理论的道德实践的历史价值

孔子关于孝的思想内容和理论体系是其仁学的重要组成部分,以孔子为首开创的儒家学说与墨家学说被称为显学,并在中国两千多年的文化发展中占据着主流地位,以孝治天下的封建政治模式也成为历代封建政权效仿的典型,这与后世追随者对孔学的继承、发挥和实践密不可分。颜回等人作为孔学的第一批继承、发挥和实践者,对于孔子孝道学说的衍绎领域和笃诚实践具有重要的现实意义和历史意义。

(一) 从理论的实践价值角度看

任何理论的价值就在于能够推动人类实践,从逻辑上讲,有价值的理论至少有三个实践者,一是"过去实践者"(包括反面实践者),二是"现在实践者"(包括理论建立者的实践),三是"后来实践者"(包括信仰和追随者)。过去实践者决定着理论来源的可靠性和理论价值的针对性,现在实践者决定着理论体系的真实性而非欺骗性,后来实践者决定着理论之于实践的可行性和前瞻性。孔子以孝道为根本建立起来的仁学思想,主张建立起一个"老有所终,壮有所用,幼有所长"理想大同社会,并以毕生之精力去努力实现之。这充分说明孔子的孝道学说并不是伪道伪善学说,孔子不是以理论来蛊惑、麻痹、欺骗"芸芸众生、善男信女",他的孝道思想是具有人民性的。颜回对孔子孝道学说的意义还表现在为其找到了一个"过去实践者"的支撑点。孔子以"大道之行"和"三代之英"的理想时代为标榜;颜回极力推崇以孝闻名的虞舜,说:"舜何人也,予何人也;有为者亦若是!"强调有作为之人应该学习虞舜,这一点被后世儒家进行了大力发挥(比如孟子)。颜回为孔子孝道学说树

---

① 张燕婴:《论语译注》,中华书局2006年版,第163页。

立了一个现实经验世界的光辉典范,虞舜这个典型的"过去实践者"使得孔子孝道学说更具可靠性和针对性。不仅如此,颜回对于孔子孝道学说实践价值树立的重要意义还表现"后来实践者"方面。孔颜时代是一个"礼坏乐崩""父不父,子不子"的时代,在这样一个时代为"君臣父子之道"呐喊者微乎其微,主张并坚守"君臣父子之道"的孔子被人称为"丧家之犬"。颜回作为孔子最得意的学生,如果连他都无法理解和实践老师的"君臣父子之道",其学说悲剧将是何等的惨烈?所以,就实践价值而言,颜回深刻领悟和笃诚实践孔子孝道学说具有重要意义。

(二)从理论的目标价值角度看

孔子的最高社会理想是建立一个"大同社会",具体说来就是"老者安之,朋友信之,少者怀之"①,这可以归纳成"孝、悌、慈"三个字,此即是大同社会的伦理基石。颜回的社会目标则是"愿无伐善,无施劳"②,其内涵十分宽泛,但其主旨则明显强调一个人"精神"和"身体"两个方面,从这一点也可以看出颜回对个人生命体的重视。颜回对孔子孝道目标价值的逻辑理解十分透彻,这个逻辑就是:从个人内修己德到全社会道德化的空间衍绎,从一日克己复礼到社会长期和谐的时间衍绎,从孝亲到仁民爱物的内在逻辑衍绎。颜回好学,而且悟性较高,在明白道理之后,说道:"回虽不敏,请事斯语矣。"③ 前一句是自谦的说法,后一句是按照夫子之言身体力行,成了颜回一生践行的信条。没有神的监视,没有法律的约束,没有他人的监督,仅仅依靠自己的道德自觉,始终坚定地操守着、隐忍着,其德行就像立在春秋时代的一座丰碑,连孔子都自叹不如,最终得到了"圣贤之人"的最高赞誉。

(三)从理论的社会价值角度看

孔颜生活的时代是一个礼坏乐崩的时代,争名逐利、人性膨胀成为时代潮流。乱世之秋、危邦之际,儒家之志、王者之政常被斥为愚儒、讥为矫饰。即使在世以混浊而贤才莫能用的社会环境下,孔子依然坚定地推崇古往圣君,云游周公之梦,挚爱邵乐之音,效仿先王之法。而颜

---

① 张燕婴:《论语译注》,中华书局2006年版,第66页。
② 同上。
③ 同上书,第171页。

回坚韧地守望着孔子的孝道和德政追求，不改老师之志，对于身处礼坏乐崩、纲纪紊乱、君臣无序的时代是多么的可贵。颜回"不改"老师之志，这种孝的行为与其内在精神追求具有一致性。当然，颜回之实践行为并不是无限地克制自己，做一个"苦行僧"式的实践者和宗教化的盲从信徒；而是以"愿贫如富、贱如贵，无勇而威，与士交通，终身无患难"①自勉自慰，坚守仁德，自得其乐，乐在其中。颜回这种壮志宏气、追求真理并以之为乐的精神，与孔子本人"饭疏食，饮水，曲肱而枕之，乐亦在其中矣"②旨趣相通，境界相同。

颜回在深刻理解孔子孝道理论的基础上，把孝道思想内化为一种信念、信仰和精神追求，把远大的政治抱负化为个体道德实践，其至孝大德并不是平庸者的惟惟自怜、寂寞者的孤芳自赏、狂妄者的目空一切，而是一种退隐后的操守，是一份颠沛穷困中的守望，是对黑暗统治的无声控诉。颜回成为春秋时代的道德标杆，颜回形象化为一个历史的道德符号，其孝道精神是中华民族宝贵的精神财富，对新时期中华民族共有精神的构建仍具有重大的启发性意义。

第六节 儒家孝道的美学意蕴探析

孝是儒家思想中重要的道德范畴之一，"道"之于孝不仅是作为一种宇宙本原和终极性原则而存在的至善之物，也是至真至美的存在物。从孝的内涵来看，孝子本身就是崇高的审美形象；儒家以礼来规范孝，使孝的实践变成一种艺术行为；孝亲还需要子女具有正确的审美价值观；而追求和谐之美正是孝的社会终极目标。孝作为一种"道"，所蕴含的美学意味是十分深刻而广博的。

一 孝道作为本体论意义的美学意蕴

"道"是什么？《周易》上说："形而上者之谓道"③，"形而上"是指

---

① （汉）韩婴：《韩诗外传集释》，许维遹校注，中华书局1980年版，第172页。
② 张燕婴：《论语译注》，中华书局2006年版，第92页。
③ 陈德述：《周易正本解》，巴蜀书社2012年版，第302页。

现象背后的本质和原因,是一个抽象概念。作为一种本体论假设,道家主要从外在世界寻找依据,即自然;先秦儒家则从人性的内在规律出发寻找终极性根据,强调做人处世要合乎人性规律。道家和儒家对"道"的终极原则上理解虽有差别,但在认为"道是一个辩证统一体"的观点上是一致的,即"一阴一阳之谓道"。[①] 同时,儒家也面临一个问题,那就是"人性为何这样?"追问答案的结果是"天命","天命"是使人性原本如此的自然而然的力量。从这一点来看,道家和儒家都强调"道"是至高无上的原则性、规律性的客观存在。综合看来,可以从四个方面来具体理解"道"。第一,"道"是飘忽不定、阴阳合一、虚实相济的合规律性存在物。"道"飘忽不定,充满生气和活力,是合乎人性规律的,人们追求并保持它,就达到"道"与"心"的统一;阴阳是自然而然的普遍法则,阴阳是相伴而行、缺一不可的,阴阳是"一对一"而不是"一对多"或"多对一"的关系,这种关系是数理和谐的美的存在物;"道"是变动不居、周流六虚的,虚实在变化中彼此消长但又不游离于对方,这是虚实相济的美的存在物。第二,"道"的生命力在于"易"。"生生之为易"[②]、"《易》有太极,是生两仪"[③],"道"不只是自身存在的完美物,更是一个不断生成万物的存在者。世界之所以美就在于具有生命活力,"道"正是世界万物的生命源泉。第三,"道"在时间美学意义上体现为"永恒"与"无限"。"人是自卑的生存者!"[④] 人作为经验世界的个体存在物是有限的,人的理性同样是有限的,人对于自身的有限性和外部世界的变化莫测,感到无比的忧虑与孤寂,超越有限达到无限和永恒是人类的终极性关怀,"道"正是弥补人的生命缺陷而达到的永恒确证,人的生存便有了完整性意义。第四,"道"在于保持本性的"真"。《中庸》说:"天命之谓性,率性之谓道"[⑤],儒家之"道"不完全在于客观或主观,而是客观的"天命"与主观的"性"的统一体,保持本性与

---

① 陈德述:《周易正本解》,巴蜀书社2012年版,第286页。
② 同上书,第287页。
③ 同上书,第299页。
④ 唐代兴:《当代语义美学论纲——人类行为意义研究》,四川人民出版社2001年版,第148页。
⑤ 王国轩:《大学中庸译注》,中华书局2006年版,第46页。

天命一致就是循道,"道"的一致性和统一性就是"真"。由于"本性"也是变化的,这就是"性相近也,习相远也"①,所以孟子从性善论出发,强调人要顺应本性的发展,如"恻隐之心"② 就是本性、善端;荀子则从性恶论出发,"无伪则性不能自美"③,认为需要外力进行规范,引导人向自然之性的方向发展。由此可见,"道"既是至善,也是至美至真的。孔子把"志于道"④ 作为自己最高理想追求,"朝闻道,夕死可矣"⑤,而这个"道"就是追求人类美好社会的理想,实现礼乐安邦的政治目标,所以他又说:吾志在《春秋》,行在《孝经》。

儒家的道德范畴很多,比如仁、义、礼、智、信、刚、毅、木、讷、勇、恭、宽、直、敏、惠等,而在众多道德范畴中,唯有孝与道合用最为常见。"夫孝,天之经也,地之义也,民之行也。"⑥ 儒家赋予"孝"以"道"的本体论意义,是因为"孝"与"道"极为相近,"孝悌之至,通于神明,光于四海,无所不通"⑦。孝合乎人性本真,是宇宙的普遍规律,它精细慎微,无处不在,所以"通"。"通"形象地揭露了"孝"的存在状态,因为"孝"是天经地义,是普遍规则,是人性完整的体现,是美的;而"不孝"代表着人性缺陷与畸形,是粗糙与丑陋的象征,所以"孝"则"通","不孝"则"不通"。"通"还是一个动态过程,"孝"的动态意义体现在对生命的不断追问中,子女的生命来源于父母,父母的生命又来源于祖辈,所以"孝"有着更高的敬祖意义;"孝"的生命动态意识还表现在延续观念上,"生生"就是孝道,儒家主张"不孝有三,无后为大"⑧,香火不断,代代相传,这就是圆满。"通"也是时间轴上一种永恒的追求,儒家对人生有限性的认识既不同于道家的浪漫主义(肉身不老),也不同于佛家的虚无主义(灵魂不朽),而是一种现实主义,即个体生命是短暂而有限的,但由于生命是代代相传的,整个血

---

① 张燕婴:《论语译注》,中华书局2006年版,第263页。
② 金良年:《孟子译注》,上海古籍出版社2004年版,第236页。
③ 安小兰:《荀子译注》,中华书局2007年版,第180页。
④ 张燕婴:《论语译注》,中华书局2006年版,第88页。
⑤ 同上书,第44页。
⑥ 胡平生、陈美兰:《礼记孝经译注》,中华书局2007年版,第239页。
⑦ 同上书,第270页。
⑧ 金良年:《孟子译注》,上海古籍出版社2004年版,第165页。

脉系统是可以无限延续的。血脉延续不断，就可以使生命超越有限而达到无限，"孝"的血脉意识正是基于时间意义上对生命的能动认识。"孝"之于"通"，还有一个意义就是对"性相近"而"通"，人类的孝观念源于对父母的感恩意识和敬爱意识，是一种自然血缘亲情，属于人性本真之道，它体现了人伦关系中最自然、最纯粹、最真挚的人性之美，因而人性是横向相"通"的。"孝本源于原始的亲亲之爱"①，亲亲之爱是摒弃了功利算计的爱、是摈斥了矫揉造作的爱，这种"爱生于自然之亲情"②，是自然的，也是崇高的，孔子强调"父子相隐"，其理由就是如果一旦毁坏了人性中的"直"，那么社会必将向着"礼坏乐崩"的方向发展。总之，儒家认为"孝"是宇宙的规则和人性准则，近乎于"道"，所以称之为"孝道"。"通于神明"形象地说明了"孝"在宇宙中的运行规则，"通"是"孝"作为"道"在宇宙间运作的艺术性表达。

二 崇高：孝道主体的审美形象

崇高具有强大的艺术感染力，它是正义的势力压倒邪恶所展示出来的一种强大的精神力量。孔子说："大哉！尧之为君！巍巍呼！"③ 孟子说："充实之谓美，充实而有光辉之谓大"④，"大"象征人类强大的精神力量，"大"的形象、"光辉"的形象就是崇高之美，柳宗元说："子之崇高，无愧三事"，三事，指事父、事师、事君，可以说崇高就是孝道主体的审美形象。具体说来，孝道主体的崇高表现在形象的自由性、协调性、积极性三个方面。

首先，孝道主体内心体验的自由性。儒家主张仁德的操守不是外力的强制约束，主要在于道德自觉自律，比如"我欲仁"⑤、"从心所欲不逾

---

① 舒大刚：《谈谈〈孝经〉的现代价值》，《寻根》2006年第4期。
② 肖群忠：《夫孝，德之本也——论孝道的伦理精神本质》，《西北师大学报》（社会科学版）1997年第1期。
③ 张燕婴：《论语译注》，中华书局2006年版，第113页。
④ 金良年：《孟子译注》，上海古籍出版社2004年版，第306页。
⑤ 张燕婴：《论语译注》，中华书局2006年版，第99页。

矩"①、"为仁由己"②、"内得于己"③ 为德等。孝为"仁之本"④、"德之本"⑤，也是一种自觉自律之行为，子女践行孝道需是自由的，否则就是愚孝。孔子说"今之孝者，是谓能养。至于犬马，皆能有养；不敬，何以别乎?"⑥ 孝不是物质上的攀比，也无须炫耀于世的刻意做作，在物质赡养上尽力而为，在精神赡养上保持一颗"敬"心。"敬"是孝的核心内容，它超越物质束缚达到崇高精神的感悟与体验，是一种有别于功利主义算计、不承受于无限思想负担而达到的绝对精神自由。

其次，孝道主体形象的协调性。协调就是中和之道，《中庸》上说："喜怒哀乐之未发，谓之中；发而皆中节，谓之和"⑦，人的内在情感有节制地表现出来就是中和，孝发于内心之"爱"并以"礼"的方式表现出来，是个体情感与道德规范处于平衡状态，这种行为艺术情感的表达就是一种中和之美。《说文解字》释孝："善事父母者。从老省，从子，子承老也。"⑧ "承"即顺承，顺承就是一种协调、和谐，老人与子女情感互动、融为一体就是孝。由此看来，原始意义的孝并不是后来的愚孝；孝顺也不是盲目地顺从父母意志，而是讲的父辈与子辈之间一种顺畅、和睦、协调的亲情关系。汉代赵岐认为"不孝有三"⑨ 中"阿意曲从"⑩是第一"不孝"，而"无后"虽"为大"，但却排在第三。原因就在于"阿意曲从"破坏了亲子之间的协调关系，子女在"阿意曲从"中主体人格形象扭曲，人格的不平等必然导致整个孝道伦理架构的轰然崩塌，从而使"孝"向着相反方向发展。所以，不管是从孝道主体的内在情感而言，还是从孝道主客体关系而言，孝道主体必然是协调的，协调构成美的形象。

---

① 张燕婴：《论语译注》，中华书局 2006 年版，第 13 页。
② 同上书，第 171 页。
③ （汉）许慎：《说文解字》，中华书局 1963 年版，第 217 页。
④ 张燕婴：《论语译注》，中华书局 2006 年版，第 2 页。
⑤ 胡平生、陈美兰：《礼记孝经译注》，中华书局 2007 年版，第 221 页。
⑥ 张燕婴：《论语译注》，中华书局 2006 年版，第 15 页。
⑦ 王国轩：《大学中庸译注》，中华书局 2006 年版，第 46 页。
⑧ （汉）许慎：《说文解字》，中华书局 1963 年版，第 173 页。
⑨ 金良年：《孟子译注》，上海古籍出版社 2004 年版，第 165 页。
⑩ 同上书，第 166 页。

最后，孝道主体人格的积极性。《孝经》上说："夫孝，始于事亲，中于事君，终于立身。"①给父母提供必要的物质生活条件是孝道的基础和起点，所以作为子女首先应该是积极劳动。儒家孝道认为："孝有三……其下能养"②、"谨身节用，以养父母"③、"莅官不敬，非孝也"④、"惰其四支，不顾父母之养，一不孝也"⑤等都是说明物质赡养的重要性，另外也对子女积极性人格进行了规定。劳动本身就是创造美，子女在劳动过程中，将自己的情感、意志、才能等本质力量自由地表现出来，形成劳动美；同时劳动也产生了劳动者自身的美。不仅如此，孝道还强调子女通过积极努力，实现"立身"的人生目标。"立身"就是"立功、立德、立言"，从个人方面而言，做到"立身"就是孝道的终极目标。这与儒家倡导的"天行健，君子以自强不息"的积极性人格特征是一脉相承的。劳动、进取、向上的积极性人格特征正是孝道对道德主体的规定和要求，孝道中主体人格形象就是健康的形象、积极的形象、美的形象。

三 礼：孝道的行为艺术表达

礼是儒家道德哲学的重要范畴，是伦理道德内在属性的外在显现。《释名》中解释礼：礼，体也，言得事之体也。即礼通于事物之理而表现出的一种外在行为规范。道德表现在行为上，需要礼的规范和约束，符合礼的规定才是道德的。礼在孝道中就是一种行为艺术，这种行为艺术首先要源于人的自然本性，体现孝道关系中的人情美；其次，孝道主体在方式上表现出规范和适中的行为美；最后，在赡养、丧礼和祭礼方面要体现礼节美。

礼体现孝道关系中的人情美。礼源于性情，孟子说："辞让之心，礼之端也"⑥，认为礼发端于谦辞礼让的情感；还说："仁、义、礼、智非由

---

① 胡平生、陈美兰：《礼记孝经译注》，中华书局2007年版，第221页。
② 同上书，第171页。
③ 同上书，第237页。
④ 同上书，第171页。
⑤ 金良年：《孟子译注》，上海古籍出版社2004年版，第187页。
⑥ 同上书，第72页。

外铄我也，我固有之也"①，意思即谦辞礼让是人本来就有的自然本能，而不是外物渗透于身。礼是人内德的体现，离开内德就不可能长期恒久地保持礼节，即使伪装也是可以辨别的，这是礼道的规律。孝道中也有不少直接关于礼的规定，比如丧礼、祭礼，而《王制》中的"冠、昏、丧、祭、乡、相见"② 六礼；《礼运》中的"丧、祭、射、御、冠、昏、朝、聘"③ 八礼；《昏义》中的"冠、昏、丧、祭、朝、聘、乡、射"④ 八礼，很多礼都涉及对父母的礼仪。这些礼仪首先要发自内心而体现人情美。《礼记》中说："此孝子之志也，人情实也，礼义之经也，非从天降也，非从地出也，人情而已矣。"⑤ 孝体现真实情感，并需用礼仪的形式表现出来。孝道中的人情美可用一个"敬"字来概括，儒家主张"不敬，何以别乎"⑥、"祭如在"⑦、"大孝尊亲"⑧、事亲以敬等，在本质上就是主张人性的回归。孝道就是遵循自觉自然的人性规律，通过礼的规范，让人性褪去伪装和功利色彩、回归到真实情感的本真状态，孝道中人情美的美学意蕴便在于此。

　　礼是孝道主体的行为美。孝亲行为要发自内心地敬爱，魏晋时期挚虞在总结《孝经》语录时说：事亲以敬，美过三牲。对父母的敬爱之心要以"礼"来规范，曾子说："君子立孝，其忠之用，礼之贵。"⑨ 荀子认为："礼者，断长续短，损有余，益不足，达爱敬之文，而滋成行义之美也。"⑩ "礼"就是要不偏不倚，表达内心的敬爱之心，使内心与外在行为保持一致。儒家认为孝亲仅有一颗炽热的心还不行，孝亲行为还要合乎"礼道"，"礼道"就要规范而适中，阿谀奉承、曲从恭维父母不能算作孝。曾子以孝著名，一次因为没有逃避酷杖而被其父打晕、醒来之

---

① 金良年：《孟子译注》，上海古籍出版社2004年版，第236页。
② 胡平生、陈美兰：《礼记孝经译注》，中华书局2007年版，第108页。
③ 同上书，第109页。
④ 同上书，第213页。
⑤ 同上书，第223页。
⑥ 张燕婴：《论语译注》，中华书局2006年版，第15页。
⑦ 同上书，第31页。
⑧ 胡平生、陈美兰：《礼记孝经译注》，中华书局2007年版，第171页。
⑨ 陈桐生：《曾子子思译注》，中华书局2009年版，第40页。
⑩ 安小兰：《荀子译注》，中华书局2007年版，第177页。

后还弹琴取悦父亲让其宽心，孔子认为这样做不对，可能会陷其父于不义（义者：宜也）之中。如何做到规范而适中的孝礼呢？近代文人周秉清的话有很大启示，"侍于亲长，声容易肃，勿因琐事，大声呼叱""长者问，对勿欺；长者令，行勿迟；长者赐，不敢辞"（养蒙便读）……总之，孝道行为要以礼来规范，礼要体现内心的敬爱之心，礼要规范而适中。孝道中，礼的规定充满了艺术性色彩，是一种合乎时宜的，内心与外在、情与貌、口头语言与肢体语言相统一的行为艺术，行孝就是主体行为美的特定表达。

孝道中的礼节美。孝道中具体要讲究哪些礼节呢？孟懿子向孔子请教"何为孝？"孔子回答："无违"，就是不要违背"礼"的规范，总体说来就是两个方面："事生"和"事死"，即"生，事之以礼；死，葬之以礼，祭之以礼"。① "事生"首先要做到让父母欢心，孔子说："子之养也，乐其心，不违其志"② 讲的就是这个道理；其次是要记住父母的生日，并以父母高寿为兴，又要关心父母的身体健康，所谓"父母之年，不可不知也；一则以喜，一则以惧"③、"父母唯其疾之忧"④ 等；再次是每天要向父母请安问好，《三字经》中讲"晨则省，昏则定"，说的就是每天早晚请安问好让其宽心，同时也可以掌握父母的身体状况；最后是重要日期要向父母行大礼，比如古时的成人礼、婚礼等都要严格按照礼节规定向父母行礼，以表达父母的生育、养育和教育之恩。对于"事死"，儒家首先强调要按照棺椁的重数、衣服的层数的等级要求进行安葬，比如"故天子棺椁七重（层），诸侯五重，大夫三重，士再重……是先王之道，忠臣孝子之极也"⑤；其次是主张"三月之殡"，"故三月之葬……是致隆思慕之义也"⑥，即让孝子守灵三个月后再下葬，以表达对死者的尊重、思慕和缅怀之情；最后是倡导"三年之丧"，荀子对丧礼十分重视，他说："三年之丧，何也？曰：称情而立文，因以饰群，别亲疏

---

① 张燕婴：《论语译注》，中华书局2006年版，第14页。
② 胡平生、陈美兰：《礼记孝经译注》，中华书局2007年版，第171页。
③ 张燕婴：《论语译注》，中华书局2006年版，第49页。
④ 同上书，第15页。
⑤ 安小兰：《荀子译注》，中华书局2007年版，第172页。
⑥ 同上书，第174页。

贵贱之节,而不可益损也""三年毕矣哉!乳母、饮食之者也,而三月;慈母、衣被之者也,而九月;君曲备之者也,三年毕乎哉!"① 父母之恩比天高、比海深,其死后为其守孝三年是性情所致,是天经地义的。总之,孝敬父母,礼节十分重要,要做到"无理不动,无节不作"②、"足容重,手容恭,目容端,口容止,声容静,头容直,气容肃,立容德,色容庄,坐如尸"③、"祭祀之美,齐齐皇皇"④;同时,在孝道礼节中还要发自内心地真爱,即"孝子之有深爱者,必有和气;有和气者,必有愉色;有愉色者,必有婉容"⑤。由此可见,孝道礼节是孝道主体在特定活动仪式上孝心、孝情、孝行和孝礼的艺术表达,孝亲活动本身就是一种情景化、内在化的"艺术"活动,是"爱"的艺术境界的高度升华和集中表现。

四 孝道主体的审美价值取向

什么才是美?就孝道而言,孝道客体往往代表着衰老、弱小、死亡、病态、迟缓、邋遢等,这些形象在形式上都是"丑的形象"。如果孝道主体没有一个正确的审美价值取向,就很难在真正意义上践行孝道。对于美的判断应该至少从以下三个方面来理解。

第一,美以真、善为前提。关于美与真、善之间的关系,许多美学思想家都进行了探讨。比如:法国古典主义美学家布瓦洛就认为"只有真才是美"⑥,法国艺术家罗丹认为事物的"内在真理"就是"美的本身"⑦;我国汉代王充则直接提出了"真美"这一概念。而在我国儒家思想中,以善为美的观点十分常见,如强调"里仁为美"⑧、"先王之道,

---

① 安小兰:《荀子译注》,中华书局2007年版,第186页。
② 孙希旦:《礼记集解·仲尼燕居》,中华书局1989年版,第162页。
③ 同上书,第143页。
④ 同上书,第934页。
⑤ 胡平生、陈美兰:《礼记孝经译注》,中华书局2007年版,第169页。
⑥ 北京大学哲学系美学教研室编:《西方美学家论美和美感》,商务印书馆1980年版,第81页。
⑦ 《罗丹艺术论》,沈琪译,人民美术出版社1978年版,第2页。
⑧ 张燕婴:《论语译注》,中华书局2006年版,第41页。

斯为美"①、"天之所覆，地之所载，莫不尽其美"②等。再联系审美实践经验来看，美与真、善是密不可分的，形式的美是以内容的真与善为前提和基础的，而真、善的统一体不管以何种形式表现出来也应该是美的。同样，孝道关系中，父母对子女的爱既是真情的流露，也是善意的表达，所以父母在子女心中应该是美的。

第二，美丑一体共存。审美现象是人类特有的一种现象，美的本质在于其社会性，就像美学家认为的那样："美作为客观物质的社会存在，它不是单纯的自然。"③ 而"客观事物不仅有美与丑的对立，而且美与丑这两种对立因素常常存在于同一事物之中"④，说明要判断事物的美丑性质，不能仅从某一方面而做出评判，甚至连"美的事物自身有矛盾性，它的整体中往往有丑的因素"⑤。就孝道客体而言，在生育、养育、教育子女的历史岁月中付出真情与慈爱，换来的却是青春容颜的慢慢消退。如果仅从"单纯的自然"的角度来看，无所谓美丑，或者就说是"丑的"。但由于人是社会性动物，美的本质也在于社会性，父母对子女的"真"和"善"之内容在这里是作为战胜了"单纯的自然"之形式的"丑"而存在的，因为是"美丑"统一的、"内容美"压倒"形式丑"的"美的存在物"。

第三，孝道中的"化丑为美"的审美艺术。这里的"丑"是相对于老年父母形体、衣着、行为而言，从外在看来，这些都是不美的。老年父母是"丑"的自然物包裹下的"美的存在物"，要透过外在形态看到"美的本质"，是需要在孝道实践中掌握"化丑为美"的审美艺术。"化"就是端正审美态度，以正确的审美理想为目标，以"真善"为衡量美的标尺，在审"丑"中进行情景化、艺术化的心灵点化和再现加工，"把哪怕是掩盖在不美的外形之下的美揭示出来，从而让人们更便于认识生活中被掩盖着的美"⑥。使理想美、情感美、艺术美感结合起来，化丑为美，

---

① 张燕婴：《论语译注》，中华书局2006年版，第8页。
② 安小兰：《荀子译注》，中华书局2007年版，第88页。
③ 本书编写组：《美学教程》，中国社会科学出版社1987年版，第115页。
④ 王朝闻：《审美谈》，载《王朝闻集》第11卷，河北教育出版社1998年版，第231页。
⑤ 同上书，第41页。
⑥ 《王朝闻文艺论集》第2集，上海文艺出版社1979年版，第287页。

此时的老年父母在子女心中转化为"美的存在物"的艺术形象,这一形象在子女头脑中便有着强大的艺术感染力,这种感染力就是美。

古语说:"儿不嫌母丑。"其实,"丑"不是父母的本质特征,作为子女,应该具有正确的审美价值取向,透过父母体形、衣着和行为的外在形式,把握住其内在的"真、善"的价值特征,让父母的形象成为子女审美过程中最为美丽的艺术形象。

五 和谐之美:孝道的社会终极目标

实现社会和谐是儒家思想所追求的最高理想,这个理想和谐社会的名称就是大同社会,大同社会的具体内容概括起来就是"老者安之,朋友信之,少者怀之"[1],这一社会理想展现在世人面前的就是一幅"浴乎沂,风乎舞雩,咏而归"[2]的美好生活画卷。社会和谐是孔子实现"仁"的理想社会,而"仁"的根基就是孝道,所以孝道的社会终极目标就是社会和谐,和谐就是美。

人是社会的主体,社会和谐的起点是人自身的和谐。儒家孝道主张"身体发肤,受之父母,不敢毁伤"[3]是行孝的开始,"毁伤"包括五个方面,即"惰其四支""博弈好饮酒""好货财,私妻子""从耳目之欲""好勇斗狠",[4]也就是说身体懒惰、纵欲身体、伤害身体都是"毁伤"。《礼记》中说:"父母全而生之,子全而归之,可谓孝矣。"[5]"全"就是身体结构的完整,完整本身就是美的表现。同时,孝道主张对父母要"敬爱",要用"礼"来克制自己的行为,做一个心灵平和、人格健康之人,使个体身心和谐,身心和谐就个人而言就是一种最高尚、最健康的美。

社会关系实质就是人与人之间的关系,人际关系之美源于孝道。儒家对"仁"十分重视,认为"仁"就是人际关系的准则。仁是什么?

---

[1] 张燕婴:《论语译注》,中华书局2006年版,第66页。
[2] 同上书,第166页。
[3] 胡平生、陈美兰:《礼记孝经译注》,中华书局2007年版,第221页。
[4] 金良年:《孟子译注》,上海古籍出版社2004年版,第187页。
[5] 胡平生、陈美兰:《礼记孝经译注》,中华书局2007年版,第174页。

《论语》释仁："爱人"①、《说文解字》释仁："亲也，从人，从二"②；《中庸》释仁："仁者人也，亲亲为大"③、《礼记》释仁："上下相亲谓之仁"④……具体说来，"己欲立而立人，己欲达而达人"⑤和"己所不欲，勿施于人"⑥的"忠恕之道"代表"仁"的两个方面，"忠恕之道"是人际关系交往的基本原则。可以说，孔子的"仁学"用时尚的话来讲就是人际关系学说，而维系良好人际关系的起点就是孝亲。因为人在社会中所接触的人是形形色色、性格各异，而父母则是最为关心自己、亲近自己的人，如果连和父母关系都不能很好相处，何况外人呢？所以只有对父母有一颗真诚的爱心，才有可能去真心对待别人。孝道在人与人之间交往的目标上所追求的就是人际关系和谐友善之美。

家庭是社会的细胞，家庭和谐是社会和谐的基石。儒家对家庭集体关系十分重视，希图以血缘为纽带、以孝道为基础、以仁爱为核心建立起一种健康、美好的伦理家庭模式。在家庭关系中，血缘亲情最为重要；由于年龄的差别，长辈与晚辈的关系又最为重要，所以儒家特别重视孝道，所以孟子说："事，孰为大？事亲为大。"⑦《说文解字》中则直接把孝定义为："善事父母者。"⑧俗话说："四世同堂""家和万事兴""家有一老，如有一宝"，意在说明孝道在维护一个美满和谐家庭中的重要作用。同时，这个美满和谐家庭还需要持续发展，是动态发展中的和谐美，儒家强调"不孝有三，无后为大"⑨、"父母生之，续莫大焉"⑩的道理就在此。如果抛开"男子至上"的封建观念，从正常生育和人类繁衍的角度来看，也是有一定的道理的。孟子认为家庭和谐美满，以"老吾老以

---

① 张燕婴：《论语译注》，中华书局2006年版，第182页。
② （汉）许慎：《说文解字》，中华书局1963年版，第161页。
③ 王国轩：《大学中庸译注》，中华书局2006年版，第95页。
④ 胡平生、陈美兰：《礼记孝经译注》，中华书局2007年版，第179页。
⑤ 张燕婴：《论语译注》，中华书局2006年版，第83页。
⑥ 同上书，第241页。
⑦ 金良年：《孟子译注》，上海古籍出版社2004年版，第161页。
⑧ （汉）许慎：《说文解字》，中华书局1963年版，第173页。
⑨ 金良年：《孟子译注》，上海古籍出版社2004年版，第165页。
⑩ 胡平生、陈美兰：《礼记孝经译注》，中华书局2007年版，第248页。

及人之老"①、"人人亲其亲,长其长,而天下平"②的"推恩原则",和谐美满的社会理想就可以实现。孟子十分推崇尧舜时期的道德社会,认为那是人类最为理想的社会形态,要实现这样的社会就要从孝道开始,所以说"尧舜之道,孝悌而已矣"③。

政通人和是社会和谐的保证。孔子主张"德政"、孟子倡导"仁政"、屈原追求"美政",都是希望建立一个政通人和、国泰民安的理想政权模式,其精神价值永远闪耀着人性的光芒。儒家认为孝道是实现理想政治的根本,即"君子务本,本立而道生。孝悌也者,其为仁之本与"④。《礼记》则把孝道与政治有机地结合起来,认为:"居处不庄,非孝也;事君不忠,非孝也;莅官不敬,非孝也;朋友不信,非孝也;战陈无勇,非孝也。"⑤《孝经》中孝道的政治化、法律化倾向更为明显,认为孝就是"始于事亲,中于事君,终于立身"⑥;并对社会各阶级、各阶层的孝道进行了细致的划分,提出"五等之孝"说。为了维护孝道在政治中的地位,《孝经》还以立法的形式对不孝行为进行了处罚规定,即"五刑",认为"五刑之属三千,而罪莫大于不孝"⑦。在社会教育中,儒家认为孝道是道德教育的根本,"夫孝,德之本也,教之所由生也"⑧。由此可见,在儒家思想中,孝道在政治管理中的地位和作用十分重要,是实现政通人和的美好政治理想的前提和根本。

人与自然和谐相处的生态美也是孝道所追求的。儒家孝道不局限于人类社会,还涉及整个自然界,追求一种人与自然之间融合、协调、和谐之美。青山绿水、鸟语花香是人类共同追求的美好生活环境,这也是儒家仁爱精神的时代价值所在。孔子强调"子钓而不纲,弋不射宿"⑨,认为捕鱼不要用系满鱼钩的网绳、不要射杀巢中的鸟儿,因为可能伤害

---

① 金良年:《孟子译注》,上海古籍出版社 2004 年版,第 15 页。
② 同上书,第 156 页。
③ 同上书,第 252 页。
④ 张燕婴:《论语译注》,中华书局 2006 年版,第 2 页。
⑤ 胡平生、陈美兰:《礼记孝经译注》,中华书局 2007 年版,第 171 页。
⑥ 同上书,第 221 页。
⑦ 同上书,第 257 页。
⑧ 同上书,第 221 页。
⑨ 张燕婴:《论语译注》,中华书局 2006 年版,第 97 页。

到没有长大的鱼鸟,并认为这是一种不孝的行为,即"断一树,杀一兽,不以其时,非孝也"①。汉代儒家董仲舒也认为:"酷热之气,焚烧山林,是其不孝也。"② 孔子的弟子高柴在丧亲期间,以孝亲的仁爱之心对待万物,受到了孔子的高度赞扬,"柴于亲丧,则难能也;启蛰不杀,则顺人道;方长不折,则恕仁也"③。儒家把自然万物纳入人类道德共同体之中,以建立一种人与自然的和谐关系为目标,这种自然生态美学观在今天仍具有重要的时代价值。

综而论之,儒家孝道不仅是一种道德范畴,同时也具有深刻的美学意蕴。孝的目的就是要实现人类个体、人与人、人类社会与自然的和谐之美,使人类行为通过"明明德"达到"止于至善"④ 的美好境界——道的境界,所以孝就是一种"道"。通过对孝道审美意蕴的分析,就不难理悟到儒家至圣孔子在两千多年前从肺腑中发出的深情呼唤——吾志在《春秋》而行在《孝经》的人生境界,不难体会到孝道之所以成为重要的传统美德之"美"的价值之所在。

第七节 论儒家孝文化的生态伦理思想

孝是儒家道德哲学的重要范畴之一。儒家对孝十分重视,并把它提到宇宙生成和发展规律的高度予以论证。在历史发展长河中,儒家孝道思想逐渐发展成为华夏大地上一种特殊的文化现象。儒家倡导的孝道,不局限于家庭伦理范围,还将其推延至政治伦理、社会伦理和自然生态伦理中。儒家孝道文化在本质上是一种追求自我和谐、社会和谐、自然生态和谐的和谐文化,它以孝亲为圆心、以爱有差等的仁爱精神为半径,不断地将孝道思想延伸推广到仁爱人民和万物方面,从一定意义上讲,"仁民"和"爱物"是家庭伦理之孝逐渐放大的同心圆。通过系统的论证,儒家孝道最终把整个世界万物都纳入了孝的道德共同体范围之中,

---

① 胡平生、陈美兰:《礼记孝经译注》,中华书局2007年版,第172页。
② 阎丽:《董子春秋繁露译注》,黑龙江人民出版社2003年版,第193页。
③ 王国轩、王秀梅:《孔子家语译注》,中华书局2011年版,第148页。
④ 王国轩:《大学中庸译注》,中华书局2006年版,第3页。

它对当今生态伦理建设提供了重要的思想来源和价值基础。

一 儒家孝文化的自我生态伦理思想

（一）孝之于道德主体的"自我和谐"

孝之所以能成为儒家重要道德哲学范畴，有两点是至关重要的。一是儒家理论体系自身的逻辑需要，二是经验世界的现实需要和实际可行。前者以"孝悌——仁之本"① 这一理论展开。关于后者，儒家为孝道在经验世界里找到了理想化人物典范——虞舜，并予以系统证明，如"孟子道性善，言必称尧舜"②，"虞舜性至孝，孝感动天心"，虞舜成了儒家孝道的理想人格化身，孝——儒家完美的道德概念也就成了虞舜之德的"同名词"。孝的理想人格化身在实质上就是主体自我和谐的追求，自我和谐包括心灵平和、身体康和以及身心协和三个基本方面。子女对父母尽孝，是对功利算计和情感投资的剥离和摒弃，从而显现出孝心真诚、孝情纯朴、孝行理智，而要做到此三点，必定是一个人格康健、心灵平和的人；父母给予子女身体，好好保全身体，不好私斗，不违法乱纪，身体康和，就是孝；一个人立身做事，要符合自己的身份角色和年龄特征，不沽名钓誉，不欺世盗名，以免陷父母于不义。儒家孝道之所以与礼紧密联系在一起，也就是要通过礼的约束，使子女对待父母在行为上有所规范，尽孝应做一个理性的孝子。至于扭曲人性的愚忠愚孝，那是孝文化在历史发展过程的局部质变，与原义相去甚远，另当别论。由此可见，从个体性特征来看，道德主体的孝行选择正是自我和谐的外化和体现。

（二）生态认同与生态情感

生态认同和生态情感集中反映了对生态文明所持的思想和态度，生态认同侧重于生态文明的理性认知，生态情感侧重于生态文明的感性情怀。儒家孝道对生态文明是十分认同的，在理论构建上就说明了这一点，比如儒家将孝纳入先验哲学范畴，说："夫孝，天之经也，地之义也"③，

---

① 张燕婴：《论语译注》，中华书局2006年版。
② 金良年：《孟子译注》，上海古籍出版社2004年版。
③ 胡平生、陈美兰：《礼记孝经译注》，中华书局2007年版。

又说:"父授之,子受之,乃天之道也。……故下事上,如地事天也……此谓孝者地之义也。"① 儒家还从生命关怀的角度出发,进一步认为:"民吾同胞,物吾与也"②,意思是说:人类万物都是天地所生,万物生命同源。作为类的存在,"万物要生存就需要繁衍,其中延续生命至关重要。人类延续生命叫守孝道,万物也需要这样的孝道,儒家仁爱万物的生命意识,其理论实质就是孝道精神"③。儒家孝道思想突破人类道德的界限,把整个世界的生命体都纳入人类道德共同体之中。在生态情感上,儒家孝道更是仁慈为怀,认为:"断一树,杀一兽,不以其时,非孝也"④,植物和动物都是有生命的,如果不在一定的时候去砍杀它们,就是不尊重生命价值的表现,与"全生全归"的儒家孝道思想是相违背的,所以不孝。不仅如此,儒家孝道思想还主张要节约资源,"制节谨度,满而不溢,盖诸侯之孝也"⑤、"用天之道,分地之利,谨身节用,以养父母,此庶人之孝也"⑥。虽然儒家还未能从整个人类发展和自然生产力角度来审视环境资源问题,仅仅局限于个人创造能力和社会生产力的范围,但从客观上看,"制节""节用"也体现了对生态环境资源的重视,儒家孝道对待生态的认同和情感可窥见一斑。

(三) 个体生态伦理实践观

仁以孝为根基,为仁行孝,在儒家看来,都是主体的道德自觉,这就是"为仁由己"⑦的内力诉求。儒家还主张"穷则独善其身,达则兼济天下"⑧的道德权变实践观,意思是道德实践应该根据客观形势的变化而变化,这就是儒家最初的"道德情境"思想。儒家还主张"爱有差等",原因是受客观因素的制约,一个人受到别人"仁爱"的方式、程度、内容和意义是不可能相同,由于道德主体的不同,行孝的具体含义也是不一样的。《孝经》上对天子、诸侯、卿大夫、士、庶人的孝行进行

---

① 张世亮等:《春秋繁露译注》,中华书局2012年版。
② 《张载集》,中华书局2011年版。
③ 李仁君:《曾子以孝为核心的道德本体论思想》,《湖北工程学院学报》2014年第1期。
④ 《礼记孝经译注》,中华书局2007年版。
⑤ 同上。
⑥ 同上。
⑦ 张燕婴:《论语译注》,中华书局2007年版。
⑧ 金良年:《孟子译注》,上海古籍出版社2004年版。

了规范,天子之孝重在以身作则和道德教化、诸侯之孝重在生活节俭和与民为善、卿大夫之孝重在合乎礼法和延续兴盛、士之孝重在忠孝礼敬和不辱父母、庶人之孝重在行为谨慎和节省孝亲。儒家亚圣孟子曾明确指出的"惰其四支""博弈好欲酒""好货财,私妻子""从耳目之欲,以为父母戮""好勇斗狠,以危父母"① 这世间五种不孝的行为,都是从人性弱点出发,强调克制私欲和注重节俭。总之,儒家强调个体道德的内力修炼,主张应随着客观条件的变化而选择不同的道德实践,提倡孝道应以节约为本、养亲为要,这些都是儒家孝道思想之于生态伦理实践观的重要内容。

二 儒家孝文化的社会生态伦理思想

(一) 孝之于家庭层面的社会生态伦理思想

家庭是人社会化的起点,是社会的细胞,孝的社会生态伦理思想首先表现在家庭伦理方面。家庭伦理关系主要有三个方面,一是晚辈与长辈的伦理关系,即孝慈;二是兄弟姐妹间的伦理关系,即友悌;三是夫妻之间的伦理关系,即恩爱。孝慈是维系家庭伦理的"纵贯轴",友悌和恩爱是维系家庭伦理的"横贯轴"。而血缘传统观念又决定家庭伦理中以孝慈为主,"孝最原始的作用就是建立了一种'父慈子孝'的代际关系"②。孝之于家庭的社会生态伦理思想主要表现在以下几个方面:第一,重视家庭产生和延续。传统观念上的美满家庭是子孙满堂、四世同堂甚或五世同堂,维持家庭上下等级关系就是孝,孝是对生命给予者的崇敬和感恩,而传宗接代的孝道观念更是为家庭存在提供了强大的思想保证。第二,重视家庭经验的传承,确保家庭经济保障。有效经验是维系家庭稳定的重要法宝,"经验崇拜意识是孝产生的现实需要"③,儒家孝道之所以主张"三年无改于父之道"④ 其重要原因也是要确保家庭收入来源,维护家庭的稳定。第三,孝体现了对家庭弱者的关怀。"父慈子孝"不存在

---

① 金良年:《孟子译注》,上海古籍出版社2004年版。
② 肖波:《中国孝文化概论》,人民出版社2017年版,第240页。
③ 李仁君:《论孝的起源、形成与发展》,硕士学位论文,四川省社会科学院,2010年。
④ 张燕婴:《论语译注》,中华书局2007年版。

因果关系，而是一种并列关系，先讲"父慈"是因为小孩在生长过程中是弱者，"子孝"是因为父母老年成了弱者，孝作为一种道德养成教育需从小培养，孝其实也是一种弱者关怀意识。第四，重视礼的规范和克制作用。礼是孝的行为规范，即"生，事之以礼；死，葬之以礼，祭之以礼"①，儒家通过"克己复礼"②的道德规范，其实质是要克制人性的肆意和欲望，孝子在行为上应是谨言慎行、适可而止、不陷父母于不义之境的。由此可见，从家庭角度来看，孝在生命延续、家庭稳固、关怀弱者、克服人性欲望等方面具有重大正向功能，这正是孝的社会生态伦理意义。

（二）孝之于政治层面的社会生态伦理思想

孝不仅仅局限于家庭伦理，还可以延伸到政治伦理领域。儒家追求"德政"和"仁政"的政治目标，首先是建立在"孝"的根基之上，即"君子务本，本立而道生；孝悌也者，其为仁之本欤"③。从本质上讲，孝治是实现"德政"和"仁政"的根本途径。儒家孝治思想主要是在以统治阶级以身作则的基础上，通过孝德教化和法律治孝的政治途径，实现政治和顺、社会和谐、勤俭节约、万物皆有所长的理想社会。孔子认为："上敬老则下益孝……上恶贪则下耻争"④，一方面强调统治者以身示范的重要性，另一方面也说明了克制欲望在政治中的重要作用。从当今环境问题出现的内在根源看，人的欲望扩张在环境破坏中起着主要作用，而儒家孝治对人欲的克制客观上对保护环境起着促进作用。孝治有自律和他律两种途径，即教化和法律，孔子说"夫孝，德之本也，教之所由生也"⑤，又强调"五刑之属三千，而罪莫大于不孝"⑥，其原因就在于此。儒家还希望通过人际关系的调节实现对资源的合理利用和分配均衡，统治者要做到"节用而爱人，使民以时"⑦、"吊其民，而不夺其财也"⑧、

---

① 张燕婴：《论语译注》，中华书局 2007 年版。
② 同上。
③ 同上。
④ 《孔子家语译注》，中华书局 2011 年版。
⑤ 《礼记孝经译注》，中华书局 2007 年版。
⑥ 同上。
⑦ 张燕婴：《论语译注》，中华书局 2007 年版。
⑧ 《大戴礼记解诂》，中华书局 1983 年版。

"制节谨度"①、"万物以倡，好恶以节"②、"人民不疾，六畜不疫，五谷不灾"③、"以制度制地事，准揆山林"④、"治地远近，以任民力，以节民食"⑤ 等，在选拔人才上也提倡"举孝廉"，以实现"攻老之事"的孝治目标，而商汤因"网开三面"的仁民爱物行为而被儒家奉为圣明之君，于此，儒家孝道文化之于政治的社会生态伦理思想可窥见一斑。

（三）孝之于社会层面的社会生态伦理思想

推恩原则是儒家思想的重要理论之一，基于"人性善"和"性相近"基础上的推恩原则也适用于孝道伦理。孔子说："弟子入则孝，出则悌，谨而信，泛爱众，而亲仁"⑥；孟子说："老吾老以及人之老"⑦、"亲亲而仁民，仁民而爱物"⑧……仁爱以孝亲为圆心，爱天下人和仁爱外物都是这个圆心半径不同程度放大的同心圆，孝亲之心要推广出去爱天下人、仁爱万物。如果每个人都去编织这个仁爱同心圆，那么社会就会呈现"人人亲其亲、长其长，而天下平"⑨ 的美好道德社会。"恻隐之心，仁也"⑩，仁爱的根端就是同情之心，这是人人都有的，生我养我者父母，感恩、同情父母是子女之所以为"人"的道德必然选择。《孝经》上说："用天之道，分地之利，谨身节用，以养父母，此庶人之孝也"⑪，普通百姓尽孝就应该适应自然规律、利用好土地、辛勤劳动、节约财物以孝养父母。孔子说："礼，与其奢也，宁俭"⑫，孝礼的本质就是不奢侈、不铺张浪费、注重节俭。孟子对仁政下的社会状态进行了描述："不违农时，谷不可胜食也；数罟不入洿池，鱼鳖不可胜食也；斧斤以时入山林，材

---

① 胡平生、陈美兰：《礼记孝经译注》，中华书局2007年版。
② 《大戴礼记解诂》，中华书局1983年版。
③ 同上。
④ 同上。
⑤ 同上。
⑥ 张燕婴：《论语译注》，中华书局2007年版。
⑦ 金良年：《孟子译注》，上海古籍出版社2004年版。
⑧ 同上。
⑨ 同上。
⑩ 同上。
⑪ 胡平生、陈美兰：《礼记孝经译注》，中华书局2007年版。
⑫ 张燕婴：《论语译注》，中华书局2007年版。

木不可胜用,是使民养生丧死无憾也。"① 不耽误百姓农时就有吃不完的粮食、不用细密渔网捕捞就有吃不完的鱼鳖、按一定时令采伐山林就有用不完的木材,百姓孝养亲人也就没有遗憾了。荀子主张人们应该尊重万物生命,提倡"草木荣华滋硕之时,则斧斤不入山林,不夭其生,不绝其长也"②的环保意识。《后汉书》中把"养生百木"看作是孝的表现,而"焚烧山林"则是一种不孝,即谓:"夏则火王,其精在天,温暖之气,养生百木,是其孝也。冬时则废,其形在地,酷烈之气,焚烧山林,是其不孝也。"③ 由此可见,儒家孝道不仅属于家庭伦理,还属于社会伦理范畴,其中仁爱民众万物的生态伦理意识更是今天生态文明建设的重要思想来源。

三　儒家孝文化的自然生态伦理思想

（一）自然秩序论

自然秩序是宇宙间一切事物变化和人类权力都必须遵守和服从的规律,从这一点来看,自然秩序作为一种哲学概念实属关系本体论范畴,而儒家正是站在这一高度来论证人类之孝最高合法性——天经地义。儒家经典《孝经》云:"夫孝,天之经也,地之义也,民之行也。"④ 说明孝道的原则是取法于天地的自然规律:上天有日月星三光照射,运转于四时,以滋生万物覆盖四方为纲常,这就是"天之经";大地具有五土之性,滋养承载万物,以承顺利物为适宜,就是"地之义"。人得天之性,则为慈为爱;得地之性,则为恭为顺。慈爱恭顺,与孝道相合,故为民之行。这种天人合一模式下的自然秩序论,为孝道存在的合理性找到了宇宙本体论依据。董仲舒则分析得更加具体:"天有五行:木、火、土、金、水是也。木生火,火生土,土生金、金生水……是故父之所生,其子长之;父之所长,其子养之;父之所养,其子成之。诸父所为,其子皆奉承而续行之,不敢不致如父之意,尽为人之道也。故五行者,五行

---

① 金良年:《孟子译注》,上海古籍出版社2004年版。
② 方勇等:《荀子译注》,中华书局2011年版。
③ 《后汉书译注》,中华书局2009年版。
④ 胡平生、陈美兰:《礼记孝经译注》,中华书局2007年版。

也。由此观之，父授之，子受之，乃天之道也。"① 董仲舒又从天道秩序的角度来论证孝慈纲常："是故木受水而火受木，土受火，金受土，水受金也。诸授之者，皆其父也；受之者，皆其子也；常因其父，以使其子，天之道也。是故木已生而火养之，金已死而水藏之，火乐木而养以阳，水克金而丧以阴，土之事火竭其忠。故五行者，乃孝子忠臣之行也。"② 儒家从天地生利万物和天地四时秩序出发，使孝道理论意义更为合理合法，也为孝道的实践价值奠定了先验基础。《易传·序卦》上说："有天地然后有万物，有万物然后有男女，有男女然后有夫妇，有夫妇然后有父子。"③ 故有："天生之以孝悌，地养之以衣食，人成之以礼乐，三者相为手足，合以成体，不可一无也。无孝悌，则亡其所以生；无衣食，则亡其所以养；无礼乐，则亡其所以成也。"④ 人为天地之灵、五行之秀，是维护自然秩序的道德主体，孝敬父母就是顺应自然秩序和宇宙规律行事。顺乎自然规律就不能片面强调人类社会生产力，还应关心和尊重自然生产力和发展规律，其生态伦理思想可见一斑。

（二）孝的自然生命伦理意识

儒家思想对生命是极为重视的，其孝道文化中的生命伦理意识更是十分明显。《说文》释孝："子承老也"，"承"包括三层基本含义：传承生命、传承精神、传承祖业，孝的生命意识由此而知。儒家还认为一切生命都是遵循自然之道而孕育的，张载认为："乾称父，坤称母"⑤，万物处于天地之间，同宗共源，同构共根，具有同等重要的地位。孝的生命伦理意识表现在对人、动物和植物的生命极大关怀上，人的生命包括个体生命和群类生命两个方面。《孝经》云："身体发肤，受之父母，不敢毁伤，孝之始也"⑥，主要体现在个体生命的关注上，个体生命是父母给予的，保护好身体是奉行孝道的开始。"不孝有三，无后为大"⑦，血脉传

---

① 《春秋繁露译注》，中华书局2012年版。
② 同上。
③ 陈德述：《周易正本通释》，巴蜀书社2013年版，第345页。
④ 《春秋繁露译注》，中华书局2012年版。
⑤ 《张载集》，中华书局2011年版。
⑥ 胡平生、陈美兰：《礼记孝经译注》，中华书局2007年版。
⑦ 金良年：《孟子译注》，上海古籍出版社2004年版。

承观念则体现了孝的群类生命意识，因为家族、民族和整个人类要生息繁衍，就不能没有后代，孝就是要传承生命、延续香火。对动物的生命，儒家也常常怀有一颗仁爱之心，孔子在两千多年前就疾声呼吁"子钓而不纲，弋不射宿"①，因为鱼类要繁衍、延续，所以不系大量的鱼钩钓鱼；因为鸟儿回巢是要喂养和保护幼崽，所以不要射杀它。不仅如此，孔子还将非合宜时间去伤害动植物当作是不孝的行为，即谓"断一树，杀一兽，不以其时，非孝也"②。儒家对砍伐树木作出了很多规定，比如："山虞春秋之斩木不入禁"③、"山林非时不升斤斧，以成草木之长"④、"木不中伐，不粥于市"⑤、"斩伐养长不失其时"⑥ 等。儒家把爱护生命、保护生命、敬畏生命提高到孝道的哲学高度来予以审视，其生命关怀意识的生态伦理思想彰明较著，这也是儒家孝文化的生命力之所在。

（三）孝文化的原始保全主义观念

儒家孝文化的生态伦理思想并不主张在自然面前不加干预、无所作为，而是主张"人可以根据大多数人的核心利益和长远利益，对自然进行有计划的开发和合理的利用"⑦，这是中国文化中最为原始和朴素的自然保全主义观念。受生产力水平低下和人自身价值认识不够的影响，古代社会更需要充分发挥人的主观能动性去改造世界，所以儒家更为重视人的生命价值，比如："厩焚。子退朝，曰：'伤人乎？'不，问马。"⑧马棚被烧，孔子首先询问是否伤到人，当得知人员安全后，再问是否伤到动物。孔子主张"子钓而不纲，弋不射宿"⑨ 和"断一树杀一兽，不以其时，非孝也"⑩ 并非像佛教中强调不杀生，而是倡导猎杀动物分清楚时机，要有限度。因为延续生命在群类生存中是至关重要的，人类生命

---

① 张燕婴：《论语译注》，中华书局2007年版。
② 胡平生、陈美兰：《礼记孝经译注》，中华书局2007年版。
③ 杨天宇：《周礼译注》，上海古籍出版社2009年版。
④ 《逸周书汇校集注》，上海古籍出版社2010年版。
⑤ 胡平生、陈美兰：《礼记孝经译注》，中华书局2007年版。
⑥ 方勇等：《荀子译注》，中华书局2011年版。
⑦ 卢风：《应用伦理学概论》，中国人民大学出版社2008年版，第139页。
⑧ 张燕婴：《论语译注》，中华书局2007年版。
⑨ 同上。
⑩ 胡平生、陈美兰：《礼记孝经译注》，中华书局2007年版。

得以延续叫尽孝道,万物同样也需要人类的孝道思想,人伦之孝理当推及整个自然,把自然生命纳入人类孝道共同体,具有人民性的进步意义。孔子认为至孝之道应该是保护弱小动植物生命,他对弟子高柴的孝行进行了高度赞扬,"柴于亲丧,则难能也,启蛰不杀,则顺人道,方长不折,则恕仁也"[①]。董仲舒认为"酷热之气,焚烧山林,是其不孝也"[②],随意烧毁山林,既使花草树木不能得到生长,又不能为人类合理利用,这是不孝的表现。

总之,儒家孝文化对人和动植物的生命价值十分重视,主张修身养性、克制欲望、勤俭节省等观念,从自我生态、社会生态和自然生态三个方面对生态伦理进行了系统构架,对当今社会主义生态文明建设有着重大的启发意义。

[①] 《孔子家语译注》,中华书局2011年版。
[②] 《春秋繁露译注》,中华书局2012年版。

第八章

新时期孝文化研究

第一节 浅谈朱德孝道精神及其对学生孝德教育的启发

孝是子女对父母的美德和善行，是人伦关系中最美好的情感之一。孝道是对孝的规律和原则的总体概括，是对孝德、孝情、孝行的理论化和系统化，孝道精神就是在对孝的理论认知的基础上，在身上体现出来的关于孝的德行和情感，并付诸实践行为的总和。被人们尊称为"永远的红军之父"的朱德同志，其身上所体现的孝道精神，是在对传统孝道的继承和发扬的基础上，并把孝道根植于中国人民、中华民族和崇高信仰追求之中，受到人民群众的广泛赞誉和普遍推崇。朱德孝道精神在《回忆我的母亲》一文中得到集中体现，文中那朴实无华而又具有穿透力的文字、那发自浑厚喉咙深沉哀痛的声音，是对"母亲"深切怀念和沉痛思念的自然流露，深深震撼着读者的心灵。朱德身上彰显出来的孝道精神对当代学生孝德教育有着极其重要的启发意义。

一 《回忆我的母亲》的写作背景和思想内容

《回忆我的母亲》是朱德深切缅怀自己已逝的母亲而写下的一篇纪念性散文。原名为《母亲的回忆》，于1944年4月5日发表在《解放日报》上。1983年收入《朱德选集》中时更名为《回忆我的母亲》，后选入初中语文课本。

朱德于1909年离开家乡寻求革命真理，就是在朱母钟太夫人弥留之际，都没能回过老家。1943年，在延安坚持抗战的朱德曾收到侄儿和外甥的来信，在信中都讲到老人身体健康糟糕，并希望见到最后一面。可是，当时正值抗日战争的关键时期，为了民族解放大业，朱德却无法满足老人最后的夙愿。1944年2月15日，朱德的母亲与世长辞。受交通条件的局限，一个多月之后，噩耗传到了延安。4月5日，朱德在极大的哀痛之中，写下了这篇朴实而真挚、感人至肺腑的悼文。4月10日，延安各界举行了隆重的追悼大会，担任《边区群众报》社的社长谢觉哉代读了这篇悼文。在追悼会上，中共中央，中共中央党校，毛泽东、刘少奇和周恩来等都献上挽联，延安各界为朱母钟太夫人平凡而伟大的感人事迹所感动，也为朱德大孝精神所感动。

《回忆我的母亲》全文共2500余字，共7个自然段。文章以"回忆"为线索，以记叙为主要表达方式，在记叙中紧密结合抒情和议论，以"母亲勤劳一生"的典型事例为题材，重点突出和赞扬"母亲"的优秀品质，表达了作者对"母亲"的深切怀念、崇高敬仰和衷心感激之情。

文章大致可以分为三个部分：第一部分是总述，通过沉痛悼念"母亲"的去世，引出作者对"母亲"的回忆。一句"得到母亲去世的消息"开头，直奔主题，也交代了写作背景。"母亲去世"这个现实对于朱德来说是无法接受的，但又不得不接受，这时的朱德极度痛苦、无奈和悔恨……为了祖国和人民，朱德未能尽到孝，"父亲"早早离开人世，而现在"母亲"又去世了，真是"子欲养而亲不待"[①]。朱德的痛是无法用言语来表达的，"我很悲痛"是朱德发自肺腑的声音，此时"母亲"的面容、语言、一举一动仿佛在朱德的面前浮现、闪过、重现……穿过时空的隧道，朱德看到了"母亲"的面容从美丽慈祥到苍老憔悴；看到了"母亲"很想见一见二十多年未曾见面的儿子时的眼神里的那几分渴望、几分期许，又几分失望；看到了"母亲"一生操劳、一生辛苦、一生奔波的忙碌身影……

第二部分是分述，通过回忆"母亲"一生的主要事迹（以"勤劳"为统摄），展现母亲的勤劳一生和崇高品质。在跳动的思绪中，朱德首先从回忆自己"家境贫穷"，引出了"母亲"支撑起这个家的困难和艰辛。"母亲"的辛勤劳动、生产智慧、心地善良和坚强不屈，一系列的记忆碎

---

① 王国轩、王秀梅：《孔子家语译注》，中华书局2011年版，第84页。

片呈现在朱德的脑海：煮饭、种地、种菜……桐子油点灯、吃粗粮淡饭、家织布；任劳任怨、与人为善、管教子女；家庭遭难受逼、被迫分散的惨痛景象，这些日常家务尽显质朴真情，真是铅华洗尽留真淳。接下来，朱德写道："但我献身于民族抗战事业，竟未能报答母亲的希望"，一个"竟"字，饱含深情，寄托了对"母亲"无尽的哀思，深切的怀念和终生的遗憾；寄寓了自己献身民族和人民的光荣事业的决心。

第三部分重在抒情，情感聚焦在"感恩"和"报恩"两个方面。朱德以两个"感谢"开头，分别列段，饱含深情地抒发了对"母亲"的感恩之情；后笔锋一转，朱德化悲痛为力量，把平凡而伟大的"母亲"置于广大的人民群众之中，把孝亲之心升华为尽忠于民族和人民之情，以此告慰九泉之下的"母亲"，这是揭示主旨、升华意境的点睛之笔。言有尽而意无穷，感激、怀念、遗憾、悲痛、告慰、坚定……都融化在最后的祝愿中。

文章语言朴实，就像"母亲"那质朴的慈爱和朱德对"母亲"那诚挚的敬意一样，没有任何粉饰和做作。当然，朱德并没有把孝停留在"母亲"一个人身上，而是以尽忠于人民、民族和共产党来升华这种感情。要研究朱德思想，需要走进朱德的内心世界，而《回忆我的母亲》正是我们理解朱德、读懂朱德的一篇好文章。自然质朴、怀情于民、移孝为党是朱德孝道精神的本质属性和基本内核。朱德孝道精神既是对传统孝道的继承与发扬，又是对传统孝道的辩证扬弃和超越。

二　朱德孝道精神集中体现了对传统孝道的批判继承、辩证扬弃和超越

中国传统孝道的思想内容十分丰富，儒家至圣孔子曾说："夫孝，始于事亲，中于事君，终于立身。"[1] 这是对传统孝道的内容进行的总体概括。对于什么是孝道，孔子认为孝道就是从侍奉父母开始，以服侍君主作为继续，以立身行道、成就事业为最终归宿。朱德对传统孝道精髓的理解是透彻的，并将自己的理解内化成精神信仰，外化成行动实践，是十分可贵的。朱德的革命观、政治观、军事观、群众观和统一战线等一

---

[1] 汪受宽：《孝经译注》，上海古籍出版社2007年版。

系列重大思想，其思想根源仍源于对传统孝道思想的批判继承和大力发扬，并以此推广和延伸。

第一，从孝之"始于事亲"看朱德孝道精神对传统孝道的继承与发扬。

"事亲"表现在两个方面，一是物质赡养父母，二是精神敬爱父母，这也是"孝"的起点和前提。

朱德孝道精神首先体现在竭尽所能地从物质上侍奉和周济父母。儒家亚圣孟子曾说："事，孰为大？事亲为大"①，就是说侍奉父母是一个人应做的最大事情；《说文解字》也给孝定义为"善事父母"，可见好好侍奉和赡养父母是孝的基本含义。虽然受条件的限制，朱德行孝未能亲力亲为，但朱德却时时为父母而牵挂。朱德于1909年考入陆军讲武堂，离开父母；1923年，为了寻求救国道路，又留学德国和苏联；1926年，回国参加北伐革命；1927年参加南昌起义，为了祖国和人民，一直奔波在外，未曾回过一次家，直到新中国成立后。朱德母亲逝世前几年，正是抗战最困难时期，1942年，解放区经济极度苦难。当朱德得知老家受灾，八十岁高龄的母亲生活举步维艰时，自己没钱，就向朋友戴与龄借了二百元钱寄回家中。那时朱德是八路军总司令，借钱济母之事，彰显的是朱德的正直和清廉。朱德以孝立德、以孝促廉、以廉养孝，不让父母为自己担惊受怕，不使父母颜面受损，这是对传统孝道美德的继承与发扬。

不仅如此，朱德还对父母拥有一颗敬爱之心。尊敬父母是孝道的核心和本质，《论语》中有一句话："今之孝者，是谓能养，至于犬马，皆能有养，不敬，何以别乎？"② 说明相比只做到物质赡养而言，孝敬之心更为重要。孟子也说："孝子之至，莫大于尊亲。"③ 曾子也说："大孝尊亲。"④ 尊亲，就是要有一颗孝敬之心。朱德在《回忆我的母亲》一文中写道："得到母亲去世的消息，我很悲痛。"后面又说："母亲年老了，但她永远想念着我，如同我永远想念着她一样。"一个"悲痛"，两个"永

---

① 金良年：《孟子译注》，上海古籍出版社2004年版。
② 张燕婴：《论语译注》，中华书局2006年版。
③ 金良年：《孟子译注》，上海古籍出版社2004年版。
④ 胡平生、陈美兰：《礼记孝经译注》，中华书局2007年版。

远想念",承载了朱德巨大的悲痛和无比的敬爱之情。只有对父母具有一颗诚挚的孝敬之心,才可能有如此深厚的感情,也才能写出如此朴实无华而情意绵绵的文字。

第二,从孝之"中于事君"看朱德孝道精神对传统孝道的批判继承和辩证扬弃。

如果把孝道定格于家庭伦理和个体道德,那么其理论的局限性和实践的矛盾性便昭然若揭。所以,中国传统孝道也主张把对父母之"孝"推广出去,比如中国儒家思想强调"夫仁者,己欲立而立人,己欲达而达人"①的道德推恩原则,孔子说:"入则孝,出则悌,谨而言,泛爱众,而亲仁。"②在家孝敬父母,外出尊敬兄长,以此推广出去博爱民众。孟子主张把发端于人的本性的爱心延伸出去,"推己及人",主张"老吾老以及人之老"③和"人不独亲其亲"④。但受历史条件和阶级局限,这种"推孝"思想的对象往往局限于自己周边或者同一家族的老人;而行孝的主体又往往是个人,属于个体行为;行孝的目的也更多地站在统治阶级的立场,为维护统治阶级服务。比如《论语》中说:"其为人也孝弟,而好犯上者鲜矣。"⑤以不犯上作乱作为孝悌的目的,政治目的昭然若揭。

朱德来自贫民家庭,这样的背景使朱德产生了强烈的贫民阶级意识,他在《回忆我的母亲》一文中说道:"母亲是一个平凡的人,她只是中国千百万劳动人民中的一员",又说道:"母亲同情贫苦的人——这是朴素的阶级意识""我将继续尽忠于我们的民族和人民……使和母亲同样生活着的人能够过快乐的生活"。⑥朱德对人民十分热爱,当他看到军阀混战之乱,百姓受苦遭殃,他深情地写道"久受飞灾怜百姓,长经苦战叹佳兵"⑦。一"怜"一"叹",痛彻心扉,寓意无穷。再者,对父母,朱德

---

① 张燕婴:《论语译注》,中华书局2006年版。
② 同上。
③ 金良年:《孟子译注》,上海古籍出版社2004年版。
④ 胡平生、陈美兰:《礼记孝经译注》,中华书局2007年版。
⑤ 张燕婴:《论语译注》,中华书局2006年版。
⑥ 《朱德选集》,人民出版社1983年版,第114页。
⑦ 《朱德诗词选集》,人民出版社1963年版,第4页。

用的是"孝";对人民,朱德用的是"忠",一般说来,"忠"往往和"君"联系在一起,比如《孝经》上说"君子之事亲孝,故忠可移于君"①。传统孝道把作为家庭伦理之孝生搬硬套地用于政治伦理,以至于封建式的"愚忠"不断上演。朱德对"忠"用于"君"的传统孝道进行了辩证扬弃和超越,把"忠"与"民"联系在一起,强调"正是这千百万人创造了和创造着中国的历史"②。朱德孝道精神站在人民的阶级立场,以解放中国广大劳苦大众为己任,把对父母尽孝与忠于人民结合起来,广泛发动天下劳苦大众,为人民的革命事业和建设事业进行孜孜求索和不断实践,生动彰显了对传统孝道的批判继承和辩证扬弃。

第三,从孝之"终于立身"看朱德孝道精神对传统孝道的进一步发扬和超越。

中国儒家在阐述孝的起点和归宿时说道:"身体发肤,受之父母,不敢毁伤,孝之始也。立身行道,扬名于后世,以显父母,孝之终也。"③意思是说修养德行,推行道义,扬名显亲,是实行孝道的归宿点和落脚点。孟子从反面所说讲的"不孝者五"④,五种不孝都是因为子女没有做到"立身行道",而使父母蒙受耻辱或者涉及危险。"行道",指的是奉行道义,是从总体和宏观上讲的;"立身"则是从具体和微观上讲的,它的具体做法就是"立德、立功、立言",这就是古人所讲的人生"三不朽"。从孝伦理的角度来看,古人强调的"三不朽"的终极道德意义就是实现扬名显亲、光宗耀祖。从这一点来看,传统孝道的推孝原则仍没有从根本上走出家庭伦理的局限,实现向社会伦理的转向。

朱德在《悼沈衡山先生》中写道:"勤研马列传真理,立德立功又立言。"⑤ 这是写给沈钧儒先生的,但反过来看,朱德又何尝不是这样呢?真可谓"英雄相惜"。立功:朱德是党的领路人,是中国人民和军队的领袖,是新中国的开国元勋,功耀日月,泽被千秋;立言:朱德思想是"毛泽东思想"的重要组成部分,他的建党、建军、建国理论博大精深,

---

① 汪受宽:《孝经译注》,上海古籍出版社 2007 年版。
② 《朱德选集》,人民出版社 1983 年版,第 114 页。
③ 汪受宽:《孝经译注》,上海古籍出版社 2007 年版。
④ 金良年:《孟子译注》,上海古籍出版社 2004 年版。
⑤ 《朱德诗词选集》,人民出版社 1963 年版,第 200 页。

是党长期坚持的指导思想。立德：朱德高风亮节，清廉纯朴，厚德载物，品如其名，身为红军总司令，他爱兵如子；身为农民后代，他热爱人民群众，走群众路线，为人民服务；身为学生，他尊师如父……就像毛泽东评价的那样：朱德同志是"人民的光荣""度量大如海，意志坚如钢"。胡锦涛也称赞："朱德同志身上集中体现了共产党人的坚强党性和崇高品格，集中体现了中华民族的传统美德。"[1] 朱敏也在《怀念亲爱的父亲——朱德委员长》一文中说道："'生活艰苦朴素，作风平易近人，永葆劳动人民的本色'，是我们永远学习的榜样"[2]；赵力平在《回忆爹爹朱德》中记述道："他在心地上是中国少有的人物，一个人道主义者……"[3] 朱德的"三不朽"是以人民群众为出发点和落脚点，朱德孝道精神的"道"是人民之道，是文明之道，是顺应历史之道。立身行道，奉行孝道，在朱德身上所表现的崇高品德，以及他为中国人民建立的不朽功勋和重大战略思想的正确指南，都生动体现了朱德孝道精神对传统孝道的进一步发扬和超越。

三 朱德孝道精神对当代学生孝德教育的启发

第一，对孝德教育重要性认识的启发。

朱德孝道精神对当代学生孝德教育的启发首先表现在对孝德教育重要性认识方面。孝的本质是爱，是子女对父母生育、养育和教育之恩的回报。"教"是现代汉语词典中唯一以"孝"为首要结构的字，意在突出教育的德育功能。《孝经》云："夫孝，德之本也，教之所由生也"[4]，教育应以德育为本，百德孝为先，所以孝德教育在教育中是十分重要的。近代以来，对传统文化的不加辩证地批判，加之受市场经济的负面影响，现代社会孝道观念普遍淡漠。不少学生毕业后依老、啃老、弃老甚至虐老，不少学生没有诚信、追求享乐、消极懒惰，这些现象的根本原因在

---

[1] 胡锦涛：《在纪念朱德同志诞辰120周年座谈会上的讲话》，《党的文献》2007年第1期。

[2] 朱敏：《怀念亲爱的父亲——朱德委员长》，《北京师范大学学报》（社会科学版）1977年第3期。

[3] 赵力平：《回忆爹爹朱德》，《武汉文史资料》2007年第9期，第21页。

[4] 汪受宽：《孝经译注》，上海古籍出版社2007年版。

于孝德教育的缺失，也是教育最大的失败。

孝德教育对学生个人成才具有重要作用。德是道的载体和体现，行是德的外化和实践，一个人应该具有正确的道德观，只有在正确的道德观指导下，个体行为才有所原则，有所方向，有所趋赴。"德不优者，不能怀远；才不大者，不能博见。"① 一个没有德的人，是没有远见的人，在事业上也不可能取得多大成就，更不可能为社会、为人民做出贡献。朱德之所以能够成就伟大事业，之所以成为共产党人道德修养的楷模，根源于他正确的孝道观念和孝道精神。

孝德教育对提高国民素质具有重要作用。学生是祖国的未来，民族的希望，当代的学生将是未来社会的主体，如果当代德育教育失败，那么垮掉的将是未来整个国家的国民素质。国无德则衰，德育教育直接关系到国家事业的兴衰成败。当学生对一些说教式的道德观念不以为然、嗤之以鼻时，不妨重新"拾起"孝德教育这个法宝，因为孝是一个能被普遍接受的道德，也是最能引起学生心灵共振的观念。当孝道观念深入学生心灵，教育的长期良性发展，势必使整个社会孝道美德蔚然成风，对提高整个国民素质也有着重要作用。

孝德教育对构建和谐社会具有重要作用。从一定程度上讲，孝道也就是一种和谐文化。因为一个对父母生育、养育和教育心存感恩报恩之人，一定会尽力做到不让父母挨饥受冻、担惊受怕、颜面扫地，行事也会小心谨慎、不偏不倚、不过不及，这样的人也是一个心身和谐的人。在家庭关系中，父母与子女的关系居主线，家有孝子，子孝父慈，长幼有序，家庭就会和睦，万事就会兴隆。社会由家庭组成，家庭是社会的细胞，社会的和谐基于家庭的和谐，家庭和谐是社会和谐的前提和基石，其势必推动社会和谐。不仅如此，一个具有孝德的人，还会憎恶黑暗混乱的社会，向往光明和谐的社会。正是朱德尽忠于民的大孝精神，促使他对一个正直、自由、光明、和谐社会孜孜追求和不断奋斗。由此可见，加强孝德教育，可以促进学生身心健康和谐，客观上有利于家庭和社会的和谐；同时可以增强学生对光明的不断追求和对黑暗势力做斗争的信心和勇气，这对当今构建和谐社会有着重大的推动作用。

---

① 王充：《论衡·别通篇》，上海人民出版社1974年版。

第二，对如何加强孝德教育的启发。

实践起始于认知，行为是认知和情感的外化，知识的传授和情感的培养都需要从教育入手，所以培养学生孝道精神需要从教育入手。教育效果的评价集中体现在认知效果、情感态度效果和行为效果三个基本方面，教育内容和方法对认知和情感的培养极为重要。笔者下面就从孝德教育内容和教育方法方面来谈谈朱德孝道精神对当今如何加强孝德教育的启发。

首先，朱德孝道精神的养成与所受教育是分不开的。朱德小时候读过私塾，他说："我读了四五年，很有益处。《四书》、《五经》也讲，诗词歌赋也讲。还有《纲鉴》、《二十四史》……"[①] 儒家经典以及其他传统书籍，关于孝道文化方面的内容很多，比如《论语》《孟子》《诗经》《礼记》《易经》《游子吟》《陈情表》等。现在的学校教材中，涉及一些传统孝德内容，但这远远不够。因为我国传统孝道文化十分精深，在何为孝与不孝、何为忠与不忠、何为物质赡养和精神赡养等方面有着极为详细的论述，其中不少思想对今天仍然有着时代价值和实践价值。所以，应当专门设立国学课程，加强学生孝德教育。

其次，老一辈无产阶级革命家的孝道事迹也是当今学生孝德教育的重要内容。朱德孝道精神至善崇高、感人肺腑，是当今社会学习的典范。老一辈无产阶级革命家关于承孝道、尚孝德的感人故事还有不少，比如毛泽东墨泪俱下含悲痛吟《祭母文》、周恩来深切怀念"两个母亲"、邓小平待继母如生母……这些都是当今学校孝德教育的典型素材。老一辈无产阶级革命家之所以能立身行道、成就事业，报效国家和人民，有一个相似之处，就是源于一颗真挚而伟大的孝心。学校和其他教育机构应该去发掘他们的典型孝道事迹，提炼孝道精神，强化学生的孝德教育。

最后，在孝德教育的方法上，朱德孝道精神也给了我们较大启发。朱德的"孝"与良好的家庭教育和"母亲"的身教是分不开的；朱德树立崇高的政治理想，舍"小孝"求"大孝"，忠于人民和民族，为党的事业不懈奋斗；朱德等老一辈无产阶级革命家的孝道精神为我们所树立的

---

① 《最从平淡见英雄·还原建军大业之外真实的朱德》，http://m.sohu.com/a/161388001_425345。

学习榜样；朱德批判继承和大力发扬传统孝道所做出的生动实践……这些给孝德教育在教育方法上的启发就是：应该坚持认知教育和情感教育相结合的方针，做到"四个结合"，即学校教育与家庭教育相结合，孝德教育与思想政治教育相结合，孝道普及教育和专题教育相结合，孝道理论教育与实践教育相结合。通过孝德教育强化学生的感恩意识、提高学生的思想道德修养和自强不息的奋斗精神，为人民和国家做出应有的贡献。

总之，朱德同志在深刻理解传统孝道文化的基础上，对传统孝道进行了批判继承、辩证扬弃和超越，使孝的人民性精华得到大力彰显。朱德的大孝之举、至德之范是我辈学习的光辉典范，朱德的孝道精神对当代学生孝德教育具有重大的启发意义。

第二节 从孝德视域窥探张思德的道德精神

张思德出生在黑暗苦难的旧社会，独特的生活背景和经历，使其养成了对亲人百姓同情热爱和对剥削压迫奋力控诉的性格品质。在此基础上，逐渐形成了以孝德为逻辑起点、以共产主义为最高道德追求的道德精神，其道德原则是无产阶级的集体主义。孝德和共产主义道德处于"道德链"中的两极，决定着张思德道德精神的牢固性和崇高性。张思德道德精神就是一种崇高道德信仰，在道德实践中，张思德以身殉道，以29岁年轻生命身殉了火热般的道德情感和圣人般的道德原则。作为一个真正的无产阶级道德实践者，张思德就是一个道德标杆、道德化身、道德符号。今天，在这个亟待道德自省、道德自觉、道德自为的新时期，需要大力弘扬张思德道德精神，通过依靠政治和社会力量助推，使张思德道德精神在全社会产生一种强大的"道德震撼"和"道德共振"，进而使中国特色社会主义道德文化建设蔚然成风，这就是张思德道德精神的当代价值。

一 孝与道德精神的基本概念及其内在逻辑

孝是什么？有人把它理解为父权宗法制的产物；有人把他说成封建等级社会的伦理道德；也有人把当作传统愚昧虚伪的吃人礼教。虽然，这些说法客观上一定程度地揭示了孝的外部特点，但这绝不是孝的本质特征。《说文》释孝为"善事父母"，说明孝的基本内涵就是侍奉父母。从人类自然道德情感发展规律来看，人在社会关系上首先是以子女角色存在着，父母与子女关系最为密切，孝就是源于生命的感恩意识和情感的理性选择结果。在历史发展过程中，孝作为一种道德文化不可避免地与原始宗教、宗法制度、封建政治和功利主义等相联系并受到浸淫，但孝作为人伦关系中一种最为美好、质朴、纯粹的道德基石，始终在中华儿女的血液中流淌、绵延着。

孝是道德的重要范畴，也是一切道德的基石。从横向看，孝为百德之本。古人认为孝为"孝悌也者，其为人之本欤"[1]、"夫孝，德之本也"[2]、百善孝为先，旨在说明孝是人类道德的起点，一个不爱自己父母的人，很难想象他（她）能克制自己去爱别人。从纵向看，孝为其他伦理的起点。家庭关系的纵向主线是父辈与子辈，孝的第一性便是家庭伦理。孝亲之心又可以推广到社会伦理、政治伦理和生态伦理，比如古人所说：老吾老以及人之老。再从家庭伦理内部看，孝与慈、孝与悌的关系十分密切。父母与子女的道德关系是互动，也是相通的，这就是"父慈子孝"；友悌是横向家庭伦理，与孝慈共同组成家庭伦理道德关系，所以古人强调兄友、弟恭，而在孝、慈、悌三者之中，孝统摄三者，处于核心地位。

所谓"道德精神"就是人们在道德领域的精神，即渗透在人们一切道德原则、道德规范和道德活动、道德行为中包含着特定意向（对象、指定或者说目标）的意识。其核心是其内在地包含着的意向即其指向、目标。[3] 孝在道德精神领域中具有重要地位。第一，孝是衡量一切道德的原则和准绳。古人认为："夫孝者，天下之大经也"[4]，经，意为尺度、原则和规定，古人从道德本体论的角度出发，指出孝是天下最大的原则，是一切道德行为的准绳和评判标准。第二，孝最能体现人类道德的规范

---

[1] 张燕婴：《论语译注》，中华书局2007年版，第2页。
[2] 胡平生、陈美兰：《礼记孝经译注》，中华书局2007年版，第221页。
[3] 曾广乐：《试论道德精神及其现实意义》，《山西大学学报》（哲学社会科学版）2002年第6期。
[4] 王聘珍：《大戴礼记解诂》，中华书局2012年版，第97页。

性。孝的内涵特征是"无违"①和"克己"②,"无违"是从外驱动力来讲的,也就是不要违背"礼"的规定;"克己"是从内驱动力来讲的,即真诚地表达爱心,克制自己的私欲和情绪,一个全力恪守孝道之人,要做到其他道德也就容易了。第三,孝最具道德稳定性。相比其他道德而言,孝的主体和客体是具体的和恒定不变,因此以孝为基础建立起来的道德精神最具稳定性。第四,人在社会关系的角色定位中,首先是作为子女角色存在着,这一点亘古不变,因此,在道德精神的形成中,强调孝道德最能被人们所认同和接纳。弘扬张思德精神,应首先弘扬张思德的道德精神。张思德的道德精神包含诸多内容,比如诚信、忠诚、友爱、亲民、廉洁、勇敢、乐观、积极、敬业、勤劳、坚韧、吃苦等;张思德的道德精神之所以如此崇高而坚定,如同矗立在历史长河中的时代标杆,如同雕刻在宇宙时空中永恒的记忆,供后世瞻仰无尽,是因为这些精神的道德逻辑起点正是孝道精神。所以,弘扬张思德道德精神,不得不了解张思德道德精神的逻辑起点:孝德。张思德在继承和发扬传统孝道美德的基础上,以孝支撑起内在的道德世界,进而构架起信仰式的道德精神,就是在这种道德精神的指引下,张思德用普通的道德笔墨描绘出了光彩的人生画卷,以平凡的道德行为堆砌崇高与壮美。

二 从"孝"与"不孝"看张思德对传统孝道的继承与发扬

(一)张思德对中国传统孝道美德的继承和发扬表现在以下几个方面

第一,在未投身革命、离开家庭之前,张思德的孝道精神主要表现在孝亲和承志等家庭伦理方面。

张思德出生于贫民家庭,一家几辈都受尽了地主的压榨和剥削,曾祖父张经合因沉重的劳动而累死,"父亲张行品是佃农,生活十分艰难……张思德出生7个月时,母亲连病带累离开人间"③,婶母刘光友收养了小思德,养母家也很穷,"他是靠家人东乞西借的谷来熬成糊糊养

---

① 张燕婴:《论语译注》,中华书局2007年版,第14页。
② 同上书,第171页。
③ 柳公:《探索成功之路——毛泽东名言感悟》,http://vip.book.sina.com.cn/books/catalog/149718。

大的，故取小名'谷娃子'"①。就是这样的生活背景，张思德"很小就下地干活了"②，"小时很懂事、勤劳、吃得苦，对地主有仇恨"③，采松果、割草、挖野菜、捡蘑菇，什么都干。俗话说：穷人的孩子早当家、穷人的孩子懂得孝。艰苦的生活磨炼了张思德的意志、培养了他良好的劳动习惯；同时也使张思德萌芽了为亲人分担的孝道意识、产生了朴素的阶级感情。

张思德孝道精神还突出地表现在"承志"上。承志，就是继承父母遗志，古人说："善事父母，父在，观其志；父没，观其行；三年无改于父之道，可谓孝矣。"④ 张思德的父亲张行品是张思德参加革命的领路人，张行品一生为革命奔走，并因忠于革命而被杀害，这个"父之道"的"道"是崇高之道、人民之道、符合历史发展规律之道，张思德也"受父亲革命思想的熏陶"⑤；而张思德的养母刘光友也积极鼓励张思德参加红军，"你应该报名参加"⑥，张思德继承父母之志，参加共产党领导的革命运动，传承父亲不怕牺牲、忠于革命的坚贞意志，正体现了张思德对传统孝道美德的继承和发扬。

第二，离开家乡、投身革命事业，在革命生活中，张思德的孝道精神主要表现在尊老和慈幼等社会伦理方面。

从孝的社会伦理层面来看，传统孝道主张"老吾老以及人之老，幼吾幼以及人之幼"⑦、"不独亲其亲，不独子其子"⑧、"泛爱众"⑨、"亲亲而仁民"⑩，其目的就是将孝亲爱子之心推广出去仁爱他人，从而使仁爱他人有了坚实的人心基础和德行保障，这就是古代儒家思想的推恩原则。

---

① 杜泽洲等：《我与张思德相识的日子里》，《文史月刊》2004 年第 7 期。
② 柳公：《探索成功之路——毛泽东名言感悟》，http://vip.book.sina.com.cn/books/catalog/149718。
③ 高红十：《张思德故乡行》，《上海档案》2002 年第 2 期。
④ 张燕婴：《论语译注》，中华书局 2007 年版，第 7 页。
⑤ 莫怀勇：《张思德父亲被错杀始末》，《湖北档案》2004 年第 8 期。
⑥ 李进中：《张思德参加红军》，《四川党史》1994 年第 1 期。
⑦ 金良年：《孟子译注》，上海古籍出版社 2004 年版，第 15 页。
⑧ 胡平生、陈美兰：《礼记孝经译注》，中华书局 2007 年版，第 110 页。
⑨ 张燕婴：《论语译注》，中华书局 2007 年版，第 4 页。
⑩ 金良年：《孟子译注》，上海古籍出版社 2004 年版，第 293 页。

张思德在家中养成了良好的孝道美德，正是这一坚实的道德基础和道德信仰，促使了张思德在社会实践中能操守道德底线，能自觉地将孝亲之心推广出去仁爱别人。

甘愿当别人的"儿子"。老革命炊事员老王没有儿子，因为哑巴又不能和别人交流，心里特别孤单。最能体会老王心情的就是张思德，他主动和老王进行肢体、心理交流，并主动给老王当"儿子"，帮老王磨豆腐、挑水，"用热水把老王的脚洗了一遍……又脱下自己的毛袜子给他穿好"①。虽然革命岁月非常艰苦，但这对患难之交的"革命父子"那感人肺腑的事迹受到广泛颂扬。"当儿子"的行为彰显了张思德灵魂深处的拳拳孝心和内心中的道德信仰与操守。

无意间成了"父亲"。电影《张思德》里面讲述了一个名叫宋光明的小朋友，父母被敌人杀害，他从死人堆里算是捡了一条命，精神受到严重刺激，整天不言不语，张思德像"父亲"一样关心他，给他拉裤子、擦屁股、洗澡……小光明的心扉终于向张思德敞开了，亲切地喊张思德为"爸爸"，就这样，20岁出头的张思德居然当上了"父亲"，他也因此被很多人误解。张思德操守孝慈之道，推己及人，内心仁慈，将人性道德发挥到极致，在平凡的事迹中彰显出了超凡的道德力量。张思德的道德行为不是"自虐型""苦行僧"式道德范式，而是源于他内心那颗根基牢固而信念坚定的孝道之心，源于对道德价值的理性选择和道德实践的理性秉持。

第三，在革命事业中，张思德道德精神集中表现作战勇敢和革命乐观主义等政治伦理方面，是新时期人民性的革命主义孝道精神。

传统孝道观认为"战陈无勇，非孝也"，思想根基主要有两点：一是"勇"属于"天下之达德"②之一，"知耻近乎勇"③，知道耻辱就会勇敢，因为正义战争是为了保家卫民，这是大孝；二是作战勇敢，使父母颜面有光，避免陷父母于不义，即为孝。张思德在战场上是一个机智勇敢的

---

① 严玉树：《张思德》，蓝天出版社2007年版，第126页。
② 王国轩：《大学中庸译注》，中华书局2007年版，第96页。
③ 同上。

革命战士，因多次立功"受到嘉奖"①，他的"左臂负伤"②，当过班长。张思德把内心厚重的孝道精神转化为革命道德主义的自觉精神，体现了个体的道德自我确证。

张思德对革命十分乐观，即使他的父亲因忠于革命而死去，但他并没有因此而悲观，他坚定地沿着父亲的革命道路走了下去，顽强地实现着父亲的"革命遗志"。"当一名红军战士是张思德梦寐以求的事"③；他屡次立功，参加过长征；22岁时，面临抗日战争的艰苦卓绝斗争，他更加坚定了革命信念，"光荣地加入了中国共产党"④；在艰苦的岁月里，他深情地朗诵着革命诗歌"仰面只等东方红，陕北去找毛泽东"⑤；即使是被派往烧炭，"革命工作的幸福感充溢在心间"⑥，最后为革命工作献出了自己年轻而宝贵的生命。支撑他内心强大的精神信念就是对革命道路和前途的绝对自信，这种革命乐观主义精神在那个艰苦的岁月里尤为重要和宝贵。

（二）张思德在继承和弘扬的基础上对传统孝道也进行了辩证扬弃和超越

"不远游"与"离家革命"。儒家经典《论语》中说："父母在，不远游，游必有方"⑦，传统孝道认为：子女要守在父母身边服侍尽孝，即便远游，也要懂得方法，比如安顿家里、告知时地、携带行李、交通方式等，以免让父母担忧。张思德没有尽到"不远游"之孝，也无法告知父母"远游"情况，甚至连生死音讯都无法送达家中，他的母亲1962年才知道张思德的消息，这时他已经牺牲近20年了。张思德宁愿背负"不孝"之名而选择离家革命，为天下父母谋解放，此一超越。

"无后为大"与"没有邂逅爱情"。古人讲："不孝有三，无后为大"⑧，可张思德没有结婚，没有后代，可能也没有受过哪个女子特别的

---

① 严玉树：《张思德》，蓝天出版社2007年版，第7页。
② 同上书，第37页。
③ 同上书，第115页。
④ 同上书，第67页。
⑤ 同上书，第48页。
⑥ 同上书，第172页。
⑦ 张燕婴：《论语译注》，中华书局2007年版，第48页。
⑧ 金良年：《孟子译注》，上海古籍出版社2004年版，第165页。

倾心和青睐,就结束了29岁的生命。①张思德唯一的妹妹也早年病逝,他的死彻底使祖宗断了香火,这是大不孝。但他英勇抗击外来侵略,为了中华儿女能够在这片古老而文明的热土上生存繁衍,为了中华儿女不遭受到亡国灭种,此二超越。

"扬名耀祖"与"最大的官是班长"。传统孝道观主张:"立身行道,扬名于后世,以显父母,孝之终也。"②张思德生前没有想过"扬名后世",也没有想过做官"光宗耀祖",他立身行道却不傲然目空,默默无闻而非孤芳自赏,同龄战友有的当团长了,而张思德仅当了七年不是官的班长,最后连班长也没有了。站在传统阶级立场看,张思德是"不孝"的,但他任劳任怨、为人民服务的精神却像一块时代的丰碑,受到后世无尽的瞻仰与憧憬;他的名字如同刻在宇宙时空中一般,光彩夺目,永垂不朽,此三超越。

"全身全归"与"未到而立之年就牺牲"。传统孝道经典《孝经》中说:"身体发肤,受之父母,不敢毁伤,孝之始也"③、"父母全而生之,子全而归之"④,张思德在战斗中多次受伤、长征中尝百草差点被毒死、最后为革命而牺牲,他没有完整地保全身体而"寿终正寝";他死得比母亲还早,使母亲饱受"白发人送黑发人"的人生痛苦。古人说:"身有伤,贻亲忧;德有伤,贻亲羞"⑤,从"保全身体"的角度看,张思德完全没有尽到家庭伦理之"孝";但他为了天下父母能翻身得解放,把生命的存在意义和价值取向置于中国广大人民的伟大事业之下,成就了天下"大孝"之道德,于大德无伤,此四超越。

综合而言,张思德在黑暗苦难的时代生活背景下,逐渐养成了疾恶如仇和视人民为亲人的人性品质,形成了以孝为道德基础恒定而牢固的道德精神;在接受马克思主义之后,张思德实现了对传统孝道的辩证扬弃和超越,将传统孝道美德与忠于祖国和人民、为全人类共产主义事业而不懈奋斗结合起来,构建起了崇高而理性的道德信仰体系,并把这种

---

① 高红十:《张思德故乡行》,《上海档案》2002年第2期。
② 胡平生、陈美兰:《礼记孝经译注》,中华书局2007年版,第221页。
③ 同上。
④ 同上书,第174页。
⑤ 文景编著:《弟子规》,中国人口出版社2013年版,第15页。

道德信仰外化于实践行为之中。张思德以身殉道，用自己宝贵的性命身殉了火热般的道德情感和圣人般的道德原则，他是真正的马克思主义道德实践者，是中国共产党人马克思主义道德建设史上一颗璀璨的明星。张思德就是一个道德化身，张思德这个名字就是一个时代的道德符号和楷模。今天，在这个亟待道德自省、道德自觉、道德自律、道德自为的新时期，张思德这个道德标杆仍是我们学习的光辉典范，张思德道德精神仍然需要我们去发扬光大。

三 张思德道德精神的当代价值思考

（一）有利于加强当代社会对传统孝道文化的理性判断和理性选择

从孝的起源和本质来看，"'知母'血缘关系孕育并产生了孝"[1]，孝的本质是对父母的敬爱和侍奉，是人类社会特有的美好道德情感和高尚道德理性。只不过在孝文化历史发展进程中，孝文化受宗教、宗法制、封建政治、功利主义、庸俗唯物论等思想浸淫，使孝的本质蒙上异质化的外衣，致使愚忠愚孝、不忠不孝两种极端主义行为粉墨登场，不能因为这些宗教性、封建性、物欲性色彩而否认了孝道德的本质内涵。

从孝道德发展的文化土壤来看，当代社会经历了人类思想启蒙运动，民主与科学的观念深入人心，在此基础上弘扬传统孝道精神，可以避免愚忠愚孝的愚昧主义道德重新上演。从当代社会孝道德现状来看，当代社会家庭伦理关系中不是"孝道过盛"，而是"慈道过盛"，不少家庭中父母把儿女当"宠物"来养、儿女把父母当"累赘"抛弃，家庭伦理关系紊乱，这是一种纯粹的病态家庭模式。家庭是社会的细胞，家庭伦理是社会伦理、政治伦理的基础，孝在"人类道德链"上处于基础之基础的地位，忽略孝道德而谈其他道德都是难以实现的。

从张思德道德精神的形成基础和核心内容来看，传统孝道与马克思主义道德修养并不是冰火不容的，它们的道德原则都体现在集体主义观念方面。以传统孝道精神为前提基础，以马克思主义道德精神为最高目标，构建起来的新型道德精神和道德信仰更具有可行性和牢固性。所以，弘扬张思德道德精神在实质上就是要正确认识传统孝道文化和马克思主

---

[1] 李仁君：《论孝的起源、形成与发展》，硕士学位论文，四川省社会科学院，2010年。

义道德修养之间的关系,这为如何对传统孝道文化进行理性判断和道德行为选择提供了重要参考。

(二) 有利于当代社会正确认识道德理性在经济理性中的价值作用

经济理性是以经济人为人性假设基础、以追求经济利益最大化为目的、强调个人性和自利性的经济学概念。道德理性是从伦理道德的角度来探讨个体行为的理性选择,道德理性的特点就是以人为目的的社会性和公利性,它"是以人的整体或人类的每一平等的个体为目的……道德理性从整个人类进步的高度,富有远见卓识地把人类整体的利益看作是实现各个人类个体的利益的基础"[①]。人不仅作为一个生物人而存在,更重要的是作为一个社会人而存在,人在追求经济理性时更应该考虑道德理性,道德理性在经济理性抉择中具有重要的价值地位,源于人的本质属性是社会性的根本原理。

张思德在短暂的生命里绽放出了绚丽的光芒,以自己的死换来了战友的生,表面上看是偶然现象;但从其道德精神的逻辑出发,就会得出这是偶然中的必然的逻辑判断,这个逻辑就是:张思德以传统孝道美德和马克思主义道德为信仰建构起了自己的道德理性,把个人利益置于人类整体利益之下,在行为选择面前道德理性而非经济理性始终占据着上风,支配着自己的行为方式。当代社会不少人片面追求物质利益最大化、追求金钱享受和感官刺激,忽略精神和道德对人生的意义,因过分追求经济理性而变得不讲诚信、冷漠麻木、精神空虚,这样的人的内心是孤独的,这样的人生是毫无意义的。通过政府宣传、社会舆论的作用来宣传张思德道德精神,或许会对这些人以强烈的内心"道德震撼",以"道德震撼"进而实现"道德共振",势必对当代社会道德建设起着助推作用。

(三) 有利于当代社会对共产党人道德精神的正确认识和正向定位

当代社会物质生活水平显著提高,人的欲望也得到空前刺激和张扬,一些不道德现象不断上演。针对这些现象,对当代社会道德持"滑坡论"和"真空论"的道德悲观主义者不在少数。一些人要办事情,首先想到的是避开"道德规则""法律规则"和"制度规则"千方百计去挖掘人

---

① 吕耀怀:《经济理性与道德理性》,《学术论坛》1999年第3期。

际关系。要改变这种"道德不再可能"或者是"非道德成为可能"的错误思想行为，首先必须努力强化对共产党人道德精神的正确认识和正向定位。中国共产党对道德建设一直是十分重视的，毛泽东在抗日战争时期就发表了《为人民服务》《纪念白求恩》和《愚公移山》三篇关于共产党人道德观的光辉著作，对共产党人基本道德原则进行了阐述，对共产党人的道德精神进行了归纳，"老三篇"也就是共产党人的"道德三经"。邓小平提出物质文明、精神文明"两手抓"的重要论断。"在依法治国的基础上，江泽民又提出以德治国，把道德建设提高到了治国的高度"①，胡锦涛进一步强调社会主义核心价值体系建设、深刻指出"精神空虚也不是社会主义"②，习近平也十分重视道德建设，指出：精神的力量是无穷的，道德的力量也是无穷的，为中国梦凝聚有力道德支撑。③ 在科学思想的指导下，进一步大力弘扬革命前辈的道德精神，依靠行政力量引领道德建设，这对当今共产党人的道德建设有着重要的实践价值。

第三节　论大学生孝德教育

孝德教育就是以孝敬父母和尊敬老人为教育主题和内容，着力培养学生感恩意识和仁爱精神、责任感和使命感等美好品质和思想道德素质的教育。在大学生思想品德教育中，孝德教育与爱国主义、民族团结、人生价值观、诚信、公德、职业道德及婚姻道德等教育具有同样的重要地位。从一定程度上讲，孝德教育与其他品德教育相比，在内容上更有具体性，在对象上更具直接性，在实践上更显可操作性，在效果上更呈明显性。可以这样说，孝德教育是打开大学生思想道德教育的门户和窗口。所以，加强大学生孝德教育在思想道德教育中具有重大现实意义。

---

① 薛建明：《当代中国共产党人的道德建设思想研究》，《河北大学学报》2013年第6期。
② 胡锦涛：《中共中央关于深化文化体制改革推动社会主义文化大发展大繁荣若干重大问题的决定》，《人民日报》2011年9月27日。
③ 习近平：《深入开展学习宣传道德模范活动，为中国梦凝聚有力道德支撑》，《人民日报》2013年9月27日。

一　中华传统孝文化的主要内容

中华孝文化源远流长，经过历代思想家的梳理、归纳和提升，其思想内容广博而精深，概括起来，其主要内容有：

第一，奉养父母。《说文解字》释孝："善事父母者，从老省、从子，子承老也"①，从"孝"字的构成和初义来看，"孝"就是善事父母，就是指从物质上和精神上好好赡养自己的父母。《礼记》认为物质赡养父母是最基本、最起码的行孝方式，以曾子的话为例："孝有三，大孝尊亲，其次弗辱，其下能养。"② 意在说明如果一个人连物质赡养父母都没有做到，就根本不能谈"次孝"与"大孝"。物质赡养父母要做到尽心竭力，孔子的学生子夏曾说："事父母，能竭其力。"③ 虽然每个人经济条件不一样，但赡养父母是天经地义的，所以要尽力而为。

第二，尊敬父母。儒家至圣孔子认为：在物质赡养父母的基础上，还要做到精神赡养，精神赡养主要表现在对父母要敬爱。孔子对只养不敬这种所谓的孝行十分鄙视，认为："今之孝者，是谓能养。至于犬马，皆能有养；不敬，何以别乎？"④ 如果不尊敬父母，仅是物质赡养，就与喂养家畜没有区别。又说："色难。有事，弟子服其劳；有酒食，先生馔。曾是以为孝乎？"⑤ 就是说，赡养父母和老人，保持敬爱和悦的容态才是真正的孝，即使对于死去的亲人也要做到"祭如在"⑥，毕恭毕敬，虔诚思念。

第三，继承父志。儒家思想特别强调个人生命的延续，追求传宗接代、延续香火，这不仅是个体生命的延续问题，也是氏族延续和种族延续的问题。因为儒家思想所关注的是民族文化如何得到有效传承，只有种族得到延续，民族文化才能得到继承和发展。孟子之所以特别强调

---

① （汉）许慎：《说文解字》，中华书局2009年版。
② 胡平生、陈美兰：《孝经礼记译注》，中华书局2006年版，第171页。
③ 张燕婴：《论语译注》，中华书局2006年版，第5页。
④ 同上书，第15页。
⑤ 同上书，第16页。
⑥ 同上书，第31页。

"不孝有三，无后为大"①，归根结底是为了民族文化的承传和圣人思想的实践，所以子女要做到"三年不改于父之道"②。父母个体生命是有限的，他们的意志在有限的生命中难以实现，就需要子女竭力完成他们的遗愿，继承父志就是孝的表现。

第四，立身行道。父母都希望自己的儿女有所成就，能干一番事业，为国为民做出贡献。《孝经》上云："立身行道，扬名于后世，以显父母，孝之终也。"③ "立身"的内容包括立德、立功和立言，这是古人对人生价值的一种追求，古时候强调"三十而立"，就是指的"立身"。子女立身正道、建功立业、"为往圣继绝学，为万世开天平"正是中国志士仁人毕生孜孜以求的，这也是孝的内容之一。

第五，慎终追念。儒家重要经典《礼记》十分重视丧亲之礼和祭亲之礼，认为只有在亲人的丧事和祭事上才能更加表达孝子心中的真实情感。曾子说："……安可能也，卒为难。"④ 可见，曾子将"安"作为"事生"的最高要求，但在"事生"和"事死"两者之间，曾子偏重于"事死"，因为父母死了，已经不能体会到子女的真实情感，这个时候更能考验孝子的拳拳孝心。由此看来，《礼记》对于赡养以礼、葬之以礼、祭之以礼的一整套规定，符合人的自然情感，它不带任何功利色彩，是血缘亲情自然而然的表达。

二 传统孝文化对当代大学生孝德教育的启示

儒家经典《孝经》记载孔子的言语："夫孝，德之本也，教之所由生也。"⑤ 意思是说孝是德的根本，居于百德之首，王道教化就是由"孝"产生的。《说文解字》释"教"云："上所施下所效也。从攴从孝。"⑥ 可以看出"教"字由"孝"和"攴"组成，上行下效就是"教"，从而引申为教化、教育、教导等词语。儒家思想主张在教育上应该注重身教和

---

① 金良年：《孟子译注》，上海古籍出版社2004年版，第165页。
② 张燕婴：《论语译注》，中华书局2006年版，第7页。
③ 胡平生、陈美兰：《孝经礼记译注》，中华书局2006年版，第221页。
④ 同上书，第171页。
⑤ 同上书，第221页。
⑥ （汉）许慎：《说文解字》，中华书局2009年版。

正面教育，孔子曾说："君子之德风，小人之德草，草上之风必偃。"① 就是说，由道德高尚的人担任教化工作，社会风气就会像风吹草一样，泽被万方。古人认为孝是德的根本，"教"即由"孝"组成，因孝而"教"以淳化社会风尚，这是一个双向联动的过程。孝德教育具有巨大的社会功能，孔子说："弟子入则孝，出则悌，谨而信，泛爱众而亲仁，行有余力，则以学文。"② 孔子在这里所指的"文"，主要指"孝""悌""信"等内容，其中以孝为核心。孟子也认为："谨庠序之教，申之以孝悌之义，颁白者不负戴于道路矣。老者衣帛食肉，黎民不饥不寒，然而不王者，未之有也。"③ 可见，古代十分重视学校的孝德教育，认为孝敬长辈应该得到大力倡导。

在今天，大学教育的宗旨是培养德才兼备、又红又专的"四有"新人，培养道德高尚、爱祖国、爱人民、对社会有积极贡献的社会主义事业接班人。而孝是人的德行之根本，是一切德行的起点，爱他人、爱祖国、爱万物等美好德行都是从爱亲人开始的。孔子的弟子有若曾说："其为人也孝弟，而好犯上者，鲜矣；不好犯上，而好作乱者，未之有也。君子务本，本立而道生。孝悌也者，其为仁之本欤！"④ 意思是仁德的根本就是孝悌，一个人尽到了孝，就会遵纪守法，就会安居乐业，不去搞歪门邪道，做出损害于祖国和人民的事情。《孝经》上说："爱亲者，不敢恶于人；敬亲者，不敢慢于人。"⑤ 学生在尊敬父母的基础上，就会将敬爱之心推广出去，从而去尊重和敬爱别人，人际关系也就和谐了。

当今一些家庭中，长幼地位完全颠倒，以孩子为中心，孩子对老人使用多，关心少，嫌弃甚至虐待老人，严重破坏了家庭和社会的和谐。大学生的道德观念和价值观念也因此受到了巨大的冲击，道德要求开始降低，价值取向出现误区，个别大学生道德败坏的事例也屡屡出现。不少大学生认为用父母的钱是理所应当的事，而自己全然不顾父母的感受；大学毕业后，不愿意去找工作，而是"啃老"，甚至为了钱对父母下毒

---

① 张燕婴：《论语译注》，中华书局2006年版，第180页。
② 同上书，第4页。
③ 金良年：《孟子译注》，上海古籍出版社2004年版，第5页。
④ 张燕婴：《论语译注》，中华书局2006年版，第2页。
⑤ 胡平生、陈美兰：《孝经礼记译注》，中华书局2006年版，第225页。

手,突破人类道德底线;有些大学生即使参加工作了,还逼着向父母要钱买房、买车,认为父母给自己抚养小孩也是天经地义的事情,有的工作以后几年、几十年不回家看望老人,网上还时有"父母在家里死了很久儿女都不知道"的报道,等等。这些现象都充分说明加强大学生孝德教育有着巨大的重要性和必要性。

三 孝德教育在大学生思想道德教育中的现实意义

第一,孝德教育是大学生品德教育的基础。

首先,大学生道德失范行为归根结底是缺乏孝敬意识造成的。虽然大学生道德失范行为方式存在诸多不同,但可以归结为一点,那就是缺乏孝敬意识。父母送子女上学,其初衷就是希望子女在学校多学点知识和本领,堂堂正正做一个有用的人,为以后的安身立命和幸福生活打下基础。有的大学生在读书期间不认真学习,当一天和尚撞一天钟,得过且过,这违背了父母的意愿;有的大学生不遵纪守法,违反班规校纪,受到处分甚至被开除学籍,使父母的心血付诸东流;有的大学生不讲诚信,招摇撞骗,欺世盗名,难以在社会上立足,让父母颜面受损等,这些都是由于不孝造成的。一个孝敬父母的大学生,肯定会牢记父母的谆谆教诲,敬德修业,励学笃行,矢志不渝,最终完成父母的意愿,实现光宗耀祖、精忠报国的人生目标。

其次,孝德教育与其他品德教育相比,具有贴切性、现实性、可操作性等特征。目前,大学一般都开设了思想政治理论课,对大学生进行思想道德法制教育。不少高校思想德育政治课都存在一个普遍现象:学校重视,教师敬业,但空洞式的说教和抽象式的灌输使得本课程不乏枯燥,不少学生认为离自己太"遥远",不切合"实际",从而使得思想政治理论课逃课现象比较严重,有的即使到了课堂,也不愿意听课。这些现象表明,我们在加强大学生思想道德教育的时候,应该以学生最直接、最现实的道德问题为突破口,循循善诱,层层推进。父母与子女的关系最现实、最直接、最能直观感受,百德孝为先,孝德教育是打开大学生灵魂和思想的关键,从最基本的孝德入手,或可弥补目前思想政治理论课的不足。

通过以上论述,不难看出,大学生孝德教育是思想品德教育的根本和基础，大学生的思想品德教育应该以孝德教育为抓手之一。

第二，孝德教育是培养大学生感恩意识的途径。

从"孝"发生的心理动因来看，子女孝敬父母，其实就是对生命给予者的一种感怀，对知识和能力授予者的报恩。人类产生了一定的思维能力后，总会思考"我来自何方"这个永恒的问题，这就自然而然想到是父母给了我生命；随着年龄的增长，子女又在父母身上学到了许多知识和生存的本能，由知恩、感恩到报恩，对父母的感恩意识就萌芽和形成了。孟子说："孩提之童无不爱其亲者，及其长也无不知敬其兄也。亲亲，仁也；敬长，义也。无他，达之天下也。"[1] 对父母的感恩是人类最自然、最美好的情怀，所以通过孝德教育培养大学生的感恩意识，是切实可行的。大学生感恩意识形成之后，对父母的生育之恩、对教师的教育之恩、对人民的抚育之恩、对党和国家的培育之恩就会心存感动。通过孝德和感恩教育，使大学生在内心生成一种道德自觉，进而树立起正确的世界观、崇高的价值观和良好的道德观。

第三，孝德教育可以培养大学生的积极进取精神。

孟子说："世俗所谓有不孝者五，惰其四支，不顾父母之养，一不孝也；博弈好饮酒，不顾父母之养，二不孝也；好货财，私妻子，不顾父母之养……"[2] 认为"养、敬、追"三者相结合才是真正的孝，在他提出的"不孝"五条标准中，懒惰不劳动、玩棋嗜酒和贪财偏爱妻子儿女，这三条讲的都是从物质上不赡养父母。一个人要做到孝，首先就应该成就一番事业，自食其力，养家糊口，让父母衣食无忧，安度晚年。《孝经》上也说："夫孝，始于事亲，中于事君，终于立身。"[3] 儒家思想认为：家国同构，孝忠一体，国是家的延伸，忠是孝的放大。从善事父母到效忠国家；从修身齐家到治国平天下；从独善其身到兼济天下，都是一个统一的过程。一个人在孝亲的基础上，就可能会向爱国爱民的方向发展，这一切表现在行动上，就是进德修业，积极进取，就像《周易》上说的那样：天行健，君子以自强不息。一个人因为孝亲，就会力求进

---

[1] 金良年：《孟子译注》，上海古籍出版社 2004 年版，第 277 页。
[2] 同上书，第 187 页。
[3] 胡平生、陈美兰：《孝经礼记译注》，中华书局 2006 年版，第 221 页。

步,刚毅坚卓,发愤图强,永不停息。大学生是人生理想信念形成的关键时期,也是实现人生理想的奠基时刻,加强孝德教育,培养大学生的积极进取精神,正是大学品德教育的先行选择。

第四,孝德教育是加强大学生认识、传承和创新传统文化的有效载体。

传统文化反映的是民族特质和民族文化,是民族历史上各种思想文化、观念形态的总体表征。中国的传统文化以儒家为内核,孝文化就是在儒家思想的土壤中生根和发展起来的,而孝文化也构成儒家思想的一部分,并贯穿于儒家思想的发展脉络。清代曾国藩曾说过:读尽天下书,无非一孝字。可以看出孝文化在中国传统文化中的历史地位,深入学习和了解孝文化对于认识中国传统文化有着密切联系。中国共产党高度重视文化建设,十分关注传统文化的传承和创新,传统优秀文化对于社会主义文化建设具有重要意义。党的十七届六中全会指出:"文化是民族的血脉,是人民的精神家园。在我国五千多年文明发展历程中,各族人民紧密团结、自强不息,共同创造出源远流长、博大精深的中华文化,为中华民族发展壮大提供了强大精神力量,为人类文明进步作出了不可磨灭的重大贡献。"[①] 中国传统文化亘古绵延、底蕴厚重;孝文化特色鲜明、内涵博大。加强孝德教育,不仅可以增强大学生对孝文化的了解,同时也可以强化大学生对传统文化的认识,培养他们的民族自信心和自豪感,并为传承和创新民族文化做出应有贡献。

第四节 老年人精神需求的基本内容

对于人而言,需求就是人活在这个世界上为了满足正常生活或者优质生活的一种基本需要,它包括物质需求和精神需求。人是社会性动物,物质需求是基础,但精神需求也十分重要。美国心理学家马斯洛把人的需求概括成五个层次,分别是生理上的需求、安全上的需求、情感和归宿的需求、尊重的需求和自我实现的需求,其中绝大部分都涉及精神方

[①] 胡锦涛:《中共中央关于深化文化体制改革推动社会主义文化大发展大繁荣若干重大问题的决定》,《人民日报》2011年9月27日。

面的需求。党的十七届六中全会也指出:"物质贫乏不是社会主义,精神空虚也不是社会主义""准确把握各族人民精神文化生活新期待""以满足人民精神文化需求为出发点和落脚点",这说明在生产力相对发达的今天,精神需求越来越引起社会普遍关注,满足广大人民的精神需求也是社会主义社会的一种价值追求。

老人的需求同样包括物质需求和精神需求,赡养老人既包括物质赡养,也包括精神赡养,"所谓精神赡养,就是关注老人的心理和精神上的需求,并尽量给予慰藉和满足"。随着社会的不断发展,老人的精神需求也呈现出复杂性、多元性、民族性、时代性等显著特征,从具体内容来看,老人的精神需求主要包括个人、家庭、社会和政治四个层面的精神需求。

一 个人层面的精神需求

(一) 生存方面的需求

从个体生存的角度来看,老人的精神需求突出表现在安全、劳动和体育锻炼等方面。

安全需求。安全感主要来源于人身权益、财产保管、生活稳定、免遭威胁和痛苦等。老人受生理发展规律影响,力气较小而又反应迟钝,弱势心理意识使其对外力侵犯具有强烈的排斥感、恐惧感和无助感,不少骗子和强盗就是看到这一点,选择老人为下手对象,所以安全感对于老人来说十分重要。同时,安全感还来源于收入来源的稳定性,人到暮年,器官退化、免疫力下降,常病常医十分普遍,如果没有固定的经济来源就毫无安全感可言。老人经济来源无非两种,一是靠子女,二是靠政府,当代社会,独生子女较多,年轻人的生活压力也很大,所以政府应承担起主要的养老责任。老人安全感得到适当满足,"老有所终"的美好生活画卷才能得以体现。

劳动需求。劳动是人的基本存在方式,马克思曾说:"关于人的科学本身是人自己的实践活动的产物",人只有在劳动过程中才能感受到自己存在的价值和意义。所谓劳动,包括体力劳动和脑力劳动两个方面。由于身衰体弱,老人无法从事强度较大、持续时间长的体力活动,但日常生活料理还是需要的。特别是农村,不少老人觉得适当劳动(比如种菜、养家畜)反而觉得更愉快,有利于身心健康。一些子女不懂得这一点,觉得把老人接到城市帮自己带小孩就是尽孝,恰恰相反,带小孩其实是一件非常累的活,名为尽孝,实为啃老。

体育锻炼需求。伏尔泰曾说过:生命在于运动;我国古代对体育锻炼也很重视,比如孔子就擅长射技,《礼记》记载:"孔子射于矍相之圃,盖观者如堵墙。"老人体育锻炼项目主要分为室内和室外两类,室内锻炼需要购买家用体育器材,室外锻炼包括散步、跑步、球类、打太极拳等,其中室外锻炼是主要的体育运动方式。因此,老人生活住所应该选择在环境较好、体育设施较完备的郊外或公园附近等,以便更好地满足老人体育锻炼的需要。

(二)生活方面的需求

健康需求。人人都向往青春,担心衰老、疾病和死亡。人到暮年,由于器官衰退,常有惧老、惧病、惧死的心理,希望健康长寿是老人的理想追求。作为政府,应该建立医疗保健机构、完善医疗保健体制,尽力做到"老有所医"。由于生老病死是自然规律,不能违抗,所以另一方面医护人员和子女都应该关注到老人这方面的心理需求,不要增加老人的心理压力,以正面引导为主,遇见老人,应该主动问候"高寿""身体健旺"等,缓解老人"三惧"心理负担。子女要时常关心父母的健康状况,有病要及时医治,这就是孝,就像孔子说的那样:"父母唯其疾之忧。"

卫生需求。卫生是健康的保障之一。老人行动迟缓、记忆力减退甚至眼花耳聋,对于卫生问题往往是力不从心,很多子女因此觉得他们邋遢,认为这就是代沟。其实这是一种偏见,爱清洁讲卫生是人人都期望的,只不过有的是条件不允许,有的是没有养成习惯。作为子女,首先应力所能及地给老人提供必备的卫生条件和设施;其次要给老人讲解卫生的重要性和日常卫生知识,从思想上加以引导;最后要提醒老人注意个人卫生,必要时要予以帮助,使他们养成卫生习惯。

安静需求。古人说:道生于安静、命生于平和;"仁者静""仁者寿",说明安静对于一个人享受生命、健康长寿的重要性。很多老人心脏都不太好,最怕嘈杂吵闹,期望晚年安度。但过于安静又可能产生强烈的孤独感,老人也希望子女能多陪陪他们。所以,子女周末或假期回家探望老年父母,一定要管住小孩,切忌大吵大闹,不要让探亲的星期天变成老人苦恼的星期天。

(三) 娱乐方面的需求

审美需求。审美是外在事物投射在人的内心所引起的一种愉快和谐、赏心悦目之感，是人生的一种高级享受，是一种人生境界。美国心理学家马斯洛在"层次需求理论"中就对人的审美需求进行了深入分析，他认为审美需求的重要性仅次于自我实现需求。老人在审美方面也是有需求的，比如老人的房间装饰颜色应该以暖色为主，不能太鲜艳；房间布置要有秩序，不能凌乱不堪；老人的服装以浅色为主，款式适当保守，时髦耀眼的老人往往心里难以接受。在自我形象塑造方面，比如服饰、发型、穿戴等，很多老人也是比较重视的，作为子女要理解老人，在审美方面千万别"只许州官放火，不许百姓点灯"。

音乐需求。音乐可以陶冶情操，改善性情，驱除寂寞。古人说：移风易俗，莫过于乐；还把音乐作为教学内容之一，即"礼乐射御书数"，说明音乐对人类的重要作用。老人退休后，受生活圈子变窄的影响，其孤独感、空虚感可想而知，而音乐正如一支润滑剂，可以给老人寂静的生活带来一些活跃、欢快的元素。有人通过调查研究，发现音乐还可以提高老人睡眠质量、增强体质功能、治疗老年疾病等功能。老人音乐以节奏缓慢、旋律节奏变化较小的简单和声乐曲为主，让老人在一个自由、轻松、舒适的音乐环境中享受晚年的乐趣。

舞蹈需求。舞蹈是一种较为高级的娱乐活动，培根曾说：舞蹈是有节拍的步调，就像诗歌是有韵律的文体一样。坚持跳舞可以修身养性、锻炼身体、重塑体形、心态平和和延缓衰老，所以舞蹈成为不少老人的一种精神需求。具有相同舞蹈爱好的老人，往往成群结队组织舞蹈队，以满足自己的精神需求。老人舞蹈应该以节奏缓慢、动作简单为主，比如一些健美操、交际舞、暖身操、秧歌等。子女尊重老人的舞蹈需求，不强求不反对，要考虑实际情况。老人有疾病、饭后酒后、穿着不当等都不适合跳舞；空气不好、人多嘈杂的地方不宜跳舞；影响别人生活的时间段和地段也不宜跳舞。总之，舞蹈是一种有氧运动，有利于老人心身健康，孝敬老人应该满足他们这方面的精神需求。

(四) 发展方面的需求

求知需求。求知本身就是人类一种内在的精神需求，它贯穿于人类发展的始终。俗话说：活到老，学到老，所以，老有所学其实是许多老人所期望的。现在城市许多老年大学招生十分火爆，这些都折射出老人这种高层次精神需求。不少老人年轻时受限于工作性质，一些兴趣爱好只能放置一边，现在退休了，正好可以弥补这点，何乐不为？还有一些老人，退休了，一下子感觉无事可干，精神空虚，适当学点知识，感觉挺充实的。老人可根据自身兴趣爱好、专业特点和自身实际选择求知内容，比如学习绘画、书法、摄影、太极拳、瑜伽、声乐、医疗、养老护理等。子女可根据情况为老人学习提供方便，进老年大学、协会组织是一种不错的选择，老人一方面可以学到知识，另一方面可以结交老友，使生活更加充实。

向善需求。没有人天生想做个坏人，向善是人的本性，就像孟子说的那样："恻隐之心，人皆有之"，"人性之善也，犹水之就下也"。人到老年，往往对人生的理解更加透彻，一切算计、争斗、耻辱、荣耀、名利等显得不再重要，现世渐渐隐退而恍如隔世，这就是古人称年龄不同老人为"不惑""知天命""耳顺"等的道理所在。《论语》中有句话："鸟之将死，其鸣也哀；人之将死，其言也善。"大多数老人都有一种向善的精神需求，他们更喜欢过一种超脱世俗的生活，一些老人甚至选择皈依宗教信仰。年轻人要了解老人的心理感受，不要强人所难，不要阴谋利用。在与老人交往中要容颜得体、讲究诚信、言语谨慎、真诚对待，使老人能秉持一颗向善的童心走向生命的终结，不给人生留下违背本性的遗憾。

自我实现需求。自我实现是指个人通过自身努力，充分发挥个人的自然和精神本质力量，以实现自我理想和自我抱负，使自己成为自己所期望的那个人。西方心理学家马斯洛把自我实现看作人的最高需求层次，并认为这是人类的共通点；中国人则把"立德、立功、立言"概括成"人生的三不朽"而作为自我实现的价值追求。老人即使从工作岗位退下来，他们自我实现的需求并没有消泯，相反，他们可能会继续完成自己想做的事情。子女们要正视老人的自我实现需求，不要横加干涉，总认为"老都老了还去做"。其实老人正是通过这些方式不断暗示或者展示给自己和别人，以此证明自己还是有用的，对家庭、社会、他人还是有价值的，并在自己不断追求中以实现自我价值。

二　家庭层面的精神需求

（一）家庭情感方面需求

归属感需求。人的本质是一种社会性存在物，人生活在世界上都希望得到某个集体的认同和接纳，这就是一种归属感。老人是家庭成员的组成部分，他们同样需要得到家庭的认同和接纳。事实上，不少家庭在做重大事情的决策时往往忽视了老人的存在，老人没有话语权、建议权，更不用说决策权了，这就极大地伤害了他们的内心。在一些重要节日，特别是老人生日之际，老人都希望子女、朋友、同事、亲戚能够前来看望，其实这就是老人归属感需求的满足。总体上看，归属感需求满足到何种程度，老人的孤独感、寂寞感、失落感就减少到什么程度。

依存感需求。老人随着年龄的不断增大，身体器官开始衰退，比如腿脚乏力、手部颤抖、听力下降、视力模糊、记忆力减退等，生活产生诸多不便，这时他们最大的希望就是身边有亲人相随、朋友相伴，能够得到他人的关心与照顾。加之，一般老人对自己的身体疾病十分敏感，甚至疑神疑鬼、过分担心，致使心情变得烦躁不安、自信心丧失、孤独感增强，心理上的疾病也随之而来，希求得到关心和照顾更为强烈。老人社会生活圈子狭窄，特别是偏远农村地区，老人最主要的精神依托港湾就是家庭，而工业化和城镇化的发展又使不少子女到他乡务工，与父母相见的机会少之又少，内心强烈的依存感需求和亲情关系张裂、亲情依托缺乏的现实之间矛盾日益加重。此时，子女尽孝、朋友往来和老伴体贴都将给老人心灵带来一种莫大的精神依存之感。

和睦感需求。家庭和睦是一种难得的幸福。俗话说：家和万事兴，说明和睦是家庭兴旺和幸福的前提。家庭关系中有纵轴关系和横轴关系两种，纵轴关系包括祖辈、父辈和子辈、孙辈关系，其伦理准则主要涉及父慈子孝，父慈子孝是中华传统美德，应继承和发扬。婆媳关系其实也属于这一伦理范畴，把这层关系排除在父慈子孝之外有失偏颇。横向关系包括兄弟姊妹、夫妻关系，而当代社会问题又主要在夫妻关系上，表现在夫妻吵架、冷暴力、出轨、离婚等方面。家庭不和睦，老人不安宁；家庭破碎，老人伤心。很多老人在心里其实不图什么，只希望家庭成员团团圆圆、和和气气，他们就会觉得很幸福，这就是老人的和睦感需求。就当代社会而言,要解决好家庭关系,婆媳关系和夫妻关系是重中之重,这也是老人和睦感需求的重要内容。

慰藉感需求。老人的慰藉感可来自很多,而这里所说的慰藉感主要指的是配偶给老人带来的慰藉感。俗话说:少年夫妻老来伴。人老时,配偶不仅带来生活上的便利,更带来了重要的精神慰藉。不少子女往往不了解老人的精神慰藉感需求,要么就是让父母其中一位与自己一起生活,以帮助照料家庭和孩子;要么就是父母其中一位去世之后不允许再娶再嫁,觉得丢人。这两种做法都是不对的,前者就是活生生地拆散老年父母,后者就落入另一种封建思想——"子女之命,媒妁之言",父母婚姻,子女做主。试想,老人一个人孤孤单单,连个说话的人都没有,何谈晚年幸福?何谈老有所安?其实,老人也需要爱情,也有求偶需求,黄昏恋、夕阳红是老年人生活的一支润滑剂,可以给他们孤单、枯燥、失落的晚年时光画上浓墨重彩的一笔,使他们真正感受到晚年人生的美好和精彩。

(二)子女孝道方面需求

希望子女立身行道。《孝经》上说:"立身行道,扬名于后世,以显父母,孝之终也。"立身是指存身、养身、安身、显身,行道是指遵循正道,要立身必须行道。《论语》也说:"三年无改于父之道,可谓孝矣",这里的道也是指正大光明之道。"夫孝,始于事亲,中于事君,终于立身。"可见,古人把"立身"作为孝的一种高级阶段要求。子女行走正道,做一个堂堂正正、顶天立地的人,这就是对父母最大的安慰。腐化堕落、坑蒙拐骗、违法乱纪的歪门邪道迟早要遭到惩罚,结果使父母身受其害、颜面受损、精神遭受严重打击,晚年都不能得到安宁。作为子女,在跨入邪道大门之前,请想一想父母的皱纹、白发、驼背,想一想他们颤抖的四肢、摇晃的白头、无奈的叹息、纵横的老泪,想一想他们对子女步入邪道时那种"拉杂摧烧之,当风扬其灰"的悲愤心理。可怜天下父母心,子女尽孝当须首先立身行道。

希望子女成家立业。古人讲:"男有分,女有归。"分,就是指职业;归,就是指成家,成家与立业是人生中两件十分重要的事情。因为成家,人便有了归宿,有了精神港湾,有了事业奋斗的动力和目标;因为成家,家庭才可能正常延续,人类才可能繁衍生息;因为成家,人心才可能稳固，社会才可能稳定。物质基础、经济条件又是家庭得以生存的前提，所以要立业，立业也是个人人生价值实现的途径。当代社会受经济压力或思维方式的影响，一些年轻人选择不结婚，而是个人逍遥自由，美其名曰：单身贵族。有的虽然成家了，但不生养孩子，当起"丁克家族"。就立业来看，有的年轻人学业完成后，不愿意参加工作，成天上网，窝在家里啃老。这些行为，子女逍遥，父母着急；子女闲暇，父母忙碌。君不见，不少父母为了子女的婚姻东奔西顾；君不见，多少父母为了子女的工作焦头烂额。作为有孝心的子女，应该结婚生子，组成一个幸福的家庭；应该努力学习为人处世、创业立业的本领，成就一番事业。

希望子女回家探亲。在立身行道和成家立业的基础上，父母还希望能够一年半载地看看子女和孙儿，希望一家团聚一番、热闹一番。1999年春节联欢晚会上，陈红一首《常回家看看》曾感动了电视机前的千家万户，她唱出了中国老年父母的心声，不少老人是流着泪听完了这首歌。随着改革开放政策的深入推进，许多年轻人都到外地打工或谋职，回家有时成了一种奢望。俗话说：儿行千里母担忧。与其说子女给父母多寄点钱，还不如和爱人一道带着孩子回家看看父母，这也是对父母一种很好的精神安慰。还有一些不孝子女，常年在外不顾父母，连电话都不打，更别说回家探亲了。回家看望父母本是人之常情，是一种天之经、地之义、民之行，要让其成为一种硬性的制度规定和法律约束，实在是人类社会的一种悲哀。树欲静而风不止，子欲孝而亲不待，父母年事已高，不要等到良心发现、欲尽孝心时父母已离你而去，及时行孝，不要让孝亲成为人生最大的遗憾。

(三) 家乡情结方面需求

乡宅情结。家乡老宅，是老人一辈子居住过的地方，有的还是他们辛辛苦苦修建起来，老宅承载了老人们许多情感。留住老宅才能留住乡愁，老宅不保，老人伤情，即使是美轮美奂的时尚华庭，也不能抹去老人对老宅的记忆和向往。老宅消失，其主要情况就两种，一是政府拆迁，二是老人随子女进城，老宅失去昔日价值。政府拆迁要合理规划，对于百年老宅，特别是具有地方文化标志意义的老宅要保留。一味地把所有城镇建筑搞成千篇一律，对历史、对文化、对老百姓都将是一种伤害。子女领老人入城居住，应该尊重老人的意愿，不少农村老人父母其实不太适应城市生活,他们更愿意守住家乡老宅。还有一些子女根本看不起老宅,认为毫无价值可言,这是不对的。尽可能留住老宅,关注老人的乡宅情结,留住乡愁,这就是一种孝。

乡土情结。乡土即故土,是故乡的山、水、草木、蓝天白云的总称。俗话说:故土难离,这就是一种乡土情结。年少时背井离乡,人到老年总希望落叶归根。井,即井田,古代八家为一井,背井就是离开故土的意思。在农村,土地是人民的命根子,远离故土,那是一种无奈的选择。一方水土养一方人,很多人到外地就会出现水土不服等现象,所以他们总是回忆故乡的蓝天白云,想念家乡的青山绿水。很多老人其实哪里都不想去,只想守候在故乡的土地上,回归到家乡的山水之中。所以,年轻人应该保护好故乡的山山水水,留住故乡的那一片绿、那一抹蓝,理解和尊重老人的乡土情结,使老人的心灵真正得到回归。

乡业情结。老人乡业情结主要表现在两个方面,一是重农情结,二是怀旧情结。大多数老人,特别是农村老人,对一辈子从事的农业工作往往都有一种不舍的情结,对土地都有一种依恋,这是农民长期在日出而作、日落而息的农业生活方式下形成的一种自然情感,如果人为地改变老年农民对土地的依赖情感,这是一种不幸。还有一些老人,一辈子从事过一种职业,在这一职业领域积累了不少经验,甚至有不少改进和创新的想法,但是由于行业本身被现代化所取代,社会适应性逐渐减弱,这难免给老人心理带来深刻的变化。所以,一些老人即使意识到这一职业没有多大价值,但就是心里不忍放弃,还是坚持做一些自己旧职业中的事情。作为子女和年轻人要学会理解和正确看待老人的自娱自乐。

三 社会层面的精神需求

交往的需求。孤独感是老人最大的心理敌人,老人对社会交往的需求不亚于年轻人。对于城市老人而言,退休后,社会交往圈子一下子变得狭窄起来,刚退休后的安静感很快就被孤独感代替,有时甚至是手足无措、无所适从。而农村的老人,因为子女常年在外务工,加之孙辈长大成人离开家庭,老人身体又多病,单家独户的农村建筑模式又让同村老人交往不便,老人独处居家的孤独感可想而知。许多老人以圈养家禽来获得生活的生气与乐趣,除此之外,他们更多的时候往往以落日夕阳为伴、与青山白云对眠。有些老人由于忍受不了这种孤寂，甚至选择自杀。所以，不管是政府、社会，还是子女都应该高度重视老人的这种精神需求，尽可能为老人提供一些社会交往的条件，使老人能够真正实现老有所乐的社会理想。

尊重的需求。自古以来，中华民族就有"孝顺父母、尊敬父母"的传统美德。孝敬父母，关键在一个"敬"字上，要做到"敬"，对父母"精神抚慰"是关键。《论语·为政》："子游问孝。子曰'今之孝者。是谓能养。至于犬马，皆能有养；不敬，何以别乎？'"孔子将"敬"看作是分别蓄养动物和赡养父母的根本依据。自尊心，人皆有之，何况耗尽了半生心血才将子女养育成人的父母，更是理所当然希望得到子女的孝顺和尊重。讥笑、责难，甚至虐待父母等行为都是不道德的。全社会应大力提倡尊老敬老的传统美德，改变那种"爱少过分、尊老不足"的现象。

网络交往的需求。老年人由于腿脚不灵便，现实交往圈子又窄，有条件的老人也常常利用网络交往，通过网络，学习知识，查看资料；看新闻，了解国家大事；玩游戏，娱乐休闲；回答问题，帮人答疑解难。作为儿女，一方面可以教教老年父母上网的技术，以及网络安全问题，防止老人上当受骗；另一方面也要嘱托老人要正确、科学地使用网络，以身体适宜为主。据调查，常用脑可以预防老年痴呆，老人通过网络学习新事物，也拉近了和年轻人的距离，同时老人有事做，也不会感到寂寞。

旅游的需求。旅游是不少老年人的向往，而一些经济条件较好、思想开明的老人甚至选择旅游养老、度假养老等异地养老方式。除了情感慰藉缺失以外，异地养老目前面临的关键问题就是社会保障体系不健全，比如：养老金领取、医疗报账、安全问题等。在旅游养老逐渐成为一种养老时尚、一种社会需求的情况下，政府应主动适应社会需要，积极稳妥地推进社会保障体系的变革，为异地养老营造一种良好的社会环境和制度环境。

棋牌娱乐的需求。现代社会工作生活节奏都很快，很多年轻人都更专注于自己的事业而忽视了对老年父母的关爱，适当的棋牌娱乐则可以丰富老年人的退休生活，排解空虚和孤独的不利情绪。经研究发现，在进行棋牌娱乐的过程中，大脑处理手眼协调的能力得到提高，因此玩棋牌娱乐可以预防诸如老年痴呆症以及在手眼协调能力上存在障碍的脑部疾病。但老年人长时间玩棋牌娱乐对身心的损害比青少年更大。如长时间端坐，会影响老年人的血液循环，引发心血管病，还会引起颈椎疼痛、关节酸痛、耳鸣头晕；长时间关注棋牌会导致各种眼科疾病，眼角膜容易脱落；如果室内空气污浊，对老人的呼吸系统也有影响；过于关注输赢会引起心脏病等。老年人长时间玩棋牌也能达到"忘我"境界，而长时间憋尿还会导致膀胱炎、尿毒症。因此，老年人上棋牌娱乐是可以的，但要有节制，应尽量避免刺激惊险的内容。

四 政治层面的精神需求

民主的需求。老年人退休了，虽然离开了工作岗位，但也涉及一些政治生活。就农村来讲，村民委员会领导应该在工作中虚心听取老人意见，特别是涉及老年管理等工作，村上干部换届选举和重大事项的投票表决时，也应该尊重老人的自主权利。在城市里，居民委员会、社区对老年工作相对来说较为重视，在开展各种老年活动的组织上应充分尊重老年人自身的意愿，小区内应该修建老年活动中心，定期开展老年活动，满足其精神需求。老年人也曾在自己的工作岗位上取得过成就，甚至是那个时代叱咤风云的人物，他们的苦劳和丰功伟绩应该得到社会的认可，他们也曾年轻辉煌过，尊重老人的自主权利，使老人思想上获得自己在社会中的存在感、价值感和归属感，这正是敬老爱老的表现。

平等的需求。追求平等是人人所向往的，古人说："患寡而患不均"，就是社会平等诉求的表达。平等是尊重的表现，平等是和谐的表现，平等既是道德要求也是法律底线。年轻人向往平等，换位思考一下就不难理解，老人也需要平等。虽然老年人往事历历在目、近景一片模糊，但对于起码的平等仍然是心知肚明的。比如老年人的福利待遇要平等、日常生活对待老人要一视同仁。俗话说：老小老小。其实老人有返老还童的心理，一旦有不平等的地方，他们的小心眼就会暴露出来。尤其是老人作为社会弱者，无力对抗时就会产生各种各样的郁闷情绪，从而导致一些心理疾病和滋生一些身体疾病。

信仰的需求。这里的信仰主要是指宗教信仰，据 2010 年中国妇女社会地位调查数据显示,在10547名被调查老年人中,有宗教信仰的老年人为1618人,占被调查者的15.3%。老年人,由于空巢期、角色转变以及角色适应带来的各种问题导致精神空虚,加之随着生理机能下降、社会和家庭地位下降、退休、丧偶、疾病、死亡等,这些对老年人的家庭、生活、工作以及人生观、价值观产生重大影响,一定程度上讲,宗教被老年人视为晚年应对危机的一种资源、机制和策略,宗教参与是改善老年人生活质量的潜在资源。因此,在一定程度上,宗教信仰可能满足了老年人生命历程中经历的变故所引发心理问题的内在需求。宗教理论的终极关怀,或许会使老人对生命的理解更为透彻,面对离别、死亡更为从容和坦然。但宗教信仰带有较强的功利性和目的性,作为政府也要正确引导,以免老年人在对宗教缺乏全面客观认识与深入了解的情况下,被一些披着宗教外衣的非法组织和团体利用,从而影响老人身心健康和社会稳定和谐。

第 九 章

地方孝文化研究

第一节　论羌族孝道伦理思想的产生、内涵及特点

羌族历来就有尊老敬老的传统孝道美德，羌族传统文化中关于孝道伦理思想也是极为丰富的。羌族孝道观念的起源与原始宗教信仰之间有着密切的关联，羌族孝道伦理思想是孝道观念长期发展而产生的，其内涵主要包括孝亲、思亲、尚礼、尚老等方面，其特征主要有儒化性、宗教性、实践性和去政治性等。今天，深入研究羌族孝道伦理思想的渊源、内涵和特点，大力弘扬羌族孝道文化，在理论上和实践上都有着重要的价值。

一　羌族孝道伦理思想溯源及其产生

孝是人类对生命给予者、生活养育者和生存教育者的一种自觉和自为的感恩情怀和报恩行动的总和，孝也是内心对父母、老人敬爱之心的一种外化，一个没有爱心的人不可能做到敬爱父母，一个不敬爱自己父母的人也绝不可能去尊敬其他老人，概言之，感恩意识是孝的情感基础，爱是孝的本质特征。从总体上看，羌族原始宗教崇拜包括三个阶段：自然崇拜阶段、图腾崇拜阶段和祖先崇拜阶段，而羌族孝道观念的起源与原始宗教信仰之间有着密切的关联。

白石崇拜是一种典型的自然崇拜，也是羌族原始、自然感恩意识的最初体现。"在羌族民间信仰的自然崇拜中，白石崇拜独具特色。"[①] 白石

---

①　肖燕：《羌族民间信仰及其社会价值功能》，《西南民族大学学报》（人文社会科学版）2015 年第 3 期。

在羌族人的观念里，不仅是带给整个民族无穷力量的至神，而且也是消灾除恶、幸福安康的保护神，对白石的崇拜反映了羌族对力量赐予者和生命保护者的一种感恩意识，而这种感恩的意识长期浸润于羌族文化血液之中，使羌族人民养成了一种知恩、感恩、报恩的人格品质和民族精神。白石崇拜是羌族对自然力量原始崇拜的一种体现，反映了羌族原始思维发展的第一个阶段，即自然崇拜阶段，这是羌族具象思维的表现。

羊的崇拜是自然崇拜到图腾崇拜过渡的表现，也是羌族原始、自然感恩意识向理性、自觉感恩意识的转变。白石虽然作为羌族最高神来看待，被人们赋予了神奇的力量，但，白石是固定不变、没有生命灵气的，而在现实生活中，恰恰有一种动物十分具有灵性，还能给人们生活带来实实在在的好处，这种动物就是羊。羊在外形上与其他诸多动物有着独特之处，于是，羌族就把羊的外形特征描绘出来，作为服饰、法器、建筑等装饰物，羊的符号意识便在羌族民众心灵中渐渐沉淀下来，最后，羌族就用羊作为自己民族的基本标志。《说文·羊部》："羌，从人从羊，羊亦声。"也就是说，羌与羊在文字标记上是可以互动的。对羊的崇拜反映了羌族原始思维发展的第二个阶段，即图腾崇拜阶段，这是羌族抽象思维的表现。羌族孝道观念萌芽于从自然崇拜到图腾崇拜的转化过程之中。白石崇拜从根本上讲是一种感恩意识的外在表达，这种感恩意识长期沉淀在羌族儿女的血脉之中，养成了羌族儿女知恩、感恩、报恩的道德情怀和人格品质，形成了羌族独特的感恩文化，白石信仰所体现出来的感恩意识正是羌族孝观念产生的情感基础。但这种意识还是一种自然而非自觉的行为，是一种感性而非理性的行为，羊的崇拜则标志着羌族自觉、理性的感恩意识和感恩行为开始形成。俗语说：羊有跪乳之恩。跪乳是一种原始的感恩冲动，而早期的羌族人把这一原始的、纯朴感恩之心的代表者"羊"抽象出来，作为一种符号加以尊敬和崇尚，把羊身上这种特质的感恩基因凝聚成一种图腾符号加以崇拜，本身就是一种理性和自觉的行为意识。

祖先神崇拜是羌族感恩意识的发展和升华，也是羌族孝道观念产生的重要标志。在羌族的神话传说里，他们的祖先是木姐珠和斗安珠，他们生息繁衍成现在的羌族，而且传给羌族战胜自然人祸的力量和经验，羌族人每年在十月初一祭祀他们的祖先。祖先崇拜是羌族人生殖崇拜和经验崇拜相结合的体现。羌族的祖先崇拜有三种：一是始祖崇拜，即天神崇拜；二是远祖崇拜，木姐珠崇拜；三是近祖崇拜，即家神崇拜。三种祖先崇拜归根结底是对生命给予者和生活经验赐予者的感恩和崇敬，从近者来看，生命是父母和祖辈给予者，一代一代追溯上去，必然有最先的远祖，远祖的生命来自何处？在认识能力受客观条件限制的情况下，他们理所当然地认为来自上天，天神是生命的最终来源。原始经验的传承又使羌族儿女战胜了大自然和人间灾祸，使得一代一代顽强地繁衍下来。不管是对祖先的感恩、崇敬，还是祈求祖先的保佑、赐福，由此产生的种种宗教祭祀活动，都是羌族感恩意识的发展和升华，也是羌民族从蒙昧到觉醒、从对象意识向自我意识的重大转变，在这一过程中，羌族孝道观念产生了。在羌族孝道观念不断丰富和发展的基础上，羌族孝道伦理思想逐步形成。

二 羌族孝道伦理思想的内涵

羌族孝道伦理思想的内涵十分广泛，涉及物质赡养、精神赡养、尊亲敬亲、祭祀缅怀、礼仪礼貌、继志承道、尊老尚老等诸多方面，概括起来主要有四个方面：

（一）养亲

羌族是一个热爱劳动的民族，勤劳是羌族的传统美德之一，这一点首先突出地表现在羌族的祖先神崇拜中。羌族对木姐珠和斗安珠的崇拜，除了生命崇拜和血缘情结之外，木姐珠和斗安珠那种"不避艰险勤劳动，誓用双手换人间"[①]的勤劳勇敢精神也是重要因素之一。"劳动"作为人区别于其他动物的根本性标志，是人的一种内在规定性，劳动对于人的意义在于：上可孝亲，中可塑己，下可育后，它是人的一种责任和义务。羌族民间俗语讲：须知木姐热比娃，艰苦创业多劳。继承祖先艰苦创业、热爱劳动的优良传统本身就是孝亲行为，同时，子女劳动还可以让老年父母在物质上得到基本满足，所以，孝亲首先要劳动，要勤劳。"神和端公不能给，只有自己勤劳动"[②]，可以看出，在精神世界羌族信仰多神，

---

① 《上坛经》，四川大学宗教学研究所油印本，1987年。

② 同上。

而在现实世界羌族特别强调劳动,羌族是一个把信仰和现实分辨得十分清晰的民族,崇拜神灵但不迷狂,崇拜劳动但不自大。脚踏实地、辛勤劳动,"要像山中土猪子,营巢觅食埋头干。莫学獐麂四处望,既无巢穴又乏食"(婚礼《祝词》)。"无巢穴又乏食"是十分形象的说法,吃住不保,何以自养?吃住不保,何以孝老?"大路要平须修整,山要长青费经营。水要长流勤疏导,庄稼要好勤劳动。"① 劳动来不得半点虚假,一分耕耘一分收获,"犁地播种勤施肥,粮食收割磨成面,背水拧麻学织布"②。表祖补羌族俗语讲道:若说不苦又不累,且看羌人老祖辈。意思是说,世上没有不苦不累的事情,如果你要说自己很苦很累,那你想一想那些创业的老祖辈。不管是羌族对祖先劳动精神的崇尚,还是老人对子女勤劳的训导,抑或是个体生存和发展的客观需要,从表层看是一种现实的、功利的个体行为选择,从深层看是一种绵延的、厚重的民族集体精神,这一精神的实质和内核就是一种孝道,是继承父辈正道、养亲孝亲、繁衍子孙的孝道精神。

(二) 思亲

思念和缅怀亲人是孝子的孝心体现和情感流露,也是羌族孝道伦理思想的基本内涵和重要内容。思亲的孝道伦理思想,在羌族文化中首先表现在对祖先神的祭祀和追念方面。古羌人对祖先神就极为崇拜,"史载,党项羌人也将祁连山视为祖先的发祥地"③,举行一些祭祀活动。在敦煌古藏文手卷《没落的时代·冀邦及其宗教》中记载道:米禽王孝敬母亲,恭顺兄嫂,爱护弟妹,虔诚地祭祀已故父亲。"卷子描绘了当时羌人社会崇奉长老、首领、祖先、天神、山神和女神之风十分炽盛。"④ 羌族祭祀始祖木姐珠,祭祀远祖大禹(每年七月七是祭日),祭祀其他人格化的神灵,比如"转山会"等,在本质上都是一种宗教化的孝道伦理活动。其次,羌族的思亲孝道伦理思想还表现在亲人丧葬方面。羌族普遍

---

① 《上坛经》,四川大学宗教学研究所油印本,1987 年。
② 《中坛经》,四川大学宗教学研究所油印本,1987 年。
③ 马廷森:《论羌族宗教的伦理道德》,《西南民族学院学报》(哲学社会科学版)1995 年第 5 期。
④ [英] F. W. 托马斯:《东北藏古代民间文学》,李有义等译,四川民族出版社 1986 年版,第 53—101 页。

认为：“凡间同根同源人，阴间也有同宗人”①，人死亡以后，灵魂会"回家"，但不会消亡。羌族丧葬风俗十分讲究，比如：开孝戴帕、讣告入殓、坐"大夜"、房顶祭、"赶马"、"转路"、"回煞"、烧七与百期、上新坟等，贯穿一些活动的重要主题就是孝道，复杂而沉重的丧葬风俗表达了羌族对亲人深切哀思和孝道情感及宗教情怀。最后，羌族的思亲孝道伦理思想也表现在羌族新娘出嫁时哭嫁习俗上。羌族对女孩的家庭教育是十分严格的，从小要求她们学会艰苦奋斗、自力更生，因为女孩长大嫁人后，就要独立地支撑起一个新家，所谓"娘家是好，非久居之地"就是这个道理。羌族女孩出嫁有"三不"，即"不准回头""不准回家过年""不能回家生子"。哭嫁，不是对这"三不"的反叛和控诉，而是表达对父母生育、养育和教育之恩的拳拳感激之情，是对自己第一家庭的眷眷之心。

（三）尚礼

"孝"与"道"结合在一起叫孝道，孝作为一种"道"，是人类社会秩序得以维系和保障的重要元素之一。对孝之"道"在内心有所体悟并有所"得"，"德，得也"（《广雅·训诂三》），如果说孝德主要是从内在规定性强调对孝道的体会和领悟，那么孝礼就是从外在规定性强调对孝道的实践和操守。羌族在孝敬亲人和尊重老者方面特别注重礼数，概括起来主要有三个方面：孝亲之礼、敬老之礼、丧葬之礼。羌族对小孩子的孝道教育是十分严格的，比如儿女不得随便说出父母的姓名，否则就是不懂礼貌、对父母不孝；父母讲话或者与客人谈话，作为子女要守礼节，不得随便插嘴；大年初二的年礼规定，一定要给父母拜年，祝福他们吉祥长寿；羌族孩子长大成人，就要举行成年礼（冠礼），在礼仪上，成年子女要向始祖塑像下跪，表达对祖先的敬重和祈求降福庇荫；在羌族婚礼上，新人都要跪拜天地和家神，跪拜父母和长辈，以此表达子女的拳拳孝心。不仅是对自己的父母孝敬，羌族对长辈和老者也是十分尊敬的，把作为家庭伦理的孝推广到社会，形成了良好的尊长敬老社会伦理，孝的内涵也得到扩大和延伸。比如：在羌族传统风俗里，小孩起名

---

① 四川省少数民族古籍整理办公室：《羌族释比经典》，四川民族出版社2008年版，第991页。

有起名礼,即请家族中辈分比较高的老人提名和定名;年轻人走在路上,碰到老人要主动侧身让行,如果骑马,还要下马行让行礼,一方面是担心马惊伤着老人,另一方面也是表达对老人的尊重。人死为重,死者为大,羌族的孝礼还突出地表现在丧葬方面。"羌族作为中国最古老的少数民族之一,历来重视'生'、'死'之道,在其丧葬礼俗中,从死者'落气'到'下葬',都有着成套的仪式程序,仪规也相当复杂。"① 从讣告入殓、坐"大夜"、房顶祭、"赶马"、"转路"和"回煞"等一系列复杂而烦琐的丧葬之礼,透露出来的却是对亲人离世的深切悲痛之情和对亲人的无限缅怀之心。

(四)尚老

从生命发展规律上讲,人人都会成为老人,老人也曾年轻过,他们为社会发展做过的努力和贡献是不能抹杀的,尚老是一个社会走向文明进步的标志。在社会伦理中,羌族素有尊老尚老的传统美德,倡导"尊老爱幼是本分"(婚礼《祝词》)。"本分"即应有之义和应尽之责,是人之所以为人而区别于禽兽的根本标志。具体而论,羌族尚老思想主要表现在以下几个方面:第一,年龄等级大于官场等级。比如羌族过年和重大节日活动要饮咂酒,饮咂酒时首先要以酒祭神,按照长幼顺序,老者优先,政府官员也要服从这一规则;在歌舞唱演时,也有一条不成文的规定,由老者领唱和领跳。第二,家族意识浓厚。羌族村寨一般建有神庙宗祠,过节除了祭祀神灵以外,最重要的就是祭拜历代先祖和敬拜家族中本房族老人;在年轻人订婚仪式和婚礼上,商定婚礼事宜一定要请房族长辈吃开坛酒,新娘拜别仪式上,要敬拜房族长辈和四大亲戚等,这些都说明羌族的家族意识十分浓厚。第三,以"母舅"为主导的娘家意识。羌族女孩子出嫁时不能"回头",是娘家为了培养其独立自主的、艰苦创业的奋斗精神和自立意志而设立的规矩,但娘家对女孩的牵挂和女孩子对父母亲人的感恩不会因此而中断,在重大事宜面前,她们还要征求娘家人的意见,母舅的地位是较高的,而老年女性病危之际,要举行有羌族特色的"请母舅"仪式,通过母舅的一系列规定性动作,比如:

---

① 杜学元、蔡文君:《浅析羌族丧葬礼俗中蕴含的爱的教育及启示》,《西南大学学报》(人文社会科学版)2007年第2期。

吃九大碗宴席、念禳灾去病的祈祥语、掌击桌面，然后掉头奔出病人家门扬长而去等；老年女性死后，母舅负责女性的后人对丧葬祭祀相关事宜准备情况的监督工作。由此可见，羌族以"母舅"为主导的娘家意识十分明显。

三 羌族孝道伦理思想的特点

羌族孝道伦理思想是中国孝道文化中的一部分，作为一种民族文化，它既表现出了中国孝道文化的共性，又有其独特的个性特色，儒化性、宗教性、实践性和去政治性是羌族孝道伦理思想的主要特点。

（一）儒化性

这里所讲的儒化，即受儒家思想的影响，羌族孝道伦理思想一个显著的特点就是受汉族儒家思想特别是儒家孝道思想的影响极大。以西羌族一支的党项族为例，党项人元昊建立西夏，开办"国学"，其授课内容主要以翻译成西夏文字的儒学为主，儒学的地位极高，被称为"经国之模，莫重于儒学"[1]。西夏实行的科举考试，科目也以翻译后儒家经典为主，如《孝经》《四言杂字》和《尔雅》等，《孝经》在考试科目中的地位极高。西夏第五位皇帝仁宗，十分重视儒家思想，大庆三年（1038年），"三月，建内学。仁孝亲选名儒主之。使臣曰：自乾顺建国学，设弟子员三百，立养贤务，仁孝增至三千人，尊孔子以帝号，设科取士，又置太学、内学、选名儒训导"[2]。西夏仁宗皇帝名为李仁孝，取儒家之"仁"和"孝"为名，对儒家孝道的推崇备至，他组织人员刻印的大型辞书《圣立义海》，其纲领为儒家"天地人"思想，并对羌族文化特色的"孝"进行了阐释："夫孝天之经也，地之义也，民之行也。天地之经，而民是则之，则天之名，因地之利，以顺天下，是以其孝不肃而成，其政不严而治。"[3] 羌族人还学习汉族，设申明亭，对"不孝、不悌、犯盗、犯奸"[4] 等行为进行板榜昭然、以示惩戒。总之，羌族文化受

---

[1] （清）吴广成：《西夏书事校证》，甘肃文化出版社1995年版，第359页。
[2] 同上书，第418页。
[3] 《李范文西夏学论文集》，中国社会科学出版社2012年版，第499页。
[4] 李鸣：《羌族法制的历程》，中国政法大学出版社2008年版，第105页。

儒家文化的影响深远，儒家孝道伦理思想的思维模式和文化结构已被嫁接到羌族的文化血脉之中，儒化性成为羌族孝道伦理思想的重要特点之一。

（二）宗教性

宗教性，是指一种文化现象或事物身上所具有的与宗教信仰、宗教理论、宗教组织、宗教戒律、宗教仪式和宗教活动等相类似或相关联的某种特质。而羌族孝道伦理理想的宗教性主要表现在三个方面，即对鬼神观念的信仰、生命终极关怀和浓厚的丧葬宗教仪式。传统鬼神观念在羌族民众心中是存在的，甚至是根深蒂固的，他们相信灵魂是无限的，是永恒存在的，所以人死后，丧服要穿戴整齐和舒适，生前饰物要随身带走，这些东西在阴间仍然需要。如因意外事故而亡者，其灵魂是飘游不定的，这就需要释比唱经作法，引领亡灵随同释比一道"回家"，即顺应自然回到该去的地方，以便早登极乐。大年三十，无论忙碌与否，子孙后人都应该祭祀祖先亡灵，以祈求保佑和表达缅怀之心。老年夫妻如果其中一人死后火葬，那么另一位也要火葬，这意味着他们死后灵魂夫妻可以延续。羌族认为，生命是一种十分自然的现象，人死不是消亡，不是生命的终结，而是"回"，回归，即回到"老家"，回到生命的另一种状态中去，所以羌族对死亡不是特别畏惧，对年长死者也一般不用"葬"，而是"送"。羌族人如果得知自己得了不治之症，一般不会积极寻求无谓的医疗救助，而是选择顺应自然规律。临终前，释比的诵经作法，使死者消除了担心、焦虑和恐惧的心理，这种乐观、理性地对待生命现象是人类很好的生命终极关怀。羌族老人死后，从报丧、释比作法、道场仪式到祭祀仪式等，无一不体现出浓厚的宗教色彩，而子女在整个送葬期间，也被称为"孝子"，《墨子·节葬下》提到义渠（即氐羌）："秦之西有义渠之国者，其亲戚死，聚柴薪而焚之，烟上谓之登遐，然后成为孝子。"这里的孝子更多的是指宗教意义上的孝子，而不仅仅是伦理意义上的孝子。

（三）实践性

羌族有长期使用的本民族语言，但由于羌族长期与汉族相处相融，很早就习惯用汉文记事，而羌族特有的西夏文字未能很好地在民间使用和传承创新，以四川茂县曲谷乡河西村为例，"2 户村民中，有 12 人在

1994年村里组织的羌文扫盲培训班里学习过羌族新创文字，占57.1%。10多年过去了，当笔者问及'现在是否还用羌文？'时，这些村民们都表示由于没有羌文的读物，长时间不使用，已经忘记了"①。对于汉文，羌族又主要注重其工具性使用和学术思想的践行，孝道思想也是如此，羌族认为尊重父母是"万善之首"，把孝道典型案例编成通俗易懂的民间故事以广泛流传，如"孝子廖老幺""割肝救母"和"雷打忤逆子"等；还把孝敬父母的经典语言编成歌词以方便吟唱，如"弥目匹是真孝子，父母教导记在心。三份财产分与他，三成财富又增加"、"终生难忘母育恩，念及母恩泪涔涔"②等。虽然羌族在孝道理论和学术研究方面不如汉族儒家思想，但对孝道德的信仰、情感及实践等方面却是十分推崇的，与其在理论架构和逻辑体系上执着于"究天人之际"，不如在现实中坚持"道德绝对命令"原则而强调"知行合一"，这正是羌族孝道伦理思想的一个显著特征。

（四）去政治性

儒家孝道伦理思想在汉族文化中占据着重要地位，这与汉族国家政权的政治性推动和倡导密不可分，比如汉代实行"以孝治天下"基本国策、唐代皇帝亲注《孝经》、元明王朝推崇理学等。羌族孝道伦理虽然在一定程度上也得到过政治力量的重视，但相比汉族政权而言，其政权性质和政治特色明显趋于弱化，这是由羌族文化自身性质和特点决定的。羌族文化的宗教色彩十分浓厚，羌民族居住地理位置的分散以及文字使用的欠缺，使得各个时期民族政权对各地控制相对较弱，文化在发展过程中受政治的影响相对较少，非国家权力授予的寨首和端公的权威形象在老百姓心中的地位根深蒂固。这种由民众自然公认的民族事务处理的权力代言人，其公信力和权威性甚至超过政府设立的执法机构。一些村寨民约、家规族法、乡规民俗，甚至包括杀鸡盟誓、赌咒发誓、捞石掷骰等民间裁判方式在处理问题时更能行之有效。就孝道而言，羌族习俗

---

① 宝乐日：《羌族语言及新创文字使用现状研究——汶川县、茂县村民调查个案分析》，《阿坝师范高等专科学校学报》2009年第1期。

② 四川省少数民族古籍整理办公室：《羌族释比经典》，四川民族出版社2008年版，第1984页。

规定：女孩出嫁之前，要多绣鞋垫和布鞋，以表现其孝心和勤劳；凡是亲人受到他人的侮辱和伤害，家庭成员和子女要为受害者复仇，这种非付诸法律的复仇方式反而是孝顺的表现；对于不孝的行为，轻者处以不准到距离村寨十里以内的地方打水和使用公共磨坊，重者处以集体吊打和撵出村寨甚至处死的处罚。由此可见，羌族孝道的家庭伦理性质和社会伦理性质比政治伦理性质更为突出和明显，去政治性或者是弱化政治性是羌族孝道伦理思想的重要特征。

综而论之，孝道是羌族儿女的优秀传统美德之一，羌族孝道伦理思想是羌族传统文化的重要内容之一，也是中华民族传统文化的组成部分，弘扬传统孝道美德既是传承羌族传统文化和中华民族传统优良道德的重要举措之一，对于建设社会主义新道德也有着重要的推动作用。

第二节 阿坝州孝道文化传承及养老事业发展探究

阿坝州是多民族聚居地，各种文化思想相互影响、相互交融，在道德观念上也有一些差异，但在各种思想文化和道德观念中也有共通的地方，如尊老敬老的孝道精神就是其中之一。传承孝道文化、发扬新时代孝道精神、大兴孝德之风对于推进阿坝州养老事业的发展有着重要的时代价值和实践价值。

一 阿坝州尊老敬老的传统孝道美德及其文化渊源

阿坝州常住人口主要由藏族、汉族、羌族、回族等民族构成，各族人民由于文化背景和宗教信仰的不同，决定了其道德习惯和道德行为的多样性和复杂性。在众多的道德观念中，阿坝州人民又有着共通的文化基因，即尊老敬老的传统孝道美德，这与藏、汉、羌、回等民族传统文化中孝道观念的浓厚色彩密不可分。

（一）藏文化中的孝道观

深受佛教影响的藏文化中有着浓厚的孝道观念。第一，从佛教的创立者来看，释迦牟尼对其父母十分孝敬，"他的父亲净饭王逝世时，佛亲自来到父王灵前，执持香炉，走到灵柩前面引路送葬，尽了孝子人事的天职"①。在传教内容上,释迦牟尼也十分重视孝道,比如他教导弟子阿难:无论出家还是在家,慈心孝顺,供养父母,这样的功德是难以计量的。被中国佛学界称为"中国孝经"的《盂兰盆经》中记载的释迦牟尼弟子目连入地狱救饿鬼之身的母亲的故事,也说明佛教创立者本身有着明显的孝道精神。第二,从印度佛教经典和思想来看,"无论是巴利文《经集》、小乘佛典《阿含经》,还是大乘诸多经籍,都毫无例外地倡导尽心孝养父母"②。佛教认为芸芸众生即我父母,上求佛道下化众生之菩提心的根基就是孝心,即"此心又从增上意乐,意乐从悲,大悲从慈,慈从报恩,报恩从念恩,念恩者从知母生"③。因此,佛教认为念佛、持戒就是行孝,如"世间之孝三,出世间之孝一……出世之孝,则劝其亲斋戒奉道一心念佛……人子报亲,于是为大"④。《梵网经菩萨戒》则说:"孝顺父母师僧三宝,孝顺至道之法,孝名为戒亦名制止。"⑤第三,从藏族传统文化来看,祭祖、敬亲、丧葬等方面无一不体现出浓厚的孝道意识。藏族十分重视纪念先祖,"在康巴藏族中,藏历年的第一餐,主妇要给去世的祖先上餐"⑥。在敬亲方面,以吐蕃王朝时期成文的《礼仪问答写卷》中就明确规定:"不孝敬父母、上师,即如同畜生,徒有'人'名而已。"⑦藏族丧葬习俗中不成文的规定:亲属去世后,一年内禁止娱乐活动、戴穿华服和梳妆打扮。

综而观之,藏文化中孝道意识十分浓厚,孝亲敬亲观念这一文化基因深深地植根于民族血脉之中,对藏族人民民族精神的形成有着不小的影响力。

(二) 汉文化中的孝道观

汉族自古素有礼仪之邦的美誉,对儒家孝道极为倡导和推崇,孝道是汉族文化的重要根基。其一,汉文化中关于孝道方面的理论经典和文学作品不胜枚举、浩如烟海,如《论语》《孟子》《荀子》《孝经》《礼

---

① 刘忠于:《中国佛教孝道思想研究》,硕士学位论文,中南大学,2004年。
② 同上。
③ 宗喀巴大师:《菩提道次第广论》,上海佛学书局1998年版,第210页。
④ 袾宏:《莲池大师全集》,莆田广化寺印行,2012年,第2040页。
⑤ CBEATNo:《梵网经》(卷2,第1484部),T24,第1006页。
⑥ 郎维伟:《藏传佛教与康藏文化的关系》,《四川民族学院学报》2010年第6期。
⑦ 丹珠昂奔:《藏族文化发展史》上,甘肃教育出版社2001年版,第606—607页。

记》《诗经》《三字经》《二十四孝》等，汉人曾国藩曾说：读尽天下书、无非一孝字。一定程度上讲，传统汉文化就是一种孝的文化。其二，汉族对历代著名孝子的故事十分推崇，黄帝孝母、虞舜孝感动天、曾子大孝、董永卖身葬父、姜氏一门三孝等，直至近现代洒泪书写《祭母文》的毛泽东、泣声成书《回忆我的母亲》的朱德等革命领袖人物，其孝道故事深深震撼着中国人民的心弦，受到广泛传播。其三，汉文化中孝道的对象十分宽泛，不仅包括先祖、父母、社会老人、国君，还包括动物、植物等，即"慎终追远"①、"亲亲而仁民，仁民而爱物"②、"老吾老以及人之老"③、"夫孝，始于事亲，忠于事君，终于立身"④、"断一树，杀一兽，不以其时，非孝也"⑤等。其四，汉文化中的孝道与政治关系十分紧密，比如《论语》中讲："其为人也孝悌，而好犯上者，鲜矣；不好犯上，而好作乱者，未之有也。君子务本，本立而道生。孝悌也者，其为人之本欤。"⑥孝道的政治意识和目的十分明显。同时还将孝道纳入法律管理体系，"五刑之属三千，而罪莫大于不孝"⑦；在选拔人才上孝也成了重要标尺，普通百姓还可以通过"举孝廉"进入仕途。

（三）羌文化中的孝道观

羌族家庭意识较为浓厚，羌族家庭伦理又以孝为主体，孝道是羌文化的重要内容，比如以党项羌人为主的西夏民族就有着悠久的祖先崇拜观念，党项族民歌唱道："母亲阿妈起族源，银白肚子金乳房，取姓嵬名后裔传。"⑧羌族丧葬仪式中对已故亲人的感恩之情更是表达得情谊切切、淋漓尽致，《丧事唱诵》云："你家父母好辛苦，全凭双手来致富……灶前石梯走九转，含辛茹苦养你们。"⑨亲人死后，孝子请释比作法为死者

---

① 张燕婴：《论语译注》，中华书局2007年版，第6页。
② 金良年：《孟子译注》，上海古籍出版社2004年版，第293页。
③ 同上书，第15页。
④ 胡平生、陈美兰：《礼记孝经译注》，中华书局2007年版，第221页。
⑤ 同上书，第172页。
⑥ 张燕婴：《论语译注》，中华书局2007年版，第2页。
⑦ 胡平生、陈美兰：《礼记孝经译注》，中华书局2007年版，第257页。
⑧ 李志鹏：《浅谈西夏人的孝道观念》，《传承》2011年第31期。
⑨ 四川省少数民族古籍整理办公室：《羌族释比经典》，四川民族出版社2009年版，第964页。

开路，使亡灵能够摆脱邪魂恶鬼的诱惑、阻挡，以顺利回到远祖那里而升入极乐世界，这些仪式正是羌族原始祖先崇拜孝道思想的表达和体现。羌族聚居地主要处于青藏高原的东部边缘，长期与藏族和汉族相处共存，羌文化不可避免地与藏汉文化相互濡染、相互交融，比如羌人"逢大年正月初八、初九时每家每户要请春酒，宴请长辈和寨中老人，有钱人还要在坟墓上画上十二孝图"①。其孝亲行为明显受汉文化中《二十四孝》的影响；佛教中的《佛说父母恩重经》在党项羌人中广泛流传。

（四）回文化中的孝道观

回文化以伊斯兰教为底蕴、特质和内核，伊斯兰教中伦理思想极为丰富，其中尊老敬老的孝道思想是其重要内容之一，主要表现在：第一，孝敬父母与崇拜真主相通并重的天道思想。真主对宇宙独一存在的最高主宰的称谓，是天地万物的创造者，真主是全知全能、无始无终、自由自在的存在者，崇拜真主是伊斯兰教信徒的唯一真理。父母是身体赐予者、养育者，所以孝敬父母与崇拜真主在情理上是相通的。"你们应当只崇拜真主，并当孝敬父母"②、"取父母的欢欣，必蒙主喜；惹父母的恼恨，必触主怒"③。第二，对孝行进行了详细具体的规定。伊斯兰教经典《古兰经》对子女孝亲行为进行了明文规定：父母需要饮食时，应及时供给；缺少穿戴时，要及时买给；生活不能自理需要护理时，及时护理解决；父母召唤时，及时响应；命令做事时，若没有违法之嫌时，积极完成；对父母说话要轻柔，勿蛮横粗暴；不要假父母的名义做一些不正当的事；与父母同行时，要步行其后；以父母所喜为自己所喜，以父母所憎为自己所憎；为父母常向安拉求饶恕。第三，厚养薄葬的孝道观。伊斯兰教主张子女孝敬父母要注重现世，反对"重葬不重养"的伪孝行为，"对于丧葬，伊斯兰教主张'葬唯从俭'，并力求速葬、薄葬、土葬，体现了伊斯兰教不分贫富、贵贱的平等观和'人类来自土地，并最终归于土地'的教法思想"④。

---

① 揭光钊、黎万和：《论羌族传统伦理思想》，《中国市场》2010年第9期。
② 马坚：《古兰经》，中国社会科学出版社1996年版，第9页。
③ 金刚：《伊斯兰与中国民族的传统美德的趋同交融性》，《甘肃民族研究》1997年第4期。
④ 张永庆、刘宗福：《回族的孝文化和当代回族的尊老敬老思想》，《宁夏社会科学》2003年第6期。

综而论之，阿坝州尊老敬老的传统美德有着深久的文化渊源和厚重的文化底蕴，藏、汉、羌、回等传统民族文化中的孝道思想对阿坝州各族人民尊老敬老社会风气的形成有着巨大而经久的影响力和推进力。

二 阿坝州传统孝道美德的主要特征及其现代转化

（一）阿坝州各族人民传统孝道美德主要特征

1. 民族文化的根基性

中华民族以礼仪著称，在几千年的历史发展中积淀了以孝为基础、以爱为核心、以礼为规范、以和为目标的特质民族文化。汉族和各少数民族文化之间由相互交流、碰撞到相互吸收、融合，尽管民族文化内容发生了历史性变化，但尊老敬老的孝道文化这个根始终存在着、发展着、升华着。不管是儒家文化的仁爱，还是佛教文化的慈爱、羌族文化的善爱、伊斯兰教文化的真爱，都毫不例外地重视孝道这个文化根基。从普遍性意义来看，人类一切的"爱"的文化都需以爱亲为前提和基础，离开"敬亲之爱"的爱心是无源之水、无本之木；从特殊性意义来看，古代华夏民族是一个以农耕文明为主的社会，生命崇拜和经验崇拜使得华夏文化中有着强烈的敬祖念祖意识，"慎终追远"的宗教情怀和道德情操在实质上已成为一种独特民族信仰，沉淀在每个华夏儿女的血脉之中。因此，孝道在中华民族文化中的根基性作用就不言而喻了。

2. 人伦情感的共通性

从情感基础来看，孝起源于动物反哺报恩的本能。动物也有感恩报恩的原始本性，"乌鸦反哺""羊羔跪乳"等故事可以说明这一点，这种本性是自然而然的，是原始生命意识的体现，是对养育者的一种自然回报。人类自从于动物中分离出来，这种报恩意识在自然情感基础上就加上了理性因素，即是一种自觉主动的道德情感，主要体现于对生命觉悟意识、养育感怀意识、经验崇拜意识等方面。生命觉悟意识是人类对自身过去的追问、养育感怀意识是人类对现实生活的关注、经验崇拜意识是人类对未来如何生存的思考。从构成社会基本单位的家庭来看，只要家庭这一社会单位没有解散，家庭伦理就有存在的必要性。就家庭伦理而言，孝、慈、友、恭以及夫妻间的爱都是家庭伦理的道德范畴，而代际沟通在家庭关系中又显得尤为重要，所以"孝慈"的"纵贯轴"性质决定了其在家庭伦理中的重要地位。从人类社会发展来看，人类社会发展的总体方向是自由、美好、文明和幸福，真善美是人类永恒的价值追求，只要人类父子、母子关系还存在，还清晰可辨，孝道就有存在的社会基础；只要社会生产力还在不断发展，人类社会就有行孝的物质基础；只要人类意识和思维没有停止、只要人类还有意志和情感，孝道就有存在的意识基础和情感基础。

3. 社会和谐的价值性

社会和谐是孝道追求的终极目标，孝道主体的心身平和、家庭和睦、政通人和、生态和谐是孝道和谐目标的起点、核心、放大和推延。阿坝州是一个多民族聚居地，各种习俗、观念相互碰撞和影响，阿坝人民虽然在利益诉求、观念表达和文化表现形式上有所不同，但在追求社会和谐、安居乐业的价值目标上却是一致的。孝道既是阿坝州人民文化的根基，又在多样各异的习俗、观念中具有相通的情感基础，所以，在阿坝州积极倡导孝道文化的传承和建设，具有重要的现实价值。

4. 现代转化的紧迫性

从中华孝文化的起源背景来看，传统农耕文明是孝文化产生并得以发展的社会根源，泛血缘情结、宗教神秘色彩、封建政治意味十分浓厚，而人格平等、民主自由、科学、法制则是现代社会所追求的理想社会目标；再从传统孝道的具体内容来看，"不孝有三，无后为大"①的重男轻女观念、"三年无改于父之道"②的职业发展观念、"父母在不远游"③的择业观念、丧葬讲究道场和土葬等与现代社会观念格格不入；而从阿坝州现代社会孝文化发展现状来看，有两种错误思潮亟须予以端正，一是"言必称古""非古莫是"的复古主义思潮，二是"崇洋媚外""时尚至上"的西化主义思潮，前者表现为父子人格不对等、天下无不是的父母、重孝不重慈、迷信宗教性父权，后者表现为重钱不重人情、养儿防老是功利主义的认识、不孝没有违法的观念、一个人吃饱全家不顾的个人主义、老人就是"丑病弱脏"代名词的审美主义，这些现象表明社会道德

---

① 金良年：《孟子译注》，上海古籍出版社 2004 年版。
② 张燕婴：《论语译注》，中华书局 2007 年版。
③ 同上。

建设还存在着严重问题。因此,照抄、复制传统孝道已经不可能有太大的实用价值,实现传统孝道的现代转型势在必行。

(二) 阿坝州传统孝道的现代转化

1. 以孝道建设带动阿坝州社会新道德的重构

孝为百德之先。很难相信:一个没有孝心的人对别人很讲道德、一个不懂孝道的民族是优秀民族。阿坝州是一个有着浓厚孝道精神的民族地区,不管是传统习俗观念,还是汉、藏、羌、回等文化思想,都为阿坝州人民孝道精神的铸就积淀了丰富的养料。处于社会转型期的阿坝州,在新道德建设方面不可避免地受到一些主客观因素的制约,"道德复古主义"与"道德西化主义"两种极端思潮深深影响着阿坝州人民的道德信仰和道德选择,使得一些人道德信仰淡化、道德知识缺乏、道德实践茫然、道德情感庸俗。道德水平是决定一个地方社会精神文明建设程度的重要标尺,如何构建阿坝州社会新道德显得尤为重要。道德建设首先要求民众有一个信仰道德的理由,在各种新社会非道德观念盛极一时的情况下,倡导孝道不失为道德构建的一剂良方。因为孝道直现人之感恩报恩的初心,人人不可能都为人父人母、不可能都为良将忠臣、不可能都为良师益友,但一定都曾为"人子"或正为"人子",都曾在一定的情境中对父母致以深深的爱意,所以孝道是最能引起人心共振的道德旋律,通过孝道对人心的道德净化,以倡导孝道引领其他道德建设也是可能的。

2. 以孝道作为强化民族文化认同的情感基点

民族文化是一个民族物质、精神财富总和的重要体现,"文化认同是民族认同和国家认同的最高表现和集中体现"[①]。阿坝州是一个多民族聚居地,各民族人民既有本民族文化的小认同,又有中华民族文化的大认同。如何在各种文化交流、碰撞和融合中正向强化中华民族文化的大认同?这对于维护和促进阿坝州各民族团结和共同繁荣起着关键性作用。由于历史传统、风俗习惯、思维结构等诸多方面的独特性和互异性,阿坝州各民族间的文化交流存在争论和互疑在所难免。但不管文化间的差

---

① 毛英、李仁君:《认同论视角下阿坝藏区青年马克思主义信仰教育探析》,《阿坝师范高等专科学校学报》2013 年第 4 期。

异如何，阿坝人民在孝敬父母、追念祖辈这一传统道德文化方面却具有共通性。笔者认为：以孝道作为情感基点带动整个阿坝人民的共同民族文化认同是可能的，也是可行的。

3. 将孝道建设与社会主义道德建设有机融合

集体主义是社会主义道德建设的原则，所以新时期孝道建设也需要坚持这一原则，具体表现为：一是坚持孝道建设与人性塑造相结合。传统孝道在历史发展中，受封建专制主义的影响，孝道成了政治统治工具，一些人为博孝子之名不择手段、欺世盗名，人性已完全扭曲；现代社会一些人不讲究孝道，"拼爹""恨爹不成钢""老人是累赘"等思想观念又使得人性朝另一个方面扭曲；而西方文化重"人性顺应"的观念对中国文化重"人性塑造"的极大挑战使不少人的人性张扬过度。通过新时期孝道建设，可以达到净化人性的目的。二是坚持孝道建设与人格对等相适应。从西方的启蒙运动到中国的五四运动，人格解放、人格独立观念逐渐深入人心，在此基础上，倡导新孝道，可以避免封建式孝道悲剧的重演。三是坚持孝道建设与依法治国相协调。孝是一种道德，道德与法律同属于上层建筑，但又相互区别、不能互相代替。孝道建设应该以法律为准绳，不能凌驾于法律之上；同时加强对孝道领域的立法奖惩，以法律作为推动新孝道建设的方式之一。四是坚持孝道建设与爱国主义相统一。古人强调尽孝要忠君，比如"夫孝，始于事亲，中于事君，终于立身"[①]。新时期孝道要关注爱国，家国一体，有国才有家，把家庭伦理的孝道推广至社会和国家就是忠于人民、忠于祖国。

4. 以孝道建设助推当代养老事业的发展

中国已逐步跨进老龄化国家行列，加强养老事业的发展已经成为一项重大研究课题。养老模式主要有三种：政府养老模式、社区养老模式和居家养老模式。政府养老模式是社会发展的主要趋势，就目前中国经济社会发展水平而言，要全面施行政府养老还有一定的难度。阿坝州受地方经济水平和传统观念这两大因素的影响，一方面地方政府财政有限，养老保障体制不健全；另一方面不少老人认为"五保户就是断绝了子孙""自己有儿有女，不愿进养老院"等，这些观念也深深制约着政府养老模

---

① 胡平生、陈美兰：《礼记孝经译注》，中华书局2007年版。

式的推广。社区养老模式在市场经济条件下本来有着巨大的发展潜力，但在阿坝州的发展仍然举步维艰。因为阿坝州地域面积较大而人口相对稀少，要在农牧区搞城市社区聚居模式本身就很困难；加之经济相对落后、人口稀少等客观原因，社区养老模式很难有市场激发活力。由此可见，在阿坝州居家养老仍是主要养老模式。居家养老模式下要让老人有一个幸福的晚年生活，真正实现老有所养、老有所乐、老有所终的社会目标，家庭伦理道德的重塑就显得十分重要。孝是家庭伦理道德的核心范畴，加强孝道建设在推进阿坝州当代养老事业发展中发挥着不可低估的作用。

三 新时期阿坝州养老事业发展面临的主要问题及其解决问题的新途径

（一）阿坝州养老事业发展所面临的主要问题

1. 经济发展水平与养老事业发展的需求之间存在巨大的差距

阿坝州受地理、气候、交通等客观条件的制约，经济水平比起内地和沿海相对落后。随着人口老龄化浪潮的滚滚而至，"未富先老"的经济社会状况对养老事业的发展带来了极大挑战。阿坝州各项产业发展跟不上时代需要，城镇化建设水平较低，为了适应社会发展变化，阿坝州多数年轻人选择到内地、沿海地区务工，这就给以居家养老为主的阿坝州百姓带来更大的养老困难。政府养老压力大，社区养老又难以发展起来，居家养老又没有子女在身边，空巢现象十分普遍，这些现象的产生归根结底是由阿坝州经济发展水平状况决定的。

2. 教育发展相对滞后，传统观念影响根深蒂固

长期以来，阿坝州教育发展水平是相对落后的。虽然近年来，在党和政府的支持下，通过阿坝州人民共同努力，于2007年顺利实现"两基"目标；但由于起步低、自然地理条件受限，教育发展速度仍然不能适应社会形势发展的需要。全州仅有的一所高等院校，于2015年才实现本科办学目标。所以，基础教育薄弱、高等教育提速较慢，这些都深深影响着阿坝州民众的科学文化知识的全面提升。科学文化水平低，传统观念就难以改变。部分民众对政府倡导的养老制度改革必然由不理解到不支持，甚至向对抗的极端发展，比如：认为政府养老是形式主义、认

为社区养老是用来赚钱的、在心里又常常埋怨儿女不孝等。所以,除了加强养老体制机制的建立健全外,提升教育发展水平、改变传统观念也是阿坝州养老事业发展的重要一环。

3. 针对地方区域和社会经济模式的不同特征,差异性、复合型养老模式的构建有待进一步探索

阿坝州地域广阔,有适合中小城市发展的空阔地域,有只能适合小型村庄建设的狭长地域,还有只能适合单家独户居住的狭小地域;从社会经济模式来看,有农区、牧区、半农牧区之分。这样的地域环境和经济模式,决定了单一的养老模式很难适应阿坝州养老事业发展的需要,根据不同地域环境和经济模式采取差异性或复合型养老模式势在必行。

(二) 新时期阿坝州养老事业发展的新途径

1. 以居家养老为主、其他养老方式为辅的多重养老模式

阿坝州州府、各县城以及较大乡镇可以积极推进政府和社区养老,养老院的建立可以根据实际需要选择州内或州外,同时也可以利用州内独特的自然风光和气候条件,吸引外来人员在州内养老。由于阿坝州主要是农牧区,绝大多数人只能选择居家养老,居家养老并不是政府放手不管,政府应加强村民委员会的建设和管理,以新农村建设为着力点,强化村风村俗建设,依法治村,使村落、家庭成为老人安享晚年的理想场所。

2. 积极增加政府投入,加大新型养老模式的结构性调整布局

阿坝州经济发展相对落后,养老事业方面的人才资源相对匮乏,所以上级政府要进一步加大对阿坝州养老事业的投入,一方面加大基础设施建设和养老模式结构性调整布局,比如在县级以上城市建立养老院、老年医疗机构、老年活动中心等,在农村建立乡镇干部与困难老人的联系机制、老年娱乐中心等;另一方面由于团体、社区、个案地方性社会工作者较为稀缺,阿坝州政府和阿坝师范学院应该实施社会工作者人才培养合作计划,针对性地培养一大批"下得去、留得住、有能力"的大学生社工人才队伍,以迎接"银色浪潮"给阿坝州地方经济、社会管理等方面带来的巨大挑战。

3. 加快阿坝州地方性产业发展,着力解决年轻人就近择业问题

阿坝州年轻人之所以选择到州外打工,根本原因就是在家乡找不到

工作，年轻人走了、空巢老人多了、老年生活质量和幸福指数下降了。所以应加快阿坝州地方性产业特别是第三产业的发展，着力解决好年轻人就近择业问题。留住了年轻人，老年人也有了照顾，居家养老的优势才能得以凸显，否则就会出现"无人养老"的社会怪象。

4. 积极发展老年教育事业，提升阿坝州人民的科学文化素质

"老有所养"不仅需要社会物质基础，更需要物质赡养的保障体系，这有两点最为关键：一是法律，二是道德。这两点要贯彻落实好，就必须依靠教育。再说，老年精神生活也很重要，摆脱愚昧、老有所乐才是人之所愿。如果老人整日沉浸在封建迷信、宗教麻痹之中，很难说得上是晚年幸福。所以积极发展老年教育事业，以科学文化知识武装其头脑，不仅对提升阿坝州老年人晚年生活质量，而且对提高整个阿坝州人民的科学文化素质都有着积极作用。

5. 加强社会保障体系建设，破解异地养老难题

阿坝州有不少外地工作人员，退休后往往选择回故乡或外地城市养老；就当地居民而言，经济条件较好、思想开明人士也有选择旅游养老、度假养老等异地养老方式的。除了情感慰藉缺失以外，异地养老目前面临的关键问题就是社会保障体系不健全，比如：养老金领取、医疗报账、安全问题等。在异地养老逐渐成为一种养老时尚、一种社会需求的情况下，政府应主动适应社会需要，积极稳妥地推进社会保障体系的变革，为异地养老营造一种良好的社会环境和制度环境。

6. 大兴孝德之风，以孝道正向引领社会道德风尚

阿坝人民有着悠久的孝道文化传统，阿坝州各民族文化中也有着深远的孝道思想，可以这样说，孝道精神是阿坝人民血脉中的一种文化基因。弘扬传统孝道精神，让尊老敬老的美德在阿坝大地上蔚然成风，是引领社会道德风尚的时代需要，也是阿坝各族人民内心的共同呼声。以金川县为例，2014年正式提出"孝德金川"的农村精神文明建设目标，大力弘扬"孝为先""善为上""和为贵"的中华民族传统美德，得到了全县百姓的支持和拥护，这就是最好的印证。

总之，阿坝州在推进养老事业发展中既有自然环境和经济条件的制约，也有良好的尊老敬老风尚和坚实的社会道德力量。大力弘扬传统孝道文化，对于进一步提升阿坝州民众的思想道德素质、增强阿坝州民族

合聚力和向心力、维护社会稳定发展、助推养老事业发展有着重要的实践意义。

第三节 传承和弘扬孝泉"德孝"文化，探索社会治理新机制

"德孝"文化是孝泉古镇的一种特色文化，《二十四孝》中"涌泉跃鲤"故事的原发地在孝泉，孝泉被誉为中国"德孝之乡"。"德孝"是社会治理理论的重要思想来源之一，今天，传承和弘扬孝泉古镇"德孝"文化有着重要的时代价值，它对于当今社会治理模式新机制的探索有着深刻的启发意义和重大的参考价值。

一 历史悠久、博大精深和独具特色的孝泉古镇"德孝"文化

（一）孝泉古镇的历史沿革

据《德阳县志》载："汉高祖六年（前201年），分秦置之巴、蜀二郡地置广汉郡。"《水经注》卷三十三《江水一·洛水》："洛（雒）水又南径洛（雒）县故城南，广汉郡治也……县有沈乡，去江七里，江（姜）士游之所居。"沈乡，《华阳国志》称作汎乡，也就是今天的孝泉镇。

蜀汉昭烈帝章武二年（222年）汎乡设县，名曰阳泉，刘禅时分广汉郡为二，阳泉县治孝泉镇。隋文帝开皇十八年（598年），阳泉县改名孝水县，治今孝泉镇。隋炀帝大业二年（606年），改孝水县为绵竹县。唐代置姜诗镇。

宋太祖灭蜀后，实行路、州、县三级制，北宋英宗治平年间改姜诗镇为孝泉镇。《读史方舆纪要》载："在县西北四十里姜诗镇。东汉姜诗孝感跃鲤，即此泉也。宋治平（1064—1067年）中，诏名曰孝感泉，镇亦名孝泉镇。"

元世祖至元八年（1271年）德阳县升为德州。

新中国成立后，1983年8月建立德阳市。1984年恢复乡村建制，把孝泉人民公社划分为孝泉乡和跃鲤乡。1986年11月，孝泉镇、孝泉乡和跃鲤乡合并为孝泉镇，镇政府设在孝泉镇。1996年，德阳市市中区区划调整为旌阳区和罗江县时，孝泉镇隶属德阳市旌阳区。

(二)孝泉古镇"德孝"文化的"久""博"和"深"

"天赐巴蜀,府聚明德。"物华天宝,明德彰显,是对成都平原土地之沃和巴蜀儿女人格之美的浓缩和写照。从最早的沈乡到而今的孝泉镇,历经近两千年的岁月洗礼,在川西平原这块沃土上孕育出了这座璀璨明珠般的名城古镇。孝泉古镇,以德著称,以孝闻名,在漫漫历史长河之中积淀了博大而深厚的文化底蕴,"德孝"就是孝泉古镇文化的底色,是孝泉儿女经久不衰的文化基因。

孝泉古镇"德孝"文化之"久"。北魏郦道元的《水经注》中所提到的姜士游,就是姜诗。姜诗姓姜,名诗,字士游。元朝郭居敬著《二十四孝》,其中第十则故事"涌泉跃鲤"讲述的就是汉代姜诗与其妻的孝行故事。明传奇《跃鲤记》中记载的姜诗夫妇之子姜石泉(小名安安)为母送米的故事,更是感人肺腑。姜诗夫妇和儿子孝亲敬亲,"一门三孝"的典故由此成型。孝泉亦取"三孝"和"涌泉"之名合成,"涌泉跃鲤""安安送米""一门三孝"的故事在孝泉广泛流传,家喻户晓、孺妇皆知。孝是人伦最基本的道德,《论语》中讲"孝悌也者,其为仁之本欤",俗话也说:百德孝为先、百善孝为先、百行孝为先,经过一代一代孝泉人的传承和弘扬,"德孝"不仅作为一种道德信念和道德行为在孝泉儿女身上展现出来,更是作为一种道德文化基因在孝泉儿女的血脉中沉淀下来。孝泉发展的历史,就是一部中国德孝文化的发展史。

孝泉古镇"德孝"文化之"博"。孝泉古镇素有"天下第一孝""大汉孝子故里"之称,"德孝"精神薪火相传,"德孝"文化广泛流布,南宋宁宗开禧二年(1206年),在德阳城南东隅修建的文庙里面专门建造有节孝祠、孝子祠、乡贤祠等彰显"德孝"文化的儒式文化建筑。儒家思想重视人伦道德,仁、孝、忠、义、礼、信等都是儒家道德哲学的重要范畴,儒家创始人孔子以"仁"为纲统摄一切道德,而"孝"便是"仁"的最根本、最基础、最起码的道德基石,这对儒家之外的其他文化产生了重大的影响。孝泉古镇及周边除了儒家文化以外还有两大重要的传统文化,即佛教文化、伊斯兰教文化。延祚寺、半边街清真寺等古建筑是这些宗教文化传播遗留下来的历史标识。延祚寺有孝泽古镇、延续福禄之解;伊斯兰教有孝敬父母与崇拜真主相通并重的天道思想。各种文化中的德孝观念在孝泉古镇相互影响、相互交融、相互浸淫,形成了博大的"德孝"文化,可以这样说,孝泉古镇"德孝"文化,是以儒家德孝思想为主体,兼有佛教和伊斯兰教等文化中的孝道观念而构成的一个道德文化综合体和复型体。

孝泉古镇"德孝"文化之"深"。古镇深处,悠远宁静;德孝城内,苍松翠柏;青砖围墙,瓦房古香。漫步姜诗故里,体味孝泉神韵,处处洋溢着安详、静美、和谐之感,"德孝"文化气息浓厚而深沉。文化是一种看不见、摸不着的东西,一旦在一事物或地域中沉淀下来,那就会产生一种独特的气质和强大的气场。"德孝"文化在孝泉这片热土上扎根,已经沉浸人心深处、植入家庭深处、汇注社会深处、推及政治深处,形成了以"德孝"为灵魂的个人道德、家庭伦理、社会伦理和政治伦理。调研期间,一个上幼儿园的儿童说,"生在孝泉不孝顺父母,要遭雷劈的";省级"十大孝星"之一的王一奎和省级"十佳孝子"之一的廖成菊,他们孝亲敬老的典型事迹在这里广泛流传;西部地区首家金属制品大型公司——四川圣德钢缆有限公司把"德孝"作为最基本、最核心的企业文化,形成了"爱心、乐业、敢想、敢干"的企业精神;82岁的孝泉镇老乡长李登金谈道:"干部有了孝心,对党对人民才会有爱心,才会和人民群众打成一片,才能深入群众为百姓做事。"可见,"德孝"文化在孝泉古镇不仅深入到街头小巷、田间地头,更重要的是深入到群众心里,深入到家庭、社会和政治各领域的方方面面,孝泉古镇的"德孝"文化不只是青砖瓦房、建筑石雕那种单纯形式上的自然风景,更是一种道德精神、文化符号形式统一于内容的人文风情。

(三)孝泉古镇"德孝"文化的基本内核

"德孝",从字义上看,兼有"德阳"和"孝泉"之名,德为立身之本,孝乃百善之先,以德统孝,以孝显德,是为至德大孝之义。中国传统"德孝"文化是一种以孝为核心的道德文化,中国管理科学研究院成立了"中国德孝文化研究中心",中国德孝网、《德孝中国》杂志、央视网《德孝中国》栏目等媒体对中国"德孝"文化进行了大力宣传、倡导和弘扬,中国"德孝"文化的根基在德阳孝泉,这是一个不争的事实。孝泉古镇"德孝"文化的基本内核包括四个方面内容,即德文化、孝文化、廉文化和泉文化。

第一,德文化。汉代许慎《说文解字》中释德:"得也,内得于己,外得于人"，意为遵守人与人交往之道就是德。清代陈昌治刻本《说文解字》释德为"升也"；清代段玉裁《说文解字注》把德解释为"登也"，取"德"可提升人生境界之意，操守德行并非容易之事，行德如登山之难，不上则下。四川地势险要，"蜀道之难，难于上青天"，但真正佑护天府之地、四川之民者在于"德"，若"德义不修""修政不仁""修政不德"必害民。孝泉古镇所在地市叫"德阳"，亦取此意，《华阳国志》记载可证："有剑阁道三十里，至险，县名盖取在德不在险之义。"德阳位于成都平原东北部，美丽富饶、物华天宝，是谓"德地"；沱涪水绕、岷江水溉，是谓"德水"；龙泉山脉、重叠连绵，是谓"德山"；三张秦杨，文李吴蒋，人杰地灵，钟灵毓秀，是谓"德人"……德孝之地，博物厚德，孝泉儿女，进德修业，厚重的德文化在这片土地上经久弥深、越酿越纯。

第二，孝文化。《说文解字》释孝："善事父母者"，《尔雅》说："善事父母为孝"，《礼·祭统》曰："尽心奉养并尊敬父母"，《新书》定义孝为："子爱利亲谓之孝"，《孝经》讲："夫孝，德之本也"……孝泉古镇是"一门三孝"故事的诞生地，姜诗和妻庞三春、子姜石泉（小名安安）孝亲敬亲的感人事迹流传至今。《华阳国志·蜀志》记有："士游（姜诗）孝淳，感物悟神。姜诗，字士游，雒人也"和"庞行（庞三春）养姑，妇师之先"的文字，《后汉书·列女传·姜诗妻传》专门记述庞氏孝婆的故事，曲剧"安安送米"的故事更是感天动地、催人泪下。除此之外，孝泉古镇的回民也尊崇孝道，《古兰经》中说："我曾命令人们孝敬父母"，《提尔米兹圣训集》《穆斯林圣训集》和《艾哈默德圣训集》中也讲"惹父母的怒恨必遭真主怒恨"等。回汉民族孝道思想在这里交相辉映、相得益彰，形成了孝泉古镇独特而浓郁的孝文化。

第三，廉文化。《说文解字》释廉："仄也。堂之侧边曰廉，故从广。"《广雅》曰："廉，棱也。"概括地说，廉就是指棱角分明的边线，喻正直之义。历史上的德阳，廉文化也十分丰厚，古有"减免重税，民困得苏"和"树立名节、无隙家声"的张氏叔侄，近有"为国为民，勇于牺牲"的黄继光和蒋元伦。廉文化与孝文化也是密切相关的，《论语》中说："其为人也孝悌，而好犯上者，鲜矣！"《大戴礼记·曾子大孝》里讲："莅官不敬，非孝也。"《礼记》谈道："孝有三，大孝尊亲，其次弗辱，其下能养。"也就是说，真正守孝道有孝心的人会心存敬畏之心，不会犯上作乱、不会做贪官庸官，陷父母于不义。汉代把"以孝治天下"定为国策，实行"举孝廉"的察举制，是因为倡导"孝廉"可以起到正风束纪、引领示范的作用。姜诗夫妇的孝行事迹，感动汉明帝，封姜诗为郎中，后调至江阳做县令，为官清廉，政通人和，人民安居乐业。据说后来赤眉军路过姜诗故居孝泉，怕惊动孝子清官，绕道而行，孝泉古镇也未遭到破坏和骚扰，从侧面反映了孝廉的社会影响力。孝是家庭伦理的核心，廉是政治伦理的核心，孝廉相通、孝廉一体，可见，孝泉古镇廉文化也是源远流长、广博深厚。

第四，泉文化。《说文解字》曰："泉，水源也。"朱熹说："问渠那得清如许？为有源头活水来。"泉，是水的源头，泉的崇拜归根结底是对源头之水的崇拜，是一种感恩情怀。《老子》讲："上善若水"，水居善地、心善渊、与善人、言善信、正善治、事善能、动善时；水利万物而不争，水目标坚定而能屈能伸，水无孔不入而明察秋毫，水千折百转而终归大海，水无形无色而万形万色，水柔弱万千而滴可穿石……孝泉古镇的临姑泉，孕于地下，凝万物之精华，纳天地之玉声，清澈的泉眼，可口的泉水，晶莹甘美，沁人心脾。而"涌泉跃鲤"故事更是感人肺腑、闻名遐迩，姜诗之母喜欢喝长江水，嗜好鱼脍，姜诗夫妇孝行事迹感动大地，院中突然涌出泉水，味如江水，并且跃出两条鲤鱼，每日如此，以便姜诗夫妇孝敬母亲。俗话说：饮水思源，意思是人要有一颗感恩之心，这与"羊羔跪乳""乌鸦反哺"感恩报恩的孝道观念是一致的。孝泉的泉水滋润着孝泉儿女的体魄，孝泉的故事熏陶着孝泉儿女的灵魂，天赐的自然泉水和独特的孝泉故事在孝泉古镇的历史里孕育和演绎着，使这里逐渐沉淀出了一种以"感恩"为核心的独特的泉文化。

（四）"德孝"文化中的"善治"思想

从人类政治文明发展主线来看，从"统治"模式到"治理"模式是历史发展的必然趋势，"统治"模式以人性恶为预设，以权威和法律为手段，以绝对服从和实现统治阶级意志为目标；"治理"模式以人性善为预设，以道德和法律相结合为手段，强调公民责任意识，以社会公共利益最大化为目标。"善治"是"治理"模式的高级形式，"是政府与公民社会对公共生活的合作管理,是政治国家与公民社会的一种新颖关系",走向"善治"是当今中国政府管理形式的趋势和目标。

"德孝"文化中有着丰富的"善治"思想:

最早出现"善治"二字是在《道德经》中,老子在论述水德时认为水可"正善治",汉代董仲舒在《对贤良策》中提到了他对"善治"政治目标的追求:"当更化而不更化,虽有大贤不能善治也。"在中国传统文化里,"善治"思想是德治思想的继承和发展,孔子认为:"为政以德,譬如北辰,居其所,而众星拱之。"意思是施行德政,百姓就会像星星簇拥北斗一样归服你的领导。强调德治,并不意味着放弃法治,所以说"道之以政,齐之以刑,民免而无耻;道之以德,齐之以礼,有耻且格。"(《论语·为政》)"刑"就是刑法,强调"他律"管理,"德"强调"自律"管理,相互结合,就是传统意义上的"善治"。个人是社会的主体,家庭是社会的细胞,所以个人道德和家庭伦理是实现"善治"的逻辑起点,孝又是个人道德和家庭伦理的根本和基石。《大学》里讲"修身、齐家、治国、平天下",《孟子》里讲:"天下之本在国,国之本在家,家之本在身。"就是强调管理国家要从个人修身和齐治家庭开始;孝又重为"八德""五伦"之首,根本原因就是"爱亲者,不敢恶于人;敬亲者,不敢慢于人"(《孝经》)、"事亲者居上不骄,为下不乱,在丑不争"(《曾子》),所以君子治国之道就是要重视孝道,就像《大学》里强调的一样,"所谓平天下在治其国者,上老老而民兴孝;上长长而民兴悌;上恤孤而民不倍,是以君子有絜矩之道也"。由此可见,中国传统"德孝"文化中有着丰富的"善治"思想,为当今社会治理"善治"目标提供了重要的理论根据和思想养分。

二 孝泉古镇"德孝"文化的现状调查及继承和弘扬"德孝"文化在社会治理中的重大作用

为了深入了解孝泉古镇"德孝"文化的基本现状,经本书课题组研究,决定成立一支由课题组成员和外聘专家共同组成的调查小组,深入到孝泉古镇的大街小巷、村舍田间进行实地调查,以掌握第一手资料。本次调研有三种方式:实地考察、问卷调查和个别访谈,共发调查问卷200份,收回200份,个别访谈3人(分别是退休干部、原孝泉镇老乡长李登金；退休教师张卓云和李国增），现将调查结果总结如下：

（一）近年来，在党和政府的领导下，社会各界为继承和弘扬孝泉古镇"德孝"文化所做出的努力

第一，德阳市旌阳区和孝泉镇各级各界党和政府对弘扬"德孝"文化工作高度重视。近年来，旌阳区、区政府高度珍视这一宝贵的优秀文化遗产，充分利用得天独厚的孝廉文化资源，积极打好"孝廉文化＋时代内涵、阵地建设、活动载体"组合拳，2017年3月，区政府颁发了《德阳市旌阳区"孝廉文化"建设实施方案》，把"提升孝廉文化的吸引力、渗透力和影响力，形成了廉政文化建设的'旌阳模式'"作为政府的一项重要工作来抓。

第二，加大了对"德孝"文化的基地建设。比如斥巨资新建了"德孝城"，保留了旧的"姜孝园"，使"姜孝园"获得了全新的面貌；地震后又扩建了"德孝场"，塑造了孔子、曾子和姜诗三人的铜像，把"孝道文化"实体化了。当地人们大都喜欢带着一家老少到德孝城体验和感受"德孝"文化气息，问卷调查中对"您去过孝泉镇的德孝城吗？"选择"经常去"占到85%。

第三，积极打造"德孝""孝廉"文化思想阵地建设。旌阳区以阵地建设带动全区孝廉文化建设，努力做好"三个打造"：打造孝廉文化教育基地，促创建共进；打造孝廉书画创作基地，促文化共振；打造孝廉文艺创作基地，促思想共鸣。思想阵地建设好了，精神文明就上去了，老乡长李登金兴致勃勃地谈道："因地制宜搞好（德孝）思想建设，精神文明上去了，人心（就会）向上向善。"

第四，着实加强"德孝"文化宣传和教育力度。退休教师张卓云谈道：在弘扬"德孝"文化方面，"近十多年，政府宣传力度非常大"。比如坚持开展评选"孝子、孝女、孝媳、孝婿、孝星"活动，旌阳区教育局撰写了《阳光成长——法治·廉洁教育读本》，孝泉民族小学还编写《孝泉与孝文化》《德孝千秋》《德孝如阳》《民族知识百花园》等校本教材，把强化"德孝"文化的宣传和教育力度落到了实处。

第五，努力实践"五个路径"，培育社会新风。一是讲故事，传家庭美德；二是评家风，选最美家庭；三是兴家规，征主题文章；四是聚共识，诵廉政作品；五是倡家和，送会演下乡。通过这些系列活动，孝泉

古镇民风越加淳朴，调查显示：在"您认为目前社会子女孝敬父母的总体状况如何？"问题中，选择"很好"选项达90.5%，选择"一般"占9%，选择"不好"只占到0.5%。

（二）进一步弘扬孝泉古镇在"德孝"文化方面所面临的主要问题

第一，对于"德孝"文化的理论建构上还不够深入，在思想认识上还不够统一。就孝泉古镇特色文化的名称而言，有"孝文化""孝道文化""孝廉文化""孝泉文化""孝德文化""德孝文化"等名称，使孝泉古镇的"孝"文化成了一个"筐"，什么都往里面装。这说明一个问题：就是对孝泉古镇"孝"文化没有一个基本的界定，没有一个系统的架构，势必造成品牌效益无法持续、文化旗帜难以持久。"品牌"意识、"旗帜"意识、"标杆"意识没有形成，势必给对外宣传、统一思想等工作造成难度，孝泉古镇"孝"文化打造的侧重点就会随着领导意志的改变而改变，长此以往，对孝泉古镇特色文化的积淀和发展极为不利。

第二，在"德孝"文化实体建设的投入上还十分欠缺。从总体上看，孝泉古镇"德孝"文化实体建设存在"顶层设计"欠缺、资金投入不足、基层执行盲目、群众观望等待等现象，上下联动、共同助推的机制没有完全建立。以修建德孝城为例，老乡长李登金谈道："最开始修建德孝城时，主要是依靠群众集资出力修建的。"二十年之后的今天，再单靠这种办法已经实行不通，而在投资、集资、规划、建设等方面都需要政府来组织和领导才行，访谈中调查对象发出"领导轮换太勤，对社会的承诺实现就少了"的深切感叹。

第三，在"德孝"文化旅游事业发展上低级模仿过余、综合创新不足。为何称"低级模仿"？原因是孝泉古镇在打造"德孝"文化旅游事业方面尚未建立一支专业的、高水平的、人员配备充足的、现代化的管理人才队伍，外出考察学习不够，视野不够开阔，只能依靠传统思维、固化思维和纯想象思维来推动发展旅游事业，自娱自乐、自我沉浸，或盲目乐观，或消极悲观，在综合创新上也往往停留在表面上、停留在文字上、停留在讲话稿上，落实得少，空谈得多。

以上是孝泉古镇"德孝"文化在传承、弘扬和发展方面存在的主要问题，当然也还存在其他方面问题，比如街道建设、古迹保护、宣传教育、群众参与等方面，这些都是影响孝泉古镇文化事业发展的瓶颈因素，着力着实解决好这些问题,不仅对"德孝"文化在孝泉古镇落地生根、开花结果有着重要意义,而且对于孝泉古镇整个社会治理也必将起着推动作用。

(三)继承和弘扬"德孝"文化在社会治理中的重大作用

第一,"德孝"是实现社会"善治"目标的微观基础。社会"善治"的道德逻辑就是领导之"善"的引领,社会个体之"善"的示范,对社会"非善"之行的感染、教化和治理,从而达到理想的、和谐的、文明的社会目标。而这道德逻辑的起点就是个体之"善",而个体之"善"的基本前提就是"德孝",即有德讲孝。很难想象一个不爱自己父母的人而去关爱别人,无德不孝之人定会行之不远,所以《弟子规》说:"圣人训,首孝悌,次谨信;泛爱众,而亲仁;有余力,则学文。"《孝经》也说:"夫孝,始于事亲,中于事君,终于立身。"就是这个道理。

第二,"德孝"文化是培养社会"善治"理念的现实土壤。善治的本质特征就在于它是政府与公民对公共生活的合作管理,这种合作管理基于一个前提,即"互信"。一个人的"信任度"是在生活和工作中与他人交往中建立起来,而"孝"和"德"是家庭交往和社会交往中"信任度"反映的两把重要衡量标尺。"善治"理念只有植根于"互信"道德氛围中、植根于"德孝"文化土壤中,才能开花结果。

第三,"德孝"是现代城乡社会秩序重构的理论依据。社会失序是"现代病"的显著特点之一,在寻找良方根治无果时,把目光转向传统"德孝"文化或许会给我们带来很多启发。中国传统"德孝"思想讲究长幼辈分、人伦纲常,如《孟子》中强调:"父子有亲、夫妻有别、夫妇有别、长幼有序、朋友有信",即"五伦","五伦"有序,社会不乱。《荀子》中强调:"故尚贤使能,则主尊下安;贵贱有等,则令行而不流;亲疏有分,则施行而不悖;长幼有序,则事业捷成而有所休。"也说明了这一点。可以这样说,中国传统以"德孝"为核心的人伦思想为现代城乡社会秩序的重构提供了重要的理论根据。

第四,"德孝"文化是各民族文化的最大公约数和思想交汇点。孝泉镇是一个多民族聚居地,除了回汉以外,还有其他少数民族同胞也在这里务工和生活。由于历史传统、风俗习惯、思维结构等诸多方面的独特性和互异性,各民族间的文化交流也必将存在各种差异,不管观念如何,各民族在孝敬父母、追念祖辈这一传统道德文化上却具有共通性,"德孝"文化最能引起他们之间的道德认同和情感共鸣,所以,弘扬"德孝"文化有利于各民族之间的团结和稳定。

三 孝泉古镇传承和弘扬"德孝"文化,探索社会治理模式新机制的主要做法

(一)深入挖掘"德孝"文化内涵,搭建"德孝"文化理论体系

关于孝泉古镇的特色文化以什么命名?其内涵是什么?它的理论框架怎样?这一系列问题,没有一个统一的认识和界定不行,这是一个至关重要的"旗帜"问题,旗帜就是方向,所以首先要把这面"旗帜"树立起来。笔者认为,用"德孝"这一名称可行,理由有四点:一是以孝促德,以德统孝,兼顾以"孝廉"为核心的廉文化和以"感恩"为实质的泉文化;二是"德"是一个全称量词,涵盖一切道德,这面"旗帜"树立起来,不会因为形势和时局的变化而变化,具有稳定性、持久性和开放性特点;三是"德孝"二字兼顾"德阳"和"孝泉",这样更能显示文化的地域特征;四是"德孝"与单行的"孝"文化相区别,可将"孝德"与传统的愚忠愚孝划清界限,使孝泉古镇文化更具时代性和人民性。德阳市政府和旌阳区政府可采取"政府出政策、企业出资金、学校出场地"的办法组织召开全省、全国甚至全球性的学术交流会,深入挖掘"德孝"文化内涵,搭建"德孝"文化理论体系,形成会议研讨交流理论成果,让孝泉古镇"德孝"文化走向全省、全国、全世界,让世人知道、了解和前来感受"德孝"文化的独特魅力。

(二)强化政府引领作用,建设"德孝"文化名城

文化靠政治推动、靠民众繁荣,政府在引领文化发展中起着重要作用。有了政府这个"主心骨","德孝"文化建设队伍才会有凝聚力和向心力,各级各单位的领导力和执行力上下联动机制才会建立起来。政府可通过横向联系(如与研究机构、官方网站、社会媒体、企业组织等)和纵向联系(如下级机关、当地企业学校、当地群众等)把各方面资源形成一股合力,加大投资力度,拓展投资渠道,着力建设具有四川标识、中国品牌、世界效应的"德孝"文化名城,让中国"德孝"文化成为孝泉古镇的标签,让孝泉古镇成为中国"德孝"文化的载体。

（三）以"德孝"文化助推官德建设，创建廉政教育基地

"孝廉"二字经常连用，说明二者之间有着密切关联。真正有孝德的官员基本都是廉洁干部，有的贪官说"贪污就是为了养活父母"，这纯粹是一种说辞和借口，贪污行为让父母颜面受损、生不如死，这绝不是真孝。有孝德的官员还会是勤政的干部，因为他（她）们不会"不顾父母之养"而"惰其四支"（《孟子》）。创建廉政教育基地，是弘扬"德孝"文化的重要手段之一，具体应该做好以下几点：第一，创建"孝廉"文化展览馆，里面设立"孝泉孝廉文化"演绎区、"孝廉"文化经典阅读室、"历代孝亲故事"和"中华民族传统节日"展示厅、"孝亲廉政"体验馆、"不孝贪官"警示馆、"孝文化石刻、书法和绘画"展陈馆等内容。第二，建立新媒体传播平台，把网络、微博、微信、漫画、广告、微电影和电视宣传有机结合起来，采用先进宣传技术，专门宣传"德孝"文化和廉政教育，让孝泉古镇印象走进百姓耳朵和眼睛、走进他们的心灵。第三，训练一支专业宣传队伍，编排以"德""孝""廉""泉"为主题的文艺节目，采取"阵地演出"和"巡回演出"等方式，让孝泉古镇"德孝"文化和廉政教育走进千家万户，贴近基层群众。

（四）强化"德孝"教育功能，提升公民道德素质

提升公民道德素质，关键在于教育，《孝经》上说："夫孝，德之本也，教之所由生也。"意思是说，教育的首先问题在于道德，而道德的根本是孝，"孝—德—教"是一个内在联系的有机整体，其中存在着某种必然性逻辑。从构字特点看，"教"是现代汉语中唯一的一个以"孝"字开头的字，百德孝为先，开头为"孝"辅之以"文"就是"教"。弘扬"德孝"文化，让"德孝"之行在孝泉蔚然成风，宣传、教育工作是重中之重。孝泉镇各级各类学校要进一步拓展"德孝"文化校本教材的题材和内容，开展"读经典""讲德孝故事""演德孝文艺""专题演讲比赛""学生征文比赛"等学生活动，把评选"小孝星"活动常态化，同时还要举办国学班或"德孝"文化培训班等。政府也要长期坚持举行"德孝"和"廉政"教育活动，把"孝廉"作为年度考评、各类评优和选拔官员的重要指标之一。企业的各类宣传和企业文化都要突出"德孝"文化特色，让"德孝"精神扎根于企业员工的灵魂深处。在城乡基层群众中，要开展"讲孝道，树新风"宣传教育活动，有计划有步骤地恢复传统

"乡约民俗"规定，对忤逆不孝的行为要通过"村老规劝、旁人谴责、道德示范"等方式解决问题，严重者则要付诸法律，等等。总之，德孝升华人生，德孝净化心灵，通过一系列多种形式的"德孝"教育活动来提升人们的思想道德素质，也是社会治理中不可或缺的重要手段之一。

（五）努力推进"德孝"文化旅游事业，积极打造"德孝"文化特色品牌

"德孝"文化不仅属于孝泉、属于德阳，更是全省、全国乃至全世界的优秀文化遗产之一，让全省、全国、全世界了解"德孝"文化是孝泉儿女的共同义务和历史责任，而发展"德孝"文化旅游事业，是孝泉古镇"德孝"文化"走出去"的重要方式之一，也是推动孝泉经济社会发展的重要抓手。具体做法是：第一，打造"一个主题"，即以"德孝"为旅游文化主题；第二，采取"两种模式"，即以"廉"文化为中心的机关单位集体参观教育模式和以"孝"文化为中心的民间散客旅游模式；第三，强调"三个结合"，即参观与教育相结合、市场与政府相结合、共性与特色相结合；第四，突出"四大板块"，即"德"文化板块、"孝"文化板块、"廉"文化板块、"泉"文化板块；第五，开发"五种产品"，即文化教育产品、传统饮食产品、衣着服饰产品、游乐玩具产品和古瓷陶器产品。宣传离不开旅游，发展也离不开旅游，旅游是现代人重要的生活方式之一。通过大力发展旅游事业，孝泉古镇的政治、经济、文化和社会发展必将上升到一个新的台阶，为新时期社会治理工作和社会治理模式探索做出一份积极的贡献。

第四节 弘扬传统孝德文化，守望共有精神家园

传承弘扬孝德文化　守望共有精神家园
——读《中国孝文化概论》有感

2012年，由人民出版社出版的、肖波教授编著的《中国孝文化概论》（以下简称《概论》）一书，以整体论和系统论为理论架构维度，以辩证唯物主义和历史唯物主义的科学思维方式为基本观点，以孝文化的时代价值为落脚点，对中国孝文化进行梳理，对孝道思想进行了厘清，对孝文化的理论意义和实践价值进行了归纳总结，是当代关于孝文化最为系

统、最为全面、集近现代以来中国孝文化研究成果之佳作。

中国素有"礼仪之邦"的美誉，孝德更是中国人引以为豪的美好品德。在中国几千年的历史长河中，孝作为一种人类最自然、最朴质、最美好的人伦情感，犹如一汪清澈的甘泉，流注中国人的心肝脾肺，化育着中国人的血质和品质，铸就了华夏儿女尊老敬老的良好精神品质。历史沉淀而成的中国孝文化，根深而叶茂，对中国历代社会的政治、法律、文学、宗教、伦理等诸多方面产生了深刻的影响，就像钱穆先生曾经说的那样：中国文化就是孝文化。所以说，要了解中国文化，要读懂中国百姓，不读懂孝文化是不行的。《中国孝文化概论》是帮助我们读懂孝文化、读懂中国百姓的佳作。

一 一本优秀的孝德教育教科书

《概论》一书首次提出了孝文化研究的对象和方法，对孝文化的概念、特征、功能和意义进行了系统分析，为孝德教育提供了一本优秀的教科书，也为孝德教育成长为一门学科奠定了基础。

任何一门研究性学科或专业都有自己的研究对象。关于中国孝文化的研究成就，从古至今，可以说是繁花似锦、成果丰硕，是仁者见其仁、智者见其智。特别是改革开放以后，我国文化建设坚持百花齐放、百家争鸣的方针，近年来，在我国百花齐放、百家争鸣文化方针的指引下，孝文化研究的相关论文达到两万余篇，以"孝"命名的著作就有一二十部，但这些论文和著作都没有明确提出孝文化研究对象的概念。在《概论》一书中，从文本、义理、人物、比较和教育实践五个方面阐述了孝文化的研究对象，认为：文本研究表现在孝经学和百孝图研究方面；义理研究表现在孝的观念和孝的历史流变研究方面；比较研究表现在（中西）比较文化语境下的孝文化研究，加之孝文化的人物和教育、实践的研究，使孝文化的研究对象更加全面、更加规范，系统性和针对性更强。

科学的研究方法是我们正确对待中国孝文化的关键。从当今中国孝文化研究文章来看，一些作者停留在材料的堆积上，置以旁观者的姿态；一些作者则头脑狂热、痴迷复古，以为非古莫是；还有一些人认为孝是封建文化，是父辈和子辈人格不平等的表现，对孝文化口诛笔伐，持否定态度；更多的作者则主要从一个方面、一个人物、一个阶段或者一个领域里对孝文化进行研究，缺乏对中国孝文化的整体把握。《概论》一书认为孝文化研究的基本方法主要有：第一种是历史分析与逻辑分析相结合；第二种是典籍研习与社会考察相结合；第三种是批判继承与开拓创新相结合。这为孝文化研究的基本方法做了原则性定位，在分析孝文化研究方法之并集的基础上，合理地找到了孝文化研究方法的最大公约数。

关于孝文化的概念、特征、功能和意义，《概论》一书也进行了分析和概述。

孝文化的概念。该书中指出："孝是中国文化的原发性、综合性的文化概念。"原发性至少说明两点：一是中国文化的产生与孝有着密切的联系；二是与西方文化比较而言，突出了孝在中国的民族性特色。综合性地道出了孝在中国并不是单一存在的一种文化现象，而是与中国文化、家庭、社会和当代文明紧密联系，交织存在着的文化现象。在此基础上分别论述了古代人对孝文化的认识与定义、现代人对孝文化的理解与定义以及哲学视域中的孝文化概念，并在孝文化的过程性、总括性、发展性、价值性、实践性和人文性的总体把握下对孝文化概念进行了详细论述。

孝文化的特征、功能和意义。该书实事求是地归纳了孝文化的血源生发性、伦理政治性、实践教育性、主体失衡性、传承义务性五个方面的特征；认为孝的社会历史功能及作用有四个方面：一是个人伦理道德修养的基础；二是家庭政务文化的根本；三是形成中国人格特质的根源；四是维护社会稳定的精神力量；同时指出孝文化研究有助于认识民族自身、有助于破解养老难题、有助于传承民族文化共三个方面的重要意义。

二　一本正确认识中国传统孝文化的典范论著

该书从唯物史观的角度对孝文化的起源、发展和演变进行了梳理归纳，从辩证唯物主义的角度对孝文化的内涵以及孝文化与家庭、政治、法律、宗教的关系进行了客观阐述，坚持一分为二的辩证思维，去芜存菁，去伪存真，为正确认识中国孝文化起到了匡正作用。

孝文化的起源、发展和演变问题。该书在阐述孝文化的起源时主要有两点值得关注：首先强调孝的亲情意识，是一种人类对生育养育之恩的感怀报答之情，是人类生命意识的觉醒。对于这一点，笔者是十分认同的。但是仅仅强调这一点是不够的，因为社会存在决定社会意识，没有一定的社会条件，就不可能产生孝的意识。所以笔者在拙文《论早期人类的孝意识和孝行为》中，就专门讲道：生产力的发展奠定了孝行的物质基础。而《概论》一书收集了大量的资料，在逻辑分析的基础上，强调孝的血缘关系和社会条件，即孝文化起源的物质性基础，在理论上站住了脚，在论证上有理有据，这是近年来孝文化起源研究的一大亮点。该书对孝文化的发展和演变问题，遵照了一般文化发展规律的特点，论述了历史各个阶段孝文化发展和演变的概貌，认为：商周是从孝意识到孝德观的形成和确立时期、春秋战国是儒家对孝文化的进一步丰富和发展时期、汉代是"以孝治天下"的理论与实践时期、魏晋南北朝是孝的崇尚与变异时期、隋唐五代是孝的进一步政治化和法律化时期、宋元明清是孝的登峰造极与愚孝时期、近现代是孝的现代反思与激烈批判时期。这些论述总体上符合一般文化的发展规律，符合中国历史的发展规律，对我们正确认识中国孝文化具有重大的启发作用。

辩证地看待中国孝文化的内涵以及与家庭、政治、法律、宗教的关系。一提到孝，现在不少人认为：孝就是顺从父母，就是操守"天下无不是的父母"的信条，就是愚孝，是父辈和子辈人格不平等的表现；行孝是保守的表现，就如《论语》里说的"无改父之道"就是孝，反对创新和进步。甚至一些人片面地认为：孝子，只是在父母去世时对子女的特定称谓。对于这些观念，《中国孝文化概论》一书收集了大量有力的论据，对孝的基本内涵、延伸内涵和精神意蕴进行了辩证的分析，为孝文化进行了"正名"。书中将孝文化的基本内涵概括为归亲延亲、养亲敬亲、疗亲侍亲、顺亲谏亲、继亲尊亲、葬亲祭亲六个方面，为"孝"进行了正本清源。同时，《概论》还对孝文化的延伸内涵进行了详细论述，对于孝文化的延伸内涵，书中认为：孝悌关系到孝治天下的社会基础、孝忠是孝治天下的政治方略、孝廉是孝治天下的组织措施，辩证地分析了孝与悌、忠、廉之间的关系，为孝文化的存在和发展找到了社会根基。书中还对孝文化的精神意蕴进行了提炼，指出孝所蕴含的伦理和人文精神是：仁爱本性、感恩道义、责任义务、忠诚品质、爱国情怀与和谐意识，这是对孝的精神实质与合理内核的集中概括，是孝文化的精华，是颠扑不破的真理。作为家庭伦理之孝，在发展过程中与政治、法律和宗教等不可避免地相互联系，相互融合。正是这些缘由，中国孝文化在发展中不断地被引申、被推崇、被歪曲、被利用，以至于出现异化和蜕变，使得不合理的成分被放大，从而遮盖了孝的人民性精华的光芒，所以到了近代遭到批判和清算。《概论》在字里行间流露出来的对中国孝文化的科学态度和负责任胸襟是难能可贵的，这种理想和追求值得当代学者所效仿和推崇。

三 一本立足传承、着眼创新的中国孝文化研究力作

对待中国传统孝文化，该书坚持传承创新、推陈出新、古为今用的原则，从经济、社会和文化教育的角度对中国孝文化的时代价值进行了全面论述，突出了中国孝文化民族性和时代性。

吹捧过去固然不可取，但忘记民族历史和民族文化那就是千古罪人，一个国家不可能在完全否定传统文化、在不辨真伪地打破一切"旧"文化妄图在废墟上建立起一个符合民族特色的"新"文化，这是历史虚无主义，其结果必然造成民族文化断裂、国人内心张力失衡。《中国孝文化概论》在传承中国孝文化上做出了尝试、做出了努力，值得喜之，敬之。

关于如何传承传统文化，批判继承法主张采取一分为二的方法，而该书中就持这种观点，认为：孝的历史价值有利于调整社会中的人际关系，维护社会稳定，对中国国民性也产生了积极影响；但也有父母子女间人格不平等、血缘亲情优先于法律、迷信与愚孝等缺点。除此之外，书中理论中还有一个隐藏的观点，那就是采取"旧瓶装新药"的抽象继承法对待孝文化，比如该书中在讨论孝文化建设的现代理念问题时，认为它应该包括六个基本内容，即平等性、民主性、保障性、共享性、义务交互性和相容性，分别是新孝道构建的前提、基础、核心、关键、重点和要求，在此基础上从经济、社会和文化教育的角度对孝的时代价值进行了合理的论述，对以后孝文化的研究具有许多启发性意义。

四 一本以"守望中华民族共有精神家园"为价值追求、坚持文化自信和实现中华民族文化之梦的光辉著作

一个人需要精神,精神是人生的支柱;一个民族需要民族精神,民族精神是一个民族的象征。文化是民族的血脉,是民族精神的土壤。中华民族精神是在中国文化历史发展长河中形成并内化在中国人民的品格之中。中国文化是和谐而包容的文化,也是世界上唯一的没有完全历史断绝的文化。之所以是这样,最重要的一点,就是中国孝文化的"和谐意识"和"延续意识"。中国特色社会主义的道路自信需要文化自信,"中国梦"也包括中国文化之梦。坚持文化自信,守望中华民族共有精神家园,需要大力弘扬中国传统优秀文化。《概论》一书以"守望中华民族共有精神家园"为价值追求,对中华孝道文化进行梳理和整合,既理直气壮,又实事求是地认识和评价中国孝道文化,是可喜可扬的。

总之,肖波教授编著的《中国孝文化概论》一书,以传承创新中国传统孝文化、守望中华民族共有精神家园之崇高热情,以辩证唯物主义和历史唯物主义之科学态度,以批判继承和抽象继承相结合之科学方法,在整合近年来中国孝文化研究成果的基础上,进一步对中国孝文化在理论高度上进行了系统化,在理论深度上进行了阐述和分析,在理论广度上进行了拓展和延伸。《中国孝文化概论》是中国孝文化研究之圭臬,也是现阶段中国孝文化研究的集大成者,具有极为重要的理论价值和实践指导意义。

附 篇

历代帝王与孝治的形成

第 十 章

三皇五帝时期帝王与孝

第一节　黄帝与孝

黄帝（前2717—前2599年）是华夏始祖之一、人文初祖，与生于姜水（今宝鸡境内）之岸的炎帝并称为中华始祖，中国远古时期部落联盟首领。本姓公孙，长居姬水，故改姓姬，居轩辕之丘，故号轩辕氏，因有土德之瑞，故号黄帝，黄帝居五帝之首。

一　黄帝重德

（1）"夫道，有情有性，无为无形……黄帝得之，以登云天。"（庄周：《庄子·大宗师》）

评析：《周易·系辞》云："形而上者谓之道"，"道"为无体之名，没有形状，看不见摸不着，只能够靠理性去把握。这种无体之名，其实就是宇宙万物运行的普遍规律和存在的根本依据。《说文解字》上说："德者，得也。内得于己，外得于人。""德"的本意就是合乎了"道"，是顺应"道"而在内心有所"得"，在行动上有所实践，就做到了"德"，黄帝乃因"道"而德。

（2）"轩辕乃修德振兵，治五气，艺五种，抚万民，度四方。"（司马迁：《史记·五帝本纪》）

评析：黄帝以修德为基础，然后整顿军队，为黎民百姓谋福。这里的"修德"是指先修养个人品德，以身作则，百姓效仿，使天下之德蔚然成风。

（3）"黄帝行德，天夭为之起。"（司马迁：《史记·天官书》）

评析：黄帝实行仁德，不祥的星象也为此离开了原来的位置。

（4）"有土德之瑞，土色黄，故称黄帝。"（司马贞：《史记索隐》）

评析：土德为五德（水木金土火）之一，土为大地，大地承载万物，毫无私心，可谓厚德载物。

（5）"俗所谓圣人者，皆治世之圣人，非得道之圣人，得道之圣人，则黄老是也。"（葛洪：《抱朴子内篇·辩问》）

评析：葛洪认为黄帝是得"道"、有"德"的圣人，黄老学派遵从传说中的黄帝和老子为创始人。

（6）传说中黄帝的行为感动了上帝，出现了许多祥瑞之兆："地献草木"，"九牧昌教"。（锺肇鹏：《七纬》（附论语谶））

评析：谶纬学说认为黄帝因为行德施善、感动了上帝而呈现了许多祥瑞之兆。虽然这种学说没有科学依据，但从侧面反映了黄帝的德行。

（7）"道德巍巍，声教溶溶，与天地久，亿万无穷。"（李维祯：《山西通志》）

评析：这是高度赞扬黄帝品德功劳的言辞，认为黄帝的德行对后世产生了深远的影响。

（8）"黄帝治天下，日月精明，星辰不失其行，风雨时节，五谷登熟，虎狼不妄噬，鸷鸟不妄搏，凤凰翔于庭，麒麟游于郊，青龙进驾，飞黄伏皁，诸北儋耳之国，莫不献其贡职。"（钱穆：《黄帝的故事》）

评析：黄帝能够治好天下，使万物归所而祸乱不作，其根本原因是顺应了天地之道，符合事物发展的规律，这就是正道，是德行。

二 黄帝与孝

（1）"黄帝即位，施惠承天，一道修德，惟仁是行，宇内和平。"（韩婴：《韩诗外传》）

评析：此处虽然没有直接提到孝，但孝是仁的根本，比如《论语》中说："孝悌也者，其为人之本与！"没有孝德，何谈仁德。从这一点看，黄帝是具有孝德的。

（2）"凡观国，有六逆：其子父…虽强大不王…适（嫡）子父，命曰上。"（《黄帝四经·君正》）

评析：此句讲到父子之间的关系一定要恰当，太子不能具有君父的权威，否则国将大乱，这与孔子的"父父子子"的正名思想如出一辙。

（3）"无父之行，不得子之用。无母之德，不能尽民之力。父母之行备，则天地之德也。"（《黄帝四经·君正》）

评析：这里讲到了对父母德行的基本要求，这一点很重要，因为"父母如果无德，子女该不该行孝"一直是孝道思想争论的理论困境。"父慈子孝"一直是中华孝道思想所追求的理想的家庭伦理关系。

（4）"上杀父兄，下走子弟，胃之乱首。"（《黄帝四经·亡论》）

评析：黄帝反对"上杀父兄"的不孝行为，认为这种行为是祸乱之首。

（5）"以母为基，以父为楯。"（《黄帝内经·灵枢》）

评析：此句从生命发生现象出发，认为父精母血、阴阳交感，生命才得以诞生。孝的本义就是指对父母生育、养育之恩的感怀和回报，是一种自然而美好的情感。"以母为基"说明黄帝对母亲是十分敬重的，这是他尊重母亲的直观表达。

（6）"断竹、续竹、飞土、逐宍。"（赵晔：《吴越春秋·弹歌》）

评析：《弹歌》是黄帝时期的歌谣，是孝歌，指的是黄帝时期的初民们，在旷野之中悼孝死去的亲人，以歌壮声威，来驱逐害尸的飞禽走兽。

（7）"黄帝，有熊氏少典之子，姬姓也。母曰附宝。""附宝见大电光绕北斗枢，星照都野，感而有孕，孕二十五月，生黄帝于寿丘。"（皇甫谧：《帝王世纪》）

评析：对黄帝生命起源的讲述，体现的是一种生命崇拜现象，而孝道的起源与生命崇拜密不可分。孝是子女对生命的赐予者和庇护者的知恩、感恩和报恩之情。古代人们对于"我的生命来自父母，父母的生命又来自他们的父母"这一问题的不停追问，对生命不断地追本溯源，孝的自觉意识便产生了。

（8）"职道义，经天地，纪人伦，序万物，以信与仁为天下先。"（钱穆：《黄帝的故事》）

评析：黄帝重人伦，重诚信和仁德，这一点与后来的儒家思想相一致。说明虽然儒家道德论主要以舜帝为标榜，而黄老之学托古黄帝和老子，然两者在人伦道德主张上没有明显分歧。

三 主要故事

（一）关于"知母不知父"的故事

故事：黄帝时期，人类还处于母系氏族社会。黄帝的母亲是因为看到绕北斗第一星，天枢起了一道电光，照耀四野，因而怀孕，生下了黄帝。

评析："知母"的血缘关系产生了孝，原因有三：一是由于个体生命来自母体，对生命的崇敬归根结底就是个体生命本心对母亲的崇拜和尊敬，这正是孝产生的心理动因。二是在母系氏族制的社会中，妇女有着极高的社会地位和绝对的权力，掌握着人员分工、财产分配、重大事务决定，甚至族员的生死权力。所以，子女对母亲的崇敬既有"敬爱"之情，也有"敬畏"之情，这种"敬畏"是对权力的畏惧和崇拜，母权崇拜是孝产生的一个客观原因。三是原始农业的主力军是女性，原始人类对老者女性的崇拜就是一种对经验的崇拜的表现，这种原始农业经验的崇拜是客观现实需要。所以，黄帝时期，关于"知母不知父"的客观现实，正好孕育并产生了人类最初的孝。

（二）关于黄帝奇灸的故事

故事：《黄帝内经》是我国现存医书中最早的典籍之一，相传为古代医家托轩辕黄帝名之作，认为针灸乃黄帝所创。

评析：虽为托名，无事实依据。但也绝不是空穴来风，黄帝时期不也有"救民病，尝百草"的故事吗？笔者认为，黄帝学习医术与尽孝密不可分。因为子女长大，正好是母亲衰老之时，子女为了减轻母亲的痛苦，采集药草，为母亲去病，合乎人之常情。在此基础上，以药为百姓去病，孝敬天下父母，也是在情理之中。

（三）关于仓颉造字的故事

故事：仓颉是黄帝时期造字的史官，相传他与文字的发明有关。

评析：黄帝时期，各氏族部落有23个图腾信仰，其中蛇图腾崇拜就是其一。从现存最早的文字——甲骨文中的"孝"字来看，上面一个"爻"，义为交，下面一个"子"，意为男女性交而生子，这与男女生殖器的图腾崇拜有关，这也是生命来源之所在。生殖器崇拜与蛇图腾的崇拜有着密切的关系，比如捏土造人的女娲，其形象是人首蛇身；现代不少女性有了身孕后，会做关于蛇的梦，都说明基于生命意识的生殖器崇拜与图腾崇拜有关。仓颉造字虽然只是一个传说，但文字在黄帝时期就已经诞生，可为定论。从文字产生的图腾崇拜文化背景和文字本身所体现的图腾崇拜现象来看，两者不谋而合，这一点也可说明仓颉造字与孝字的起源有着关联。

（四）关于黄帝孝母石的故事

故事：孝母石的故事讲的是一个儿子为了救自己的妻子，在母亲的要求下，用刀子残忍地取出母亲的"活心"，作为药引。最终他良心发现，没有离开母亲半步，直至化为一尊石头，被后人称为"孝母石"。

评析：黄帝的诞生地清水寿丘至今保存着"黄帝孝母石"，说明黄帝时期与孝母文化有着很大关联。黄帝是人文初祖，祭祀黄帝本身就是一种孝文化，《论语》里有云："慎终追远，民德归厚矣！"所以，不孝之子祭祖拜坟，为民所不齿。

第二节　舜帝与孝

舜帝（约前2277—前2178年），三皇五帝之一，华夏文明重要奠基人之一，中华道德创始人之一，中华民族的共同始祖。舜帝生于姓姚墟，故姓姚，名重华，又名仲华、玄景、重明。以受尧的"禅让"而称帝于天下，其国号为"有虞"，故号为"有虞氏帝舜"。其帝王号有帝舜、大舜、虞帝舜、舜帝，因此后世以舜简称之。

一　舜帝与德治

（1）虞舜侧微，尧闻之聪明，将使嗣位，历试诸难。（《尚书·舜典》）

评析：舜低贱而不知名时，尧多次考验他于各种困难。当然，这里的考验一方面是能力的考察，另一方面则是德行的考察。

（2）曰若稽古帝舜，曰重华协于帝。浚咨文明，温恭允塞，玄德升闻，乃命以位。（《尚书·舜典》）

评析：舜与尧帝志同道合，智慧深远，文明、温恭、诚实，他的潜德被尧帝知道，于是授以官位。玄德是指潜蓄而不著于外的德行，是内在之德,是恒久之德。

(3) 舜让于德,弗嗣。(《尚书·舜典》)

评析:舜谦虚地认为自己的德行还不够,不肯继位。这里也从侧面反映了舜的品德和素质。

(4) 舜重之以明德,寘德于遂。(《春秋左氏传》)

评析:舜十分看重美德,并把德行置于后世身上。

(5) 其诸君子乐道尧舜之道与?末不亦乐乎尧舜之知君子也?制《春秋》之义以俟后圣,以君子之为,亦有乐乎此也。(《春秋公羊传》)

评析:道同者相称,德和者相友,道德相同相合者,皆称尧舜之道。可见后世对舜帝之德盛赞。

(6) 子曰:"巍巍乎,舜禹之有天下也,而不与焉。"(《论语·泰伯》)

评析:这里是孔子对舜禹得天下的感叹和赞美,因为他们不是靠谋断、权势和武力得天下,而是以德得天下。

(7) 子夏曰:"富哉言乎!舜有天下,选于众,举皋陶,不仁者远矣。汤有天下,选于众,举伊尹,不仁者远矣。"(《论语·颜渊》)

评析:这句是子夏对孔子关于"仁"之界定所做的一种理解,那就是举贤任能,并且以舜帝为标榜。

(8) 君哉舜也!巍巍乎有天下,而不与焉。(《孟子·滕文公上》)

评析:舜可以以君子相称。因为他得到了天下,却并不高高在上,而是十分平淡自若,这是真正的崇高。

(9) 尧舜之道,不以仁政,不能平治天下。(《孟子·离娄上》)

评析:这句是双重否定的用法,意在说明尧舜之道,是施以仁政而平定了天下。

(10) 舜无置锥之地于后世而德结。(《韩非·安危》)

评析:舜在后世没有立锥之地,但他的恩德却能萦绕在人们心中,这就是精神财富。

(11) 天下明德皆自虞帝始。(《史记·五帝本纪》)

评析:司马迁以"德"全面概括了舜帝一生功绩,以"始"概括了舜帝的开创性贡献和对后世产生的深远影响。

(12) 舜让於德不怿。(《史记·五帝本纪》)

评析：尧要将天下大位传给舜，舜却以德望不够高而推辞，这是十分谦虚的行为，但最终尧帝没有接受这一理由，还是将大位传给了舜。

（13）子曰："舜其大知也与！舜好问而好察迩言，隐恶而扬善，执其两端，用其中于民，其斯以为舜乎！"（《礼记》）

评析：孔子赞美舜是一个有大智慧的人。他喜欢发问，却善于审察深浅，不揭人之短，却扬人之长；反对极端而用中正的法则去指导民众。这些做法都是善意的表现。

（14）其舜、禹、文王、周公之谓欤？有君民之大德，有事君之小心。（《礼记》）

评析：《礼记》中认为能够具有大德来领导人民、能够忠心耿耿小心谨慎地侍奉君上，舜可以排在第一。

（15）尧、舜率天下以仁，而民从之。桀、纣率天下以暴，而民从之。其所令反其所好，而民不从。（《礼记》）

评析：这里以尧舜和桀纣为对比，意在说明以仁德之政治理天下，民众则顺从；反之，民众就不会顺从。

（16）上有尧舜之道，下有三王之义。（《韩诗外传》）

评析：韩婴极为推崇舜帝仁德之道，把他与尧相提，与商汤、周文王、周武王并举。

（17）儒书称："尧、舜之德，至优至大，天下太平，一人不刑。"（《论衡》）

评析：儒者的书上都称颂：尧、舜的道德，是天下最优秀最高尚的，天下盛世太平，却没有刑罚过一个人。

（18）予闻皇天之命不于常，惟归于德。故尧授舜，舜授禹，时其宜也。（《周书》）

评析：这句话是西魏恭帝被迫让位于宇文觉（北周孝闵帝）时所颁布的退位诏书中的一句，这里也以舜帝之德为例。

二 舜帝与孝

（1）仁圣盛明曰舜。（《谥法》）

评析：五帝时代的"帝"即部落联盟首领，"舜"是谥号。古代帝王、诸侯、卿大夫、大臣死后，朝廷根据他们生前事迹和品德，评定一个称号以示表彰,即称为"谥法"。《史记·五帝本纪》集解谥法中也说:"仁圣盛明曰舜……舜,谥也。"后世以"仁、圣"尊赞舜,《论语》中说:"孝悌也者,其为仁之本欤!"本句是对舜帝美德(包括孝德)的集中概括,并冠以圣人之称。

(2)汝作司徒,敬敷五教,在宽。(《尚书·舜典》)

评析:这是舜对臣子契的谆谆教导,要他担任司徒一职,专门负责民众的"五伦之教",即父子、君臣、夫妇、长幼、朋友五种人伦关系,并且要做到宽厚。"五伦"中父子之伦排在第一位,而维持父子关系的伦理道德就是"孝"和"慈",可以看出,舜帝对孝德教化的重视。

(3)瞽子,父顽,母嚚,象傲;克谐以孝,烝烝乂,不格奸。(《尚书·尧典》)

评析:这句是尧的大臣们对舜的评价,这一评价将直接影响着舜对尧帝位的继承。意思是:舜是瞎子的儿子,其父母愚顽凶狠,异母弟象也是傲慢逞强;但舜用自己的孝行感动了全家,使全家和睦兴旺,家人也远离了奸邪的行为。最终,尧将自己的帝位传给了舜,其中最重要的理由和原则就是"孝"。

(4)子曰:"何事于仁,必也圣乎!尧舜其犹病诸!夫仁者,己欲立而立人,己欲达而达人。能近取譬,可谓仁之方也已。"(《论语·雍也》)

评析:圣人是儒家人格追求的终极目标,而仁德只是圣人所具备的一个必要条件。儒家不轻易以"圣"冠人,仁是自己想成功和通达也让别人成功和通达;但圣更侧重实践,必须做到博施恩惠并周济百姓大众,这是非常难为的事情,所以像尧、舜也难以面面俱到,其他的人就更难做到了。这一点在《论语》中还有体现,比如"修己以安百姓,尧舜其犹病诸!"从表面上来看,孔子是在贬斥尧舜,实际上是孔子对尧舜的一种褒扬,是孔子谦虚的表现,也是孔子对儒家理想人格的崇高追求。

(5)尧舜之行,(爱)亲尊贤。(《郭店楚简》)

评析:尧舜的品行,概括起来说就是敬爱亲人、尊重圣贤。爱亲是"齐家"的核心,尊贤是"治国"的核心,通过"齐家""治国",而实现"平天下"是后世儒家的人生理想。因为爱亲,故孝敬亲人;因为尊贤,故禅让贤者。由此看来,爱亲尊贤的概括十分精准。

(6)古者吴(虞)舜(笃)事寞,乃弋其孝;忠事帝尧,乃弋其臣。(爱)亲尊贤,吴(虞)舜其人也。(《郭店楚简》)

评析:这里也讲到舜的爱亲尊贤,同时还提到舜的忠诚,孝与忠之间的辩证关系一直是后世探讨的话题。而在舜身上,这两者却是道德统一体。特别是在儒家看来,与其说舜是一位至治之极的圣王,还不如说是名垂千古的道德楷模。

(7)昏(闻)舜孝,智(知)能养天下之老也;昏(闻)舜弟,智(知)其能嗣天下之长也;昏(闻)慈乎弟□□□□□为民宔(主)也。古(故)其为寞子也,甚孝;秉〈及〉其为尧臣也,甚忠。尧天下而受之,南面而王天下而甚君。古(故)尧之乎舜也,女(如)此也。(《郭店楚简》)

评析:"孝"与"悌"是两个根本的道德基石,孝是家庭伦理的纵向联结纽带,悌是家庭伦理的横向联结纽带。"忠"是古代政治伦理的基础。而舜诸德兼备,既能担当养老重任,也能继承事业,是继承帝位的理想人选。

(8)孟子道性善,言必称尧舜。(《孟子·滕文公上》)

评析:孟子主张人性是善良的,他的论证方法就是举例,其重要论据就是尧舜之道。

(9)孟子曰:"规矩,方员之至也;圣人,人伦之至也。欲为君尽君道,欲为臣尽臣道,二者皆法尧舜而已矣。不以舜之所以事尧事君,不敬其君者也;不以尧之所以治民治民,贼其民者也。孔子曰:'道二:仁与不仁而已矣。'暴其民甚,则身弑国亡;不甚,则身危国削。名之曰'幽厉',虽孝子慈孙,百世不能改也。诗云'殷鉴不远,在夏后之世',此之谓也。"(《孟子·离娄上》)

评析:儒家认为道德评判原则就两个:"仁"或者"不仁"。尧舜是仁德的榜样,幽厉是不仁的范例。君有君道,臣有臣道,就像圆规、曲尺是方、圆的最高境界,圣人是做人的最高境界,这就是儒家主张效法尧舜推行"先王之道"。

(10)孟子曰:"不孝有三,无后为大。舜不告而娶,为无后也,君

子以为犹告也。"(《孟子·离娄上》)

评析：孟子认为没有后代是最大的不孝，汉代赵岐注释认为："三不孝"包括盲目顺从，不劝解父母，使父母陷入不义之中；因懒惰致家境贫困，无力供养父母；不娶妻生子，断绝后代。这一句历来受到争议最大，有人把它当作封建糟粕来看待。其实有失偏颇，因为人不只是"生物人"，更是"社会人""道德人"，儒家主张的"三年无改父之道""继承父志""不孝有三，无后为大"都是基于人类文化和道德文明的传承，即文化血脉的延续，身体血脉是文化血脉得以传承的载体，文化得以传承，人类文明才有此进步。再者，古代社会，生产力水平低下，人口非自然死亡率较高，主张娶妻生子、传宗接代、延续香火，并没有错，我们应坚持唯物史观来看待历史现象。舜帝出于"延续"血脉的考虑，既坚持了孝的更高原则，也体现了道德权变的思想，这正是孟子为何高度颂赞舜帝的原因。

（11）孟子曰："天下大悦而将归己。视天下悦而归己，犹草芥也。惟舜为然。不得乎亲，不可以为人；不顺乎亲，不可以为子。舜尽事亲之道而瞽瞍厎豫，瞽瞍厎豫而天下化，瞽瞍厎豫而天下之为父子者定，此之谓大孝。"(《孟子·离娄上》)

评析：瞽瞍是舜的父亲。舜帝为民众做了许多好事，所以得到了百姓的拥戴，但舜帝并没有沉浸在个人英雄主义的泥潭中而沾沾自喜。因为他思考着另一个问题，那就是如何让民风得以淳化，如何使德治得以推行。舜以身作则，通过尽孝，使顽劣的父亲高兴并接纳自己，进而使天下感化，这是舜帝道德政治的巨大成功。此谓：治世以大德，不以小惠。

（12）孟子曰："人之所以异于禽于兽者几希，庶民去之，君子存之。舜明于庶物，察于人伦，由仁义行，非行仁义也。"(《孟子·离娄下》)

评析：人与禽兽的区别在于人性之仁义二字，普通人抛弃了，而君子保留了。践行仁义有两种做法：一是功利主义，即"行仁义"；二是道德自觉，即"由仁义行"，舜帝属于后者，因而是真正保存了仁义的本性。

（13）万章问曰："舜往于田，号泣于旻天，何为其号泣也？"孟子曰："怨慕也。"万章曰："父母爱之，喜而不忘；父母恶之，劳而不怨。

然则舜怨乎?"曰:"长息问于公明高曰:'舜往于田,则吾既得闻命矣;号泣于旻天,于父母,则吾不知也。'公明高曰:'是非尔所知也。'夫公明高以孝子之心,为不若是恝,我竭力耕田,共为子职而已矣,父母之不我爱,于我何哉?帝使其子九男二女,百官牛羊仓廪备,以事舜于畎亩之中。天下之士多就之者,帝将胥天下而迁之焉。为不顺于父母,如穷人无所归。天下之士悦之,人之所欲也,而不足以解忧;好色,人之所欲,妻帝之二女,而不足以解忧;富,人之所欲,富有天下,而不足以解忧;贵,人之所欲,贵为天子,而不足以解忧。人悦之、好色、富贵,无足以解忧者,惟顺于父母,可以解忧。人少,则慕父母;知好色,则慕少艾;有妻子,则慕妻子;仕则慕君,不得于君则热中。大孝终身慕父母。五十而慕者,予于大舜见之矣。"(《孟子·万章上》)

评析:在帝尧即将把天下大任交付给舜时,美貌的女子、富有、显贵的到来,并没有让舜高兴起来,原因是得不到父母的欢心。说明舜对父母的孝心始终如一,不因其他事物所诱惑,这就是对道德根本原则的毕生追求。

(14)万章问曰:"诗云:'娶妻如之何?必告父母。'信斯言也宜莫如舜,舜之不告而娶,何也?"孟子曰:"告则不得娶。男女居室,人之大伦也。如告,则废人之大伦以怼父母,是以不告也。"万章曰:"舜之不告而娶,则吾既得闻命矣;帝之妻舜而不告,何也?"曰:"帝亦知告则不得妻也。"万章曰:"父母使舜完廪,捐阶,瞽瞍焚廪;使浚井,出,从而揜之。象曰:'谟盖都君咸我绩。牛羊父母,仓廪父母,干戈朕,琴朕,弤朕,二嫂使治朕栖。'象往入舜宫,舜在床琴。象曰:'郁陶思君尔。'忸怩。舜曰:'惟兹臣庶,汝其于予治。'不识舜不知象之将杀己与?"曰:"奚而不知也?象忧亦忧,象喜亦喜。"曰:"然则舜伪喜者欤?"曰:"否。昔者有馈生鱼于郑子产,子产使校人畜之池。校人烹之,反命曰:'始舍之圉圉焉,少则洋洋焉,攸然而逝。'子产曰'得其所哉!得其所哉!'校人出,曰:'孰谓子产智?予既烹而食之,曰:得其所哉?得其所哉。'故君子可欺以其方,难罔以非其道。彼以爱兄之道来,故诚信而喜之,奚伪焉?"(《孟子·万章上》)

评析:这一部分仍然是围绕"不告而娶"这一问题展开的。万章的提问实质上是直逼"舜不告而娶"的一系列疑点,比如:舜为什么不告而娶？尧帝何以见得舜的父母就一定不会同意这桩婚事？舜难道不知道弟象要杀害自己吗？舜是假装高兴吗？孟子通过例证和喻证，一一解答了疑问，进一步说明舜恪守孝悌的道德本性。

（15）万章问曰："象日以杀舜为事，立为天子，则放之，何也？"孟子曰："封之也，或曰放焉。"万章曰："舜流共工于幽州，放欢兜于崇山，杀三苗于三危，殛鲧于羽山，四罪而天下咸服，诛不仁也。象至不仁，封之有庳。有庳之人奚罪焉？仁人固如是乎？在他人则诛之，在弟则封之。"曰："仁人之于弟也，不藏怒焉，不宿怨焉，亲爱之而已矣。亲之欲其贵也，爱之欲其富也。封之有庳，富贵之也。身为天子，弟为匹夫，可谓亲爱之乎？""敢问或曰放者，何谓也？"曰："象不得有为于其国，天子使吏治其国，而纳其贡税焉，故谓之放，岂得暴彼民哉？虽然，欲常常而见之，故源源而来。'不及贡，以政接于有庳'，此之谓也。"（《孟子·万章上》）

评析：此处讲述了舜做了天子后是如何对待弟象的。文中对"封赏"和"放逐"进行了说明，也对"从政原则"和"兄弟情义"进行了辨析。舜在原则和情义两者中做到了合理选择，那就是不因兄弟情义而废弃原则，也不因坚持原则而废弃兄弟情义。

（16）咸丘蒙问曰："语云：'盛德之士，君不得而臣，父不得而子。'舜南面而立，尧帅诸侯北面而朝之，瞽瞍亦北面而朝之。舜见瞽瞍，其容有蹙。孔子曰：'于斯时也，天下殆哉，岌岌乎！'不识此语诚然乎哉？"孟子曰："否。此非君子之言，齐东野人之语也。尧老而舜摄也。尧典曰：'二十有八载，放勋乃徂落，百姓如丧考妣，三年，四海遏密八音。'孔子曰：'天无二日，民无二王。'舜既为天子矣，又帅天下诸侯以为尧三年丧，是二天子矣。"咸丘蒙曰："舜之不臣尧，则吾既得闻命矣。诗云：'普天之下，莫非王土；率土之滨，莫非王臣。'而舜既为天子矣，敢问瞽瞍之非臣，如何？"曰："是诗也，非是之谓也；劳于王事，而不得养父母也。曰：'此莫非王事，我独贤劳也。'故说诗者，不以文害辞，不以辞害志。以意逆志，是为得之。如以辞而已矣，云汉之诗曰：'周余黎民，靡有孑遗。'信斯言也，是周无遗民也。孝子之至，莫大乎尊亲；尊亲之至，莫大乎以天下养。为天子父，尊之至也；以天下养，养之至也。诗曰：'永言孝思，孝思维

则.'此之谓也。书曰:'只载见瞽瞍,夔夔齐栗,瞽瞍亦允若.'是为父不得而子也。"(《孟子·万章上》)

评析:这里实际上涉及君臣、父子之间的道德关系困境。即道德高尚的尧帝退位后,去朝见舜帝,违背语书之言;舜的父亲也不应该去朝见舜帝。但普天之下,皆为王臣,那舜帝的君臣、父子关系如何自处呢?孟子则强调不能因个别文字或者词句而误解诗意,应该用心去推求诗意。其实,任何关于道德的理论都存在瑕疵,儒家孝道理论同样如此,所以理论要坚持总体原则。儒家道德引入"权变"和"情境"思想,也就不足为奇了。

(17)孔子曰:"舜其至孝矣,五十而慕。"(《孟子·告子下》)

评析:这是对舜帝始终孝敬父母的又一引证。

(18)孟子曰:"尧舜,性之也。"(《孟子·尽心上》)

评析:这是孟子对尧舜之道的大力推崇,他认为尧舜之道,是本性使然,也就是"由仁义行,而非行仁义",是一种道德自觉;而五霸则是利用仁义来成就功业,这是"行仁义,而非由仁义行",是功利主义。

(19)桃应问曰:"舜为天子,皋陶为士,瞽瞍杀人,则如之何?"孟子曰:"执之而已矣。""然则舜不禁欤?"曰:"夫舜恶得而禁之?夫有所受之也。""然则舜如之何?"曰:"舜视弃天下,犹弃敝蹝也。窃负而逃,遵海滨而处,终身欣然,乐而忘天下。"(《孟子·尽心上》)

评析:桃应所提出的问题是一个典型的"道德两难"问题。孟子认为既不能因亲情废法则,也不能因法则废亲情,唯一的做法就是像抛弃旧鞋子一样抛弃王位,然后背负着父亲悄然离开,欣然忘记天下。因为天下离开自己还有其他能臣来管理,但是父母却只有依靠自己个人。

(20)"舜闵在家,父何以鱬"。"舜服厥弟,终然为害。"(《楚辞·天问》)

评析:屈原在《天问》这篇千古万古至奇之作中,对舜父的刻薄和舜弟的傲狠进行了控诉,进一步衬托了舜勤劳和善的美好品德。

(21)曾子有过,曾皙引杖击之,仆地,有间,乃苏,起曰:"先生得无病乎?"鲁人贤曾子,以告夫子。夫子告门人:"参!来,汝不闻昔者舜为人子乎?小棰则待笞,大杖则逃。"(《韩诗外传》)

评析:曾子"挨打不逃",舜"挨打则逃",孔子是赞成舜的做法。

因为孔子认为父子之间的感情是自然使性,即为"直"。子女犯错挨打,如果不逃避,那就是不了解父母的爱子心切;并且,如果身体受到伤害,那也违背了"身体发肤,受之父母,不敢毁伤"的孝道原则,这样也会让父母难过。

(22) 有虞二妃者,帝尧之二女也。长娥皇,次女英。舜父顽母嚚,父号瞽叟,弟曰象,敖游于嫚,舜能谐柔之,承事瞽叟以孝。母憎舜而爱象,舜犹内治,靡有奸意。四岳荐之于尧,尧乃妻以二女以观厥内。二女承事舜于畎亩之中,不以天子之女故而骄盈怠嫚,犹谦谦恭俭,思尽妇道。瞽叟与象谋杀舜。使涂廪,舜归告二女曰:"父母使我涂廪,我其往。"二女曰:"往哉!"舜既治廪,乃捐阶,瞽叟焚廪,舜往飞出。象复与父母谋,使舜浚井。舜乃告二女,二女曰:"俞,往哉!"舜往浚井,格其出入,从掩,舜潜出。时既不能杀舜,瞽叟又速舜饮酒,醉将杀之,舜告二女,二女乃与舜药浴汪,遂往,舜终日饮酒不醉。舜之女弟系怜之,与二嫂谐。父母欲杀舜,舜犹不怨,怒之不已。舜往于田号泣,日呼旻天,呼父母。惟害若兹,思慕不已。不怨其弟,笃厚不怠。既纳于百揆,宾于四门,选于林木,入于大麓,尧试之百方,每事常谋于二女。舜既嗣位,升为天子,娥皇为后,女英为妃。封象于有庳,事瞽叟犹若初焉。天下称二妃聪明贞仁。舜陟方,死于苍梧,号曰重华。二妃死于江湘之间,俗谓之湘君。君子曰:"二妃德纯而行笃。诗云:"不显惟德,百辟其刑之。"此之谓也。(《列女传》)

评析:这是关于舜和两位妻子(娥皇和女英)孝顺和友悌的感人故事,受到了后世的极大推崇和广泛流传。

(23) 虞舜者,名曰重华。重华父曰瞽叟,瞽叟父曰桥牛,桥牛父曰句望,句望父曰敬康,敬康父曰穷蝉,穷蝉父曰帝颛顼,颛顼父曰昌意:以至舜七世矣。自从穷蝉以至帝舜,皆微为庶人。(《史记·五帝本纪》)

评析:司马迁对舜的身世做了详细介绍,强调从穷蝉到虞舜五代人中,都是平民百姓,说明舜得天下并不是因为官后代的权力传递,而是通过道德修养和才能历练才得天下的。

(24) 舜父瞽叟盲,而舜母死,瞽叟更娶妻而生象,象傲。瞽叟爱后妻子,常欲杀舜,舜避逃;及有小过,则受罪。顺事父及后母与弟,日以笃谨,匪有解。舜父瞽叟顽,母嚚,弟象傲,皆欲杀舜。舜顺适不失

子道，兄弟孝慈。欲杀，不可得；即求，尝在侧。(《史记·五帝本纪》)

评析："子道"是孝道的重要部分，"子道"的核心就是顺从，但这种顺从并不是盲目顺从，而是原则下的权变。司马迁对舜帝孝顺的"子道"进行了说明，也为"孝顺"的含义做了解释，为后世对孝道的正确认识提供了理论基础。

(25) 舜举八恺，使主后土，以揆百事，莫不时序。举八元，使布五教于四方，父义、母慈、兄友、弟恭、子孝，内平外成。(《史记·五帝本纪》)

评析：舜推举高阳氏八个德高才全的子孙和高辛氏八个德艺双馨的子孙，让他们管理事务和推行德教，取得了良好效果。

(26) 舜入于大麓，烈风雷雨不迷，尧乃知舜之足授天下。尧老，使舜摄行天子政，巡狩。舜得举用事二十年，而尧使摄政。摄政八年而尧崩。三年丧毕，让丹朱，天下归舜。(《史记·五帝本纪》)

评析："三年之丧"是孔子所推崇的丧制，包括臣为君、子为父、妻为夫要服丧三年，这也是孝的重要内容。孝行从总体上来看，包括"事生"和"事死"两个方面，而"三年之丧"是"事死"的一个方面。舜坚守"三年之丧"，是孝行的体现。

(27) 舜年二十以孝闻，年三十尧举之，年五十摄行天子事，年五十八尧崩，年六十一代尧践帝位。(《史记·五帝本纪》)

评析：舜在二十岁时就已经因孝而闻名天下了。这也是"舜孝是天性"的又一佐证。

(28) 孔子曰："汝闻瞽叟有子名曰舜，舜之事父也，索而使之，未尝不在侧，求而杀之，未尝可得；小棰则待，大棰则走，以逃暴怒也。今子委身以待暴怒，立体而不去，杀身以陷父，不义不孝，孰是大乎？汝非天子之民邪？杀天子之民罪奚如？"(《说苑·建本》)

评析：《说苑》中引用孔子的话，来说明舜逃避父亲责打的原因仍然出于孝心，因为舜被打死后会使父亲受到牵连，这是不义不孝之为。

(29) 虞舜为父弟所害，几死再三。(《论衡·祸虚》)

评析：舜被父弟谋害多次，孝悌之心依然不改，这是一种道德自信。

(30) 虞舜大圣，隐藏骨肉之过，宜愈子骞。瞽叟与象，使舜治廪、浚井，意欲杀舜。当见杀己之情，早谏豫止。既无如何，宜避不行，若

病不为。何故使父与弟得成杀己之恶，使人闻非父弟，万世不灭？以虞舜不豫见，圣人不能先知，十三也。(《论衡·知实》)

评析：父母兄弟是骨肉至亲，舜逃脱父弟的谋害，避免了父弟背上万世之骂名，也是孝德的体现。

(31) 以孝于父、悌于为兄贤乎？则夫孝悌之人，有父兄者也，父兄不慈，孝悌乃章。舜有瞽瞍，参有曾皙，孝立名成，众人称之。如无父兄，父兄慈良，无章显之效，孝悌之名，无所见矣。忠于君者，亦与此同。龙逢、比干忠著夏、殷，桀、纣恶也。(《论衡·定贤》)

评析：奉行孝道有两种情况，一是父慈而子孝，二是父不慈而子孝，第二种情况最难做到，也最能彰显孝道美德。

(32) 子曰："汝不闻乎？昔瞽瞍有子曰舜，舜之事瞽瞍，欲使之未尝不在于侧；索而杀之，未尝可得。小棰则待过，大杖则逃走，故瞽瞍不犯不父之罪，而舜不失烝烝之孝。今参事父，委身以待暴怒，殪而不避，殪死既身死而陷父于不义，其不孝孰大焉？汝非天子之民也，杀天子之民，其罪奚若？"(《孔子家语·六本》)

评析：《孔子家语》中引用孔子的话，意在说明面对父母的责打，怎样做才算尽到了孝道。《弟子规》中说"父母责，须顺承"。又说"身有伤，贻亲忧"。父母爱子心切，恨铁不成钢，责打子女可能比较重，子女既要顺承，又要灵活逃开，这才算是尽孝。这也是孔子对学生曾参的孝道教育。

(33) 孟子言尧、舜性之，舜由仁义行，岂不是寻常说话？……尧在上而使百官事舜于畎亩之中，岂容象得以杀兄，而使二嫂治其栖乎？……舜不告而娶，须识得舜意。若使舜便不告而娶，固不可以其父顽，过时不为娶，尧去治之，尧命瞽使舜娶，舜虽不告，尧固告之矣。尧之告之也，以君治之而已。今之官府，治人之私者亦多，然而象欲以杀舜为事，尧奚为不治？盖象之杀舜，无可见之迹，发人隐慝而治之，非尧也。……舜能化瞽、象，使不格奸，何为不能化商均？(《河南程氏遗书卷一》)

评析：本处也说到尧舜的仁义之道，仁义是立人之道，仁义和阴阳、刚柔都由性而生，都是人性的一个方面。"行仁义"和"由仁义行"有着根本的区别，"由仁义行"是因为人之本性。从"人性"到"仁义"、再到"孝",文中构建了一个理论体系。舜"由仁义行"是一种本性,仁义的起点又是孝,所以舜出于亲情之本性,不陷父、弟于"奸邪"之境,实为至德之为。文中还从法律角度回答了尧帝为什么不能直接把舜的父亲和兄弟问罪,因为证据不足。

（34）子张问曰：礼丈夫三十而室。昔者舜三十征庸,而书云：有鳏在下,曰虞舜。何谓也？曩师闻诸夫子曰：圣人在上,君子在位,则内无怨女,外无旷夫。尧为天子而有鳏在下,何也？孔子曰：夫男子二十而冠,冠而后娶,古今通义也。舜父顽母嚚,莫克图室家之端焉。故逮三十而谓之鳏也。诗云：娶妻如之何？必告父母,父母在则宜图婚；若已殁则已之娶必告其庙。会舜之鳏,乃父母之顽嚚也。虽尧为天子,其如舜何！（《孔丛书》）

评析：这里引用了《尚书》中的言语,意在解释说明"为什么《书》中称舜为鳏？"因为,古时候认为20岁就应该成家立业,娶妻生子。而舜到了30岁,也未成家,所以为鳏。但追问其原因是舜的父母顽劣造成的。从舜当时的身世和背景来看,舜选择"不告而取"也是合乎情理的。

（35）昔者,舜自耕稼陶渔而躬孝友,父瞽瞍顽、母嚚及弟象傲皆下愚不移,舜尽孝道以供养瞽瞍,瞽瞍与象为浚井涂廪之谋,欲以杀舜。舜孝益笃,出田则号泣,年五十犹婴儿慕,可谓至孝矣。故耕于历山,历山之耕者让畔；陶于河滨,河滨之陶者器不苦窳；渔于雷泽,雷泽之渔者分均。及立为天子,天下化之,蛮夷率服。北发渠搜,南抚交阯,莫不慕义,麟凤在郊。故孔子曰："孝悌之至,通于神明,光于四海,舜之谓也。"孔子在州里,笃行孝道,居于阙党,阙党之子弟畋渔,分有亲者得多,孝以化之也。是以七十二子自远方至,服从其德。（《新序·杂事》）

评析：这里以舜为例,引用《孝经》中话,把孝从道德范畴提升至信仰范畴之列,对孝进行了宗教化的神秘主义解释。《孝经》对孝的神秘主义解释为孝的发展产生了深刻影响,从终极意义的角度找到了孝道理论的依据。

（36）昔者虞舜,其大孝矣！庶母惑父,屡憎害之,舜心益恭,惧而无怨,谋使浚井,下土实之。于时天休震动,神明骏赫,导穴而出,奉

养滋谨。由是元德茂盛,为天下君。善事父母之所致也。(《亢仓子·训道》)

评析:这里同样是引用舜的故事,意在说明孝能感天动力。同时,还对舜帝逃脱父母的魔掌和最终成为天子进行了大力发挥,使得孝道的神秘主义色彩更加浓厚。

三 关于舜的孝道故事

(一) 孝感动天

故事:虞舜,瞽瞍之子。性至孝。父顽,母嚚,弟象傲。舜耕于历山,有象为之耕,鸟为之耘。其孝感如此。帝尧闻之,事以九男,妻以二女,遂以天下让焉。(《二十四孝》)

评析:"孝感动天"是元代《二十四孝》中的第一个故事。意为:舜,传说中的远古帝王,姓姚,名重华,号有虞氏,史称虞舜。相传他的父亲瞽瞍及继母、异母弟象,多次想害死他:让舜修补谷仓的仓顶时,从谷仓下纵火,舜手持两个斗笠跳下逃脱;让舜掘井时,瞽瞍与象却下土填井,舜掘地道逃脱。事后舜毫不嫉恨,仍对父亲恭顺,对弟弟慈爱。他的孝行感动了天帝。舜在历山耕种,大象替他耕地,鸟代他锄草。帝尧听说舜非常孝顺,有处理政事的才干,把两个女儿娥皇和女英嫁给他;经过多年观察和考验,选定舜做他的继承人。舜登天子位后,去看望父亲,仍然恭恭敬敬,并封象为诸侯。

(二) 斑竹点点湘妃泪

故事:渊懿承志,舜妻尧女。德形妫汭,神位湘沜。揆兹有初,克硕厥宇。(《湘源二妃庙碑》)

评析:这是柳宗元对舜帝和湘源二妃的高度赞美。传说尧的两个女儿,也就是舜的两位妻子娥皇和女英,死于江、湘之间,所以世人称之为湘君。湘君下嫁虞舜,并不以天子之女自居,而是谦谦恭俭,思尽妇道。舜数次被父母兄弟谋害,娥皇和女英都帮助舜逃脱险境。从这里看来,娥皇和女英不仅帮助舜成全了孝子之名,其行为本身也是尽孝的一种表现,是孝的道德榜样效应。在娥皇和女英这里,只要有孝心,"婆媳关系"也是可以处理好的;在舜这里,"孝母"和"爱妻"并不矛盾。《二十四孝》(女孝)之《皇英妇道》中说:"皇英二嫔。舅姑顽嚚。恪尽妇道。佐夫事亲。"所以，后世有"虞舜《二十四孝》之首，曹娥《二十四孝》女孝之首"之说。当舜不幸遇难时，娥皇和女英伤痛欲绝，哭干了眼泪。一滴滴鲜血从眼中流出来，天地为之动容，天地间顿时狂风呼啸，电闪雷鸣，天神将她们流出来的眼泪一点点收集起来，洒在了洞庭湖君山的翠竹上。在这狂风暴雨中，蛾皇与女英像是迎接远行归来的丈夫一样，手拉手投入洞庭湖中。这时，风停雨住，风平浪静，君山上的丛丛翠竹都浸染上斑斑点点的泪迹，成了二妃对舜帝一片至情的象征。当地人怀着敬畏的心情将娥皇和女英的尸体葬在君山上，并立湘夫人庙来纪念她们。（唐代诗人高骈曾写有《湘浦曲》："虞帝南巡竟不还，二妃幽怨水云间。当时垂泪知多少？直到如今竹且斑。"毛泽东在深切怀念杨开慧时写道："九嶷山上白云飞，帝子乘风下翠群；斑竹一枝千滴泪，红霞万朵百重衣。"）柳宗元同时还写下《道州毁鼻亭神记》，以象的卑劣行为来衬托舜的崇高品德。

第三节　禹帝与孝

禹（前？—前1978年）：姓姒，名文命，后世称之为禹帝。禹帝为夏后氏首领、夏朝第一任君王，因此后人也称他为夏禹。他是我国传说时代与尧、舜齐名的贤圣帝王，他最卓著的功绩，就是历来被传颂的治理滔天洪水，又划定中国国土为九州，所以后人称他为大禹，意为"伟大的禹"。

一　禹帝与孝

（1）十七年而帝舜崩。三年丧毕，禹辞辟舜之子商均于阳城。（《史记·夏本纪》）

评析：帝舜死后，禹为其守孝三年。之后，为了回避舜的儿子商均，禹到了阳城。为国君守孝三年，可谓孝心之致。儒家至圣孔子也主张"守孝三年"，所以他对学生宰予主张"守孝一年"的看法进行了强烈反驳，认为："予之不仁也！子生三年，然后免于父母之怀。夫三年之丧，天下之通丧也。予也有三年之爱于其父母乎？"（《论语·阳货》）

（2）禹伤先人父鲧功之不成受诛，乃劳身焦思，居外十三年，过家

门不敢入。(《史记·夏本纪》)

评析：禹伤痛父亲鲧因治水无功而被杀害，所以劳身苦思，在外十三年，经过自己家门也不敢进。这里体现禹孝道有两个方面：一是禹继承父志，禹的家庭是一个治水世家，父亲治水没有成功，是禹家的耻辱，也是父亲鲧的遗憾，为了完成先父遗志，禹冒着被杀头的危险勇敢地担任起了治水大任，《论语·学而》里说："父在，观其志；父没，观其行；三年无改于父之道，可谓孝矣。"所以，禹继承父志，治理水害，是孝的体现。二是禹"过家门不敢入"，体现了禹舍私家之小孝、求民众之大孝的孝道行为，为了解除民众饱受水灾之害，禹是披肝沥胆、呕心沥血，虽然过家门不入，却没有一个人说他不孝。

(3) 薄衣食，致孝于鬼神。(《史记·夏本纪》)

评析：禹敬重祖先，遵守祭祀之礼，正是孝的体现。礼是孝的重要内容，礼是一种发自内在的虔诚之心的外在表现，没有礼，孝心无以体现；没有礼，解难以做到敬，所以礼的本质就是"敬"。儒家孝道观对祭祀极为重视，在儒家看来："生，事之以礼；死，葬之以礼，祭之以礼"这就是"孝"。禹宁愿自己薄衣少吃，也要遵守祭祀之礼，所以禹做到了"孝"。

(4) 禹，吾无间然矣。菲饮食，而致孝乎鬼神；恶衣服，而致美乎黻冕；卑宫室，而尽力乎沟洫。禹，吾无间然矣！(《论语·泰伯》)

评析：这是孔子对禹的极大赞美，禹能够做到自己吃得很少，却用丰盛的祭品向鬼神尽孝心；自己穿得很差，却把祭祀用的礼服做得很华美；自己住低矮的房子，却为治理洪水而尽力，所以孔子认为无法用语言来形容禹的崇高孝德和美好品质。

二 大孝为民

(1) 南宫括问于孔子曰："羿善射，奡荡舟，俱不得其死然。禹、稷躬耕，而有天下。"夫子不答。南宫括出。子曰："君子哉若人！尚德哉若人！"(《论语·宪问》)

评析：孔子的学生南宫括以后羿和大禹、后稷相对比，说明德行的重要性。孔子认为南宫括崇尚德行，是君子的行为。儒家推崇德行，反对暴力，认为禹因为是大德之人，为民众服务，所以拥有整个天下，被世人尊重。

（2）尧曰："咨！尔舜！天之历数在尔躬。允执其中。四海困穷，天禄永终。"舜亦以命禹。（《论语·尧曰》）

评析：舜让位禹时也用了尧对自己的告诫，那就是：天命已经落在你身上了，要真诚地按照中庸之道治理国家。如果让天下人都陷入困苦贫穷，天赐的禄位就会永远终结，这是古代朴素的执政为民的为政理念。

（3）昔者禹之湮洪水，决江河而通四夷九州岛也，名川三百，支川三千，小者无数。禹亲自操橐耜而九杂天下之川，腓无胈，胫无毛，沐甚雨，栉疾风，置万国。禹大圣也，而形劳天下也如此。（《庄子·天下篇》）

评析：这是《庄子》中引用墨子的话，说到禹为了治理洪水，操劳得腿肚子没有肉，小腿没有毛，淋着大雨，顶着大风，而安顿了天下万国，真不愧为大圣人，他的劳累，都是为了天下苍生黎民。

（4）禹之王天下也，身执耒以为民先，股无胈，胫不生毛，虽臣虏之劳不苦于此矣。（《韩非子·五蠹篇》）

评析：本句的意思是禹作为天下的王，亲自拿着耒（掘土工具），抢在百姓的前头干活，他的大腿上没有肉，小腿上没有毛，纵然是奴隶的辛劳，也不比这个更苦了。

三　大禹为民的故事

（一）关于化熊治水的故事

故事：为了方便开山僻石凿石，大禹会把自己化成一头巨熊。他怕自己的样子会吓坏妻子，便跟妻子说要听到山上传来鼓声才好上山，好让自己能先变回人的模样。可是有一天，大禹的妻子到达山上，看到变成巨熊的丈夫，一时接受不了，转过头直奔山下，在嵩山山麓的万岁峰下站了很久，一直站到化成一块大石。原来这时大禹的妻子已经怀孕，大禹便伤心地要求大石把儿子还给他。意想不到的事情发生了，石头竟真的爆开了，里面有一个婴孩。大禹替他起名"启"。

评析：禹公而忘私，为了黎民，牺牲了家庭的天伦之乐，这种精神历来为后世所敬仰。

(二) 关于"禹步"的故事

故事："古时龙门未辟，吕梁未凿……禹于是疏河决江，十年未阚其家，手不爪，胫不毛，生偏枯之疾，步不相过，人曰禹步。"（《尸子》）

评析：禹步是道士在祷神仪礼中常用的一种步法动作。传为夏禹所创，故称禹步。禹步的来历与大禹治水的故事紧密相连，禹因为民治水，为百姓操心，脸色发黑，七窍五脏不通，半身不遂，走路时后脚迈不过前脚，这种步行方法被称为"禹步"，后发展为道教的罡步。禹步的故事体现了民众对禹的尊崇和爱戴，大禹也成了勤政爱民，无私奉献的楷模。

第十一章

夏商周时期帝王与孝

第一节 少康与孝

少康（前1886—前1866年），也就是姒少康，中国夏朝第六任国王，是姒相（仲康之子、姒启之孙）的遗腹子。姒相被奸臣杀害，姒少康长大后，积极争取夏后氏遗民，志在复国。与夏后氏遗臣伯靡等人合力，恢复了夏王朝的统治。姒少康大有作为，史称少康中兴，它是中国历史上首个出现以"中兴"二字命名的时代。

一 少康与孝

（1）少康"有田一成，有众一旅，能布其德，而兆其谋，以收夏众，抚其官职"。（《左传·哀公元年》）

评析：少康在只有田一成，兵一旅的情况下，对黎民百姓施以恩德，以德化民，励精图治，终使国富民安，于是联络父亲之旧臣，一举攻进京都，光复了国土，改写了夏朝亡国40年的历史。在少康的治理下，夏朝出现一派繁荣的景象，这就是"少康中兴"。少康继承父亲和祖先的遗志，收复了国家，是孝的表现。《中庸》中的"夫孝者，善继人之志，善述人之事者也"说的就是这个意思。同时，少康中兴报国，为国家和人民做了许多好事，施德于民，这是至德大孝。

（2）当少康二十岁的时候，少康便遵从母亲的教诲，离开了母后到达虞国。虞王见少康后，觉得他能成大业，因此把女儿嫁给他，还把纶县及一旅的兵力送给他。（《三十六孝的故事》）

评析：在图书《三十六孝的故事》中收录了少康"中兴报国"的故

事，其中就讲到少康对母亲是十分尊敬的，遵从母亲的教诲，这是孝的表现。同时，少康能做到立身行道，成家立业，这也是一种孝行。

二 关于孝的故事

（一）少康杀寒浞

故事：寒浞出生在夏王仲康七年，父母从小娇惯于他，任由他胡作非为。羿独承王位后，不善治理，得权后，他像太康一样，好狩猎而荒废国事。他废弃武罗、伯困、龙圉等忠臣，重用被伯明氏驱逐的不孝子弟寒浞（他不仅杀死了自己的师父，还杀死了他的义父后羿，夺取了有穷国的半壁江山）。之后，他又继续穷兵黩武，兴师灭掉了夏朝，使夏朝亡国长达四十年之久。

评析：寒浞杀师弑父，不忠不孝，误国害民，人人得而诛之。少康替天行道，为民请命，惩罚不孝之人，使社会风气得以淳正，不失为大孝之举。

（二）杜康造酒

故事：历史上的杜康造酒，就是少康造酒，少康也被后世称为"酒圣"。

评析：关于少康造酒的故事，民间传颂较多。少康造酒的原因，也有许多说法，其中有两点比较突出。一是认为：少康复国，联络夏族，为了筹集经费，少康把秫米做的剩饭团放进老桑树的空洞里，结果发了酵，香气轻飘，还淌出美味的酒液。少康受此启发，发明了白酒，为复国筹集了大量资金。二是认为：少康在重病期间，全村的人见他摇摇晃晃抱病而去，都为少康感到悲伤。他到了一片桑林边，忽觉一阵芳香飘来，顿觉目清气顺，身上也有了劲儿。少康站在老桑树下皱眉思索，只不过一眨眼工夫，再看那桑树洞下，流出的香汁隐隐约约显出两行字迹：宦海无望兮莫强求，造福民间兮乐千家。之后，少康竟高高兴兴地回来了。人们十分惊奇，少康说是酒救了自己的命，并拿出美酒让大家尝。众人饮酒后，老年人变得耳灵聪明，青年人变得满面红光，姑娘们更加光彩照人。少康造酒，不管是为了筹措资金，还是为了用酒造福民间，都是为了黎民大众，体现了少康的美好品德，这也是孝德的表现。

第二节 商汤与孝

商汤（前？—约前1588年），商朝第一位君主。子姓，名履庙号太祖，为商太祖。商汤又称武汤、天乙、成汤、成唐；在甲骨文中称唐、大乙，也称高祖乙。商汤建立的商朝，是中国历史上第二个朝代，也是奴隶制的鼎盛时期，商朝还是中国第一个有直接的同时期文字记载的王朝。

一 商汤与德政

（1）汤曰："予有言：人视水见形，视民知治不。"（《史记·殷本纪》）

评析：商汤引用古人的话，人照一照水就能看出自己的形貌，看一看民众就可以知道国家治理的好不好。以民为本，是商汤德政理念的核心。

（2）汤将放桀于中野；士民闻汤在野，皆委货，扶老携幼奔，国中虚。……不齐士民，往奔汤于中野。（《逸周书·殷祝篇》）

评析：在商汤灭夏过程中，老百姓都归顺商汤，这是商汤实行德治的结果，也是商汤成功的因素。

（3）昔汤克夏而正天下，天大旱，五年不收。汤乃以身祷于桑林，曰："余一人有罪，无及万夫。万夫有罪，在余一人。无以一人之不敏。使上帝鬼神伤民之命。"于是剪其发，磨其手，以身为牺牲，用祈福于上帝。民乃甚悦，雨乃大至。（《吕氏春秋·顺民篇》）

评析：商汤舍其身为民众祷雨祈福，虽然最终目的有取悦于民的嫌疑，但其行为也不愧为具有人民性的体现，这反映了商汤德治的政治伦理思想。

（4）汤行仁义，敬鬼神，天下皆一心归之。（《越绝书》）

评析：这里明确写到商汤行仁义之德政，敬畏鬼神，所以天下皆归属于他。

（5）昔者汤将往见伊尹，令彭氏之子御。彭氏之子半道而问曰："君将何之？"汤曰："将往见伊尹。"彭氏之子曰："伊尹，天下之贱人也。若君欲见之，亦令召问焉，彼受赐矣！"汤曰："非汝所知也。今有药于此，食之，则耳加聪，目加明，则吾必说而强食之。今夫伊尹之于我国也，譬之良医善药也，而子不欲我见伊尹，是子不欲吾善也！"因下彭氏之子，不使御。(《墨子·贵义喻》)

评析：商汤不因伊尹是奴隶的身份，而去请求他辅佐自己。在当时来说，这一点是难能可贵的，当彭家的儿子看不起伊尹时，商汤拒绝他为自己驾车。他认为与其说是不让我见伊尹，不如说是不让我行仁义。伊尹看到商汤是一个有德有作为的人，就投奔了商汤。

二　商汤、殷商时期与孝

(1) 天命玄鸟，降而生商。(《诗经·商颂》)

评析：据古代神话所说，帝喾的次妃简狄是有娀氏的女儿，与别人外出洗澡时看到一枚鸟蛋，简狄吞下去后，怀孕生下了契，契就是商人的始祖。这类资料在《史记》中也有记录。这句话是研究孝的起源的重要资料，母系氏族社会就产生了早期人类的孝观念，这符合人类情感发展的规律，这时候孝还处于氏族伦理的阶段。从契开始，商氏族的父亲血脉已经清晰，说明开始进入父系氏族社会，这时候，孝的家庭伦理观念初步定型。孝产生的心理动因之一就是生命崇拜和生殖崇拜，"鸟"是男根崇拜的象征。

(2) 殷人尊神，率民以事神，先鬼而后礼，先罚而后赏，尊而不亲。(《礼记·表记》)

评析：这句话是以夏、商、周三代作对比而言的。夏代遵从君命，殷商尊崇鬼神，周朝崇尚礼仪。这里道出了一个事实，那就是自商汤建立商朝后，商人对鬼神十分敬重。孝道的产生与殷商时期浓厚的宗教信仰是分不开的。这既体现了对生命来源追问的生命意识，也是殷人通过宗教活动来获得认识世界的极大精神满足。代表"天"的意志的夏朝竟然灭亡了，商朝何去何从？这对人们心理是前所未有的震撼，所以人们只能步步小心，事事求助于"天"和"神"。鬼神与现实的人有着密切的联系，甚至有着某种感应，比如做梦、预感等，所以崇拜鬼神在当时来说更为"科学"。通过鬼神崇拜，既强化了权威和保证了权力的传承，又维护了血缘关系和亲情感情，也体现了孝观念中权力的崇拜和血缘感情。

殷商时期祭祀品中涉及祭祀祖先的鼎器数十件，早期的孝行在很大程度上都是通过祭祀祖先鬼神体现出来,随着祭祀活动的不断发达和制度化,孝意识也得到不断加强。就像《礼记·祭统》中所说:"显扬先祖,所以崇孝也。"直到现在,还有很多地方把"为已死父母举行葬礼的子女"称为"孝子",说明孝与祭祀活动有着密切的关系。

(3) 殷人贵富而尚齿。(《礼记·祭义》)

评析:尚齿就是尊老敬老的意思,也是孝行的体现。孝意识和孝观念很早就产生了,它的起源至少可以追溯到母系氏族社会,动物的报恩意识是其直接的情感基础。但是从孝意识、孝观念和原始的孝行为,到真正意识上的孝行为的产生,是建立在生产力相对发达、物质资料相对丰富的基础之上。汤建立商朝,使商朝成为奴隶社会的鼎盛时期,极大地促进了生产力的发展。这为人类孝行得以真正实现奠定了物质基础。

三 关于孝的故事

(一) 兄终弟及制

兄终弟及是一种继承的制度,传弟一般按年龄长幼依次继承,兄终弟继位。商代王位的继承除了王子继承,还采用了兄终弟及制,这是商朝王位制的显著特征。

评析:兄终弟及制保证了权力的家族化,在一个家族内,长辈和晚辈的辈分是十分明确的,在同一家族内,晚辈尊敬长辈就是孝。从这一点看来,孝与尊老不是完全一致的。因为孝是有辈分和等级的,只要辈分低,不管年龄多大,都应该孝敬长辈。尊老只是从年龄上讲,年轻的敬重年老的,就没有辈分和等级之分。

(二) 关于网开三面的故事

故事:汤出,见野张网四面,祝曰:"自天下四方皆入吾网。"汤曰:"嘻,尽之矣!"乃去其三面,祝曰:"欲左,左。欲右,右。不用命,乃入吾网。"诸侯闻之,曰:"汤德至矣,及禽兽。"(《史记·殷本纪》)

评析:关于网开三面的故事在《吕氏春秋》中也有记载。商汤有一次狩猎,见部下张网四面并祷告说,上下四方的禽兽尽入网中。汤命令去其三面,只留一面,并祷告说,禽兽们,愿逃者逃之,不愿逃者入我网中。商汤网开三面的消息传到诸侯耳中,都称赞汤的仁德可以施与禽兽,必能施与诸侯,因此纷纷加盟。这个故事也体现了儒家孝道思想,儒家认为：仁爱万物是孝的一种表现，也是孝的再扩大、再推广。《论语》中记载："子钓而不纲，弋不射宿。"孔子钓鱼，不用系满钓钩的大绳来捕鱼，不射归巢的鸟。《礼记》中曾子曾引用孔子的话："夫子曰：'断一树，杀一兽，不以其时，非孝也。'"孔子认为不管是植物，还是动物，如果不是在恰当的时候取其性命，是不孝。可见，孔子的孝论局限于人伦，还延伸到宇宙万物的自然关系中。

（三）关于商代国君的庙号

庙号：君王在于庙中被供奉时所称呼的名号，起源于商朝。商代按照"祖有功而宗有德"的标准，给予祖或宗的称号。对国家有大功、值得子孙永世祭祀的先王，就会特别追上庙号，以视永远立庙祭祀之意。

评析：在商代国君的庙号中，其中有一位是以"孝"所称，这就是仲丁（商孝成王子庄）。

（四）甲骨文

甲骨文：是中国已发现的古代文字中时代最早、体系较为完整的文字。甲骨文主要指殷墟甲骨文，又称为"殷墟文字""殷契"，是殷商时代刻在龟甲兽骨上的文字。

评析：甲骨文已经明确地有"孝"字了，从字形上看，"孝"字上部像尸，下部像行礼之孝子，说明"孝"字的原义与殷商时期的宗教文化有着密切的关系，这与当时的历史背景相符合（见图11—1）。

图11—1　图说汉字"孝"

（五）以法护孝

商代具有"以法护孝"的政治制度萌芽。殷人尊神，率民以事神，

先罚而后赏。(《礼记·表记》)

评析：尊神事神也是孝行的一种形式，殷商时期，通过法律来维护孝德，在这里可以窥见一斑，这是古代以法护孝的政治制度雏形和萌芽。

第三节　周文王与孝

周文王（前 1152—前 1056 年），姓姬，名昌，为周太王之孙，季历之子。周文王是华夏族（汉族）人，西周奠基者，建国于岐山之下，积德行仁，政化大行，天下诸侯多归从，共在位 50 年。其子武王姬发君临天下后，追尊他为文王。

一　周文王与孝

（1）穆穆文王，于缉熙敬止。(《诗经·大雅》)

评析：这是《诗经·大雅》中的《文王之什》篇，这篇是赞扬歌颂周文王的名篇。这句的意思是崇高伟大的文王，行事谨慎，光明正大。《大学》中说："为人君止于仁；为人臣止于敬；为人子止于孝；为人父止于慈；与国人交止于信。"文王之德是圣贤之德，至诚在心中，然后自然地流露、展现出来，仁、敬、孝、慈、信这五德随之而立，使一切行动合乎中道至善。

（2）无念尔祖，聿修厥德。(《诗经·大雅》)

评析：这句的意思是：念你祖先的意旨，修养自身的德行。这一句有三层含义：追念先祖；继承祖先遗志；立身行道。这三点都与孝有关：追念先祖，比如《礼记·坊记》中的"脩宗庙，敬祀事，教民追孝也"，说的就是敬重宗庙、祭祀等，以尽孝道。继承祖先遗志也是孝，比如《论语》中讲"三年无改于父之道，谓之孝"。《孝经》上说"立身行道，扬名于后世，以显父母，孝之终也"。这三点体现了周文王之孝。

（3）帝谓文王：予怀明德，不大声以色，不长夏以革，不识不知，顺帝之则。(《诗经·大雅》)

评析：帝谓就是高度歌颂的意思，这是高度赞扬周文王的美德：心灵高尚，不纵淫声乐，不沉迷美色，不喜欢战争，不好大喜功。其实这也体现了周文王的崇高孝德。因为纵淫声乐就不会立德立业，沉迷美色就不会体贴父母，发动战争就会使很多人失去父亲或者儿子。

（4）思齐大任，文王之母，思媚周姜，京室之妇。大姒嗣徽音，则百斯男。惠于宗公，神罔时怨，神罔时恫。刑于寡妻，至于兄弟，以御于家邦。（《诗经·大雅》）

评析：这两句诗是对周文王和睦一家的描述，文王孝敬先公，神灵满意无怨恨，神灵放心无伤痛。他用礼法待妻子，一视同仁对弟兄，政令推行全国民众都遵从。所谓平天下要先治国，治好国要先齐家，周文王孝敬父母，对妻、子和弟兄都十分友善和慈爱，使全国孝德蔚然成风。

（5）文王既没，文不在兹乎。（《论语·子罕》）

评析：这是孔子在流浪期间发出的感叹，也是孔子对周文王礼乐制度称赞的集中体现。周文王制定了严明的礼乐制度，礼乐制度体现了周文王对孝德和孝行的重视。

（6）孟子曰："伯夷辟纣，居北海之滨，闻文王作兴，曰：'盍归乎来！吾闻西伯善养老者。'太公辟纣，居东海之滨，闻文王作兴，曰：'盍归乎来！吾闻西伯善养老者。'天下有善养老，则仁人以为己归矣。五亩之宅，树墙下以桑，匹妇蚕之，则老者足以衣帛矣。五母鸡、二母彘，无失其时，老者足以无失肉矣。百亩之田，匹夫耕之，八口之家足以无饥矣。所谓西伯善养老者，制其田里，教之树畜，导其妻子，使养其老。五十非帛不暖，七十非肉不饱。不暖不饱，谓之冻馁。文王之民，无冻馁之老者，此之谓也。"（《孟子·尽心上》）

评析：这是孟子以周文王的养老政治制度为例来实现他推行仁政的思想。周文王把尊老养老作为一项基本国策来施行，关注养老问题，做到老有所养，就是孝亲之心的延伸和社会实践。

（7）昔者文王之治岐也，耕者九一，仕者世禄，关市讥而不征，泽梁无禁，罪人不孥。老而无妻曰鳏，老而无夫曰寡，老而无子曰独，幼而无父曰孤，此四者天下之穷民而无告者。文王发政施仁，必先斯四者，《诗》云："哿矣富人，哀此茕独。"（《孟子·梁惠王下》）

评析：这是孟子对周文王的评述和赞美。周文王治理岐，把鳏、寡、独、孤这四种人放在首位，施行仁政。孟子认为一个人可以把对父母的孝心推广出去，爱天下的老人，这就是孟子的推恩原则。"老吾老以及人之老"就是这个原则的重要命题。

（8）文王之为世子，朝于王季，日三。鸡初鸣而衣服，至于寝门外，问内竖之御者曰："今日安否何如？"内竖曰："安。"文王乃喜。乃日中又至，亦如之。及莫又至，亦如之。其有不安节，则内竖以告文王，文王色忧，行不能正履。王季复膳，然后亦复初。食上，必在，视寒暖之节，食下，问所膳，命膳宰曰："末有原！"应曰："诺。"然后退。（《礼记·文王世子》）

评析：这是周文王为世子时孝敬父亲王季的典型事例。这里谈到了周文王两点孝行故事：一是"侍疾"，二是"爱敬"。"侍疾"就是关注父母的身体健康，有病就要请医生医治。周文王一天三次询问父亲的身体状况，并不是多此一举，而是孝心的表达。周文王天亮就到父亲寝室外请安，不直接进入，怕惊扰到父亲，这是"爱敬"；周文王知道父亲有病，就十分担忧，甚至走路都不端正，这是发自内心的"爱敬"意识；不把原来的剩菜献给父亲吃，这也是"爱敬"，所以周文王对父亲具有一颗"爱敬"之心。《论语》中说："今之孝者，是谓能养。至于犬马，皆能有养。不敬，何以别乎？"就是强调尽孝必须有爱敬之心，否则就和饲养动物没有任何区别。

（9）庶子之正于公族者，教之以孝悌睦友子爱，明父子之义，长幼之序。（《礼记·文王世子》）

评析：这里讲对庶子也应该以孝悌睦友子爱来教育他们，使他们明白为父为子的道理，明白为长为幼的秩序。

（10）《世子》之《记》曰："朝夕至于大寝之门外，问于内竖曰：'今日安否何如？'内竖曰：'今日安。'世子乃有喜色。其有不安节，则内竖以告世子，世子色忧不满容。内竖言复初，然后亦复初。"朝夕之食上，世子必在，视寒暖之节。食下，问所膳羞。必知所进，以命膳宰，然后退。若内竖言疾，则世子亲齐玄而养。膳宰之馈，必敬视之，疾之药，必亲尝之。尝馈善，则世子亦能食；尝馈寡，世子亦不能饱。以至于复初，然后亦复初。（《礼记·文王世子》）

评析：这里规定了周朝世子早晚都应该给父亲请安，为父亲请安是孝的表现。周文王每天三次给父亲请安，可见，周文王的尽孝之行。

（11）子曰："无忧者，其惟文王乎！以王季为父，以武王为子，父作之，子述之。武王缵太王、王季、文王之绪，壹戎衣，而有天下。身不失天下之显名,尊为天子,富有四海之内。宗庙飨之,子孙保之。武王末受命,周公成文、武之德,追王太王、王季,上祀先公以天子之礼。斯礼也,达乎诸侯大夫,及士庶人。父为大夫,子为士,葬以大夫,祭以士。父为士,子为大夫,葬以士,祭以大夫。期之丧,达乎大夫。三年之丧,达乎天子。父母之丧,无贵贱,一也。"(《中庸》)

评析:从这段文字里,我们可以读到儒家的关于中庸道德价值的最权威的评判。文王的父亲为他开创基业,儿子继承他的遗志,文王是没有忧虑的。周文王在整个事业的开创与继承里,起到了关键的作用,但他本身没有用武的举动,符合中庸之道的判断。中庸是一种德行,孝行也要符合中庸的标准。文中还说道:三年的丧制,通达于天子。父母的丧礼,无贵贱之分,道理是一样的。这是对孝的最好阐释,不能因为孝在发展过程中的宗教色彩和政治色彩,而否认孝的情感色彩。孝是人类最美好的自然情感,没有高低贵贱之分,上至天子,下至庶人,孝敬父母之心都是一样的。

(12)曾子曰:敢问圣人之德,无以加於孝乎?子曰:天地之性,惟人为贵。人之行,莫大於孝。孝莫大於严父,严父莫大於配天,则周公其人也。昔者周公郊祀后稷,以配天。宗祀文王於明堂,以配上帝。是以四海之内,各以其职来祭。夫圣人之德,又何以加於孝乎。故亲生之膝下,以养父母日严。圣人因严以教敬,因亲以教爱。圣人之教不肃而成,其政不严而治,其所因者本也。父子之道,天性也。君臣之义也。父母生之,续莫大焉。君亲临之,厚莫重焉。故不爱其亲而爱他人者,谓之悖德。不敬其亲而敬他人者,谓之悖礼。以顺则逆民,无则焉不在於善,而皆在於凶德。虽得之,君子不贵也。君子则不然,言思可道,行思可乐,德义可尊,作事可法,容止可观,进退可度,以临其民。是以其民畏而爱之,则而象之。故能成其德教,而行其政令。诗云:淑人君子,其仪不忒。(《孝经·圣治章》)

评析:本段曾子和孔子关于"圣人孝德的重要性"问题的一问一答,集中体现了儒家的孝道思想。儒家认为:人的各种品行中,没有比孝行更加伟大的了。并以周文王为例,说明孝敬父母是人之天性;父子关系也体现君臣关系;圣人应以孝道教化天下百姓;孝道教化要以礼规范,要以身作则。所以,在儒家思想中,最为理想的德治就是周文王的为政模式。

(13) 君子反古复始，不忘其所由生，是以致其敬，发其情，竭力从事，不敢不自尽也。此之谓大教。昔者文王之祭也，事死如事生，思死而不欲生，忌日则必哀，称讳则如见，亲祀之忠也，思之深如见亲之所爱，祭欲见亲颜色者，其唯文王欤。诗云："明发不寐，有怀二人，则文王之谓欤。假此诗以喻文王二人谓父母也"祭之明日，明发不寐，有怀二人，敬而致之，又从而思之，祭之日乐与哀半，飨之必乐，已至必哀，已至谓祭事以毕不知亲飨否故哀孝子之情也，文王为能得之矣。(《孔子家语·哀公问政》)

评析：《孔子家语》中引用《礼记·祭义》中孔子的话，从词语的起源来看，"孝"与"教"关系密切，"教"是中国汉字中唯一以"孝"为首要部首组成的字，左"孝"右"文"，这就是"教"。孝德教育在整个教育中占有重要位置。孔子以周文王为例，周文王在祭祀时，侍奉死者如同侍奉生者，思念死者而痛不欲生，祭祀时很悲哀，说起亲人的名字如同看到他们一样，这就是祭祀的忠心。之后，孔子引用《诗经》中的诗句来论证周文王的孝子感情。

(14) 闵子骞问仲尼："道之与孝相去奚若？"仲尼曰："道者，自然之妙用；孝者，人道之至德。夫其包运天地，发育万物，曲成万类，布亾性寿。其功至实，而不为物府，不为事官，无为功尸。扣求视听，莫得而有，字之曰道；用之于人，字之曰孝。孝者，善事父母之名也。夫善事父母，敬顺为本，意以承之，顺承颜色，无所不至，发一言，举一意，不敢忘父母；营一手，措一足，不敢忘父母。事君不敢不忠，朋友不敢不信，临下不敢不敬，向善不敢不勤，虽居独室之中，亦不敢懈其诚。此之谓全孝。故至诚之至，通乎神明，光于四海，有感必应。善事父母之所致也。……文王之为太子也，其大孝矣！朝夕必至乎寝门之外，问寺人曰：'兹日安否如何？'曰：'安。'太子温然喜色。小不安节，太子色忧满容。朝夕食上，太子必视寒暖之节；食下，必知膳羞所进。然后退。寺人言疾，太子肃冠而斋，膳宰之馔，必敬视之；汤液之贡，必亲尝之。尝馔善，则太子亦能食；尝馔寡，太子亦不能饱。以至于复初，然后亦复初。君后有过，怡声以讽；君后所爱，虽小物必严龏。是故孝成于身，道洽天下。《雅》曰：'文王陟降，在帝左右。'言文王静作进退，天必赞之，故纣不能害。梦启之寿，卜世三十，卜年七百，天所命也。善事父母之所致也。"闵子骞曰："善。事父母之道，既幸闻矣。敢问教子之义？"仲尼曰："凡三王教子，必视礼乐。乐所以修内，礼所以修外，礼乐交修，则德容发辉于貌，故能温恭而文明。夫为人臣者，杀其身有益于君则为之，况利其身以善其君乎？是故择建忠良贞正之士为之师傅，欲其知父子、君臣、长幼之道。夫知为人子，然后可以为人父；知为人臣，然后可以为人君；知事人，然后能使人。此三王教子之义也。"闵子骞退而事之于家，三年无间于父母昆弟之言。交游称其信，乡党称其仁，宗族称其弟。德行之声，溢于天下。此善事父母之所致也。（《孔子集语》）

评析：这是《孔子集语》中引用《亢仓子·训道》中孔子和闵子骞之间关于"道和孝之间的关系"的对话。孔子认为，孝是一种德，德是因道而得，《说文》中说："德者，得也。内得于己，外得于人。"就是这个意思。道是自然的妙用，摸它、找它、看它、听它都得不到它，把它用在人身上，从外在行为表现出来就是孝。为了增强说服力，孔子以周文王为例，教导弟子应如何理解孝，如何奉行孝。

三 关于周文王与孝的故事

（一）晨则省，昏则定

故事：清代秀才李毓秀著《弟子规》，在其中《入则孝》中说："晨则省，昏则定。"

评析：这是《弟子规》中根据周文王孝亲故事整编的。根据《礼记·文王世子》中记载，周文王还是世子（太子）的时候，对父母就十分孝敬。每日三次问候父亲，从不间断。早晨鸡初啼时，便整理衣装，向父亲请安。而且是一天早中晚三次。当知道父亲身体安康，就心中欢喜。当知道父亲欠安，就十分担忧，并想方设法解除父亲不安的原因，然后才放心。对父亲饭菜的冷热、饭量的多少，都关心入微。有人觉得周文王一日三次问安，是平常而简单的事，可有多少人能做得到呢？当代社会父母关心子女，确实做到了早晚的呵护，关心入微。可是反过来，以这样的爱心体贴父母的，恐怕只有周文王啊！周文王以孝著称，以德治国，五伦（父子有亲、君臣有义、夫妇有别、长幼有序、朋友有信）

都尽到至极。自己成为全国人民的表率，而且以德教化四海百姓，开创周朝八百年基业，是我国历史上最长久的王朝之一。天子，位尊在人民之上，他的道德也要高于人民之上，行为世范，周文王做到了，所以他被人们称为圣人。

（二）《周易》

故事：《史记》记载："文王拘而演周易。"《报任安书》也说："盖西伯拘而演《周易》。"《孔丛书》里说："文王困于羑里作周易。"

评析：《周易》是中国文化的元典，是儒家"十三经"之首，玄学、道家奉为"三玄"之一。《周易》相传为周文王所作。《周易》里面的孝道思想极为丰富。第一，《周易》中关于直接论述孝道的有《萃》《豫》《蛊》《家人》等卦。《萃》，卦辞云："萃。亨。王假有庙。利见大人，亨。利贞。用大牲吉，利有攸往。"其《象》曰："王假有庙，致孝亨也。"祭祖活动是内心情感的自然表露，所以《论语》中强调"祭如在"就是这个意思，祭祀是对先祖或者父母的尊敬和缅怀，是追孝。《豫》，卦辞云："利建侯行师。"其《象》曰："雷出地奋，豫。先王以作乐崇德。殷荐上帝，以配祖考。"豫卦的卦形是坤下震上，意思就是上行下效，子承父志，协调和顺。《蛊》，卦辞云："蛊。元亨。利涉大川。先甲三日，后甲三日。"其《象》曰："蛊，元亨，而天下治也。利涉大川，往有事也。先甲三日，后甲三日，终则有始天行也。"蛊卦的卦辞要旨是讲制止腐败，提倡革新。这与《孝经》中强调的"立身行道，扬名于世后，以显父母"的孝道思想是一致的。走正道，革新过去的腐败现象，不让父母受辱，就是孝。《家人》，卦辞曰："家人，利女贞。"其《象》曰："家人，女正位乎内，男正位乎外。男女正，天地之大义也。家人有严君焉，父母之谓也。""家道正，而天下定矣。"这些讲的都是家庭孝道伦理对于社会稳定的重要性。第二，《孝经》孝道思想的理论构建源于《周易》。这是当代著名孝道研究专家康学伟教授的观点。康教授认为：《周易》的"天人合一"思想奠定了《孝经》"孝道通天"理论的哲学基础；《周易》的上下尊卑观念提供了《孝经》等级制孝道的伦理思想依据；《周易》的君主主义和民本主义意识提供了《孝经》"以孝治天下"理论的政治思想来源。第三，从《周易》看周人的孝道风范。这是湖北孝文化和《周易》研究专家罗移山教授的研究成果。罗移山教授认为：

周人从正反两方面对"孝"的内涵予以规定,"孝"即孝养,追孝,不伤害父母的感情。能够尽"孝"者便是德行。周人用"德"范畴来涵盖"孝"规范,说明"孝"是"德"的内容和具体形式,"德"是"孝"的一般精神,"孝"行就是"德"行。"德"范畴的形成,标示着周人在中华道德发展史上大大地跨进了一步。说明"孝"伦理已成为社会普遍的道德共识,其他道德都是在它的基础上产生的。第四,后世对周文王创作《周易》、传续孝德教育十分赞赏和崇敬,比如:清乾隆十五年(1750年),乾隆亲来致祭,说周文王"忠厚孝慈仁敬",并挥笔写就《演易台谒周文王祠诗》一首诗。

(三)与民同乐

故事:孟子见梁惠王,王立于沼上,顾鸿雁麋鹿,曰:"贤者亦乐此乎?"孟子对曰:"贤者而后乐此,不贤者虽有此,不乐也。诗云:'经始灵台,经之营之,庶民攻之,不日成之。经始勿亟,庶民子来。王在灵囿,麀鹿攸伏,麀鹿濯濯,白鸟鹤鹤。王在灵沼,于牣鱼跃。'文王以民力为台为沼。而民欢乐之,谓其台曰灵台,谓其沼曰灵沼,乐其有麋鹿鱼鳖。古之人与民偕乐,故能乐也。汤誓曰:'时日害丧?予及女偕亡。'民欲与之偕亡,虽有台池鸟兽,岂能独乐哉?"(《孟子·梁惠王上》)

评析:这是孟子和梁惠王之间的一段对话。孟子进见梁惠王,梁惠王问道:圣贤之人有没有欣赏华美亭台和鱼池的快乐?孟子却做了进一步回答,他引用《诗经·大雅》中的歌颂周文王德行的诗歌《灵台》,意在说明:圣贤之人注重的是"与民同乐",不圣贤之人只看到自己的快乐。周文王与民同乐,所以民众像子女为父母出力一样踊跃,没有几天灵台就竣工了。统治者体恤下民,民众就会效忠为政者。在这里,孝不仅作为家庭伦理,也作为政治伦理、社会伦理而存在着。

(四)天下大同

故事:孔子曰:"大道之行也,与三代之英,丘未之逮也,而有志焉。大道之行也,天下为公。选贤与能,讲信修睦。故人不独亲其亲,不独子其子。使老有所终,壮有所用,幼有所长,矜寡孤独废疾者皆有所养,男有分,女有归。货恶其弃于地也,不必藏于己;力恶其不出于身也,不必为己。是故谋闭而不兴,盗窃乱贼而不作,故外户而不闭,

是谓大同。"(《礼记·礼运》)

评析：孔子生活在礼坏乐崩、战火纷飞的春秋时期，他对周文王等施行大道的时代十分向往，所以深表感叹，希望建立一个"人民不只是孝敬自己的双亲，不只是慈爱自己的子女，而是使老人可以颐养天年，使幼年人能够健康成长，鳏寡孤独残疾生病的人都可以得到照顾与供养……"的大同社会。孔子以周文王等时期为例，"郁郁乎文哉，吾从周！"是他发出的深切感慨，他所描绘的大同社会，成为华夏儿女一直追求的理想社会。

（五）谥号

故事：中国古代君主、诸侯、大臣、后妃等具有一定地位的人死去之后，根据他们的生平事迹与品德修养，评定褒贬，而给予一个寓含善意评价、带有评判性质的称号。谥号制度形成，传统说法是西周早期，早期谥号为自称。周文王就是姬昌的谥号。

评析：周文王谥号为文王，按照《逸周书·谥法解》的说法："谥者，行之迹也。号者，功之表也。……经纬天地曰文，道德博闻曰文，学勤好问曰文，慈惠爱民曰文，愍民惠礼曰文。锡民爵位曰文。"谥，是行为的记录；号，是功劳的标志。顺应天地自然规律的谥号"文"，道德广博深厚的谥号"文"，勤学好问的谥号"文"，慈惠爱民的谥号"文"，怜悯百姓又施恩惠有礼貌的谥号"文"，赐给百姓爵位的谥号"文"。集仁、义在身的称"王"。这样看来，周文王是一位道德崇高、爱民如子的仁义之君，这就是后世之所以尊崇周文王的重要原因。

第四节　周武王与孝

周武王（约前 1087—前 1043 年），姓姬，名发，是周文王的次子。前 1046 年，姬发亲自率军，组织了历史上有名的牧野之战，打败商纣王。之后，建都镐京（今西安），改国号为大周，史称西周。姬发是西周的建立者，确立了西周王朝的统治，为西周时期礼乐文明的全面兴盛开辟了道路。姬发在位 3 年，死后，谥号为武王。

一　周武王与孝

（1）惟天地万物父母，惟人万物之灵。亶聪明，作元后，元后作民父母。（《尚书·周书·泰誓上》）

评析：这是周武王讨伐商纣王誓师大会誓言中的第一句话。意义是：天地是万物的父母，人类是万物的灵长，只有聪明睿智的人才能被上天选择，做人民的父母。这里其实讲到孝的两个伦理层次，一是政治伦理之孝，二是宇宙伦理之孝。

（2）皇天震怒，命我文考，肃将天威，大勋未集。肆予小子发，以尔友邦冢君，观政于商。惟受罔有悛心，乃夷居，弗事上帝神祇，遗厥先宗庙弗祀。牺牲粢盛，既于凶盗。乃曰："吾有民有命！"罔惩其侮。天佑下民，作之君，作之师，惟其克相上帝，宠绥四方。有罪无罪，予曷敢有越厥志？同力，度德；同德，度义。受有臣亿万，惟亿万心；予有臣三千，惟一心。商罪贯盈，天命诛之。予弗顺天，厥罪惟钧。予小子夙夜祇惧，受命文考，类于上帝，宜于冢土，以尔有众，厎天之罚。天矜于民，民之所欲，天必从之。尔尚弼予一人，永清四海，时哉弗可失！（《尚书·周书·泰誓上》）

评析：这段话中，周武王对先父周文王替天行道、为民请命的正义之举进行了评述，对商纣王违背天意、残害忠良百姓进行强烈控诉。周武王列举商纣王的几大罪状中，商纣王违背天意，上天是万物的父母，所以是不孝的表现；商纣王不祭祀祖先，随意处理祭品，也是不孝。周武王继承父亲的遗志（正义之道），可以看出周武王是有孝德的；周武王大力肯定周文王的功绩，自我谦称"小子"，正是孝心的流露。

（3）惟我文考若日月之照临，光于四方，显于西土。惟我有周诞受多方。予克受，非予武，惟朕文考无罪；受克予，非朕文考有罪，惟予小子无良。（《尚书·周书·泰誓下》）

评析：这是《泰誓》中的最后一段，意思是：我父亲的德行像日月一样照亮大地，彰显于四方，我们周国因此受到大家的爱戴。如果我战胜了纣，这不是凭借武力，这是因为我父亲不敢得罪于上天和人民。如果我被纣打败，这不是我父亲的错，只是我这个年轻人无良。周武王对父亲的崇敬、对人民的热爱、对正义事业的执着追求，彰显的是拳拳孝心。

(4) 武王俯取以祭。既渡，有火自上复于下，至于王屋，流为乌，其色赤，其声魄云。(《史记·周本纪》)

评析：按照郑玄的解释："书说云乌有孝名。武王卒父大业，故乌瑞臻。赤者，周之正色也。"乌鸦是孝鸟，《增广贤文》里说："羊有跪乳之恩，鸦有反哺之义。"讲的就是动物反哺报恩的自然本性。

(5) 武王帅而行之，不敢有加焉。文王有疾，武王不说冠带而养。文王一饭，亦一饭，文王再饭，亦再饭。旬有二日乃间。(《礼记·文王世子》)

评析：周武王还是太子的时候，也仿效父亲周文王为世子时的做法。文王如果有病，武王就头不脱冠衣不解带地昼夜侍养。文王吃饭少，武王也就吃饭少；文王吃饭增多，武王也就随着增多。如此这般的十二天以后，文王的病也就好了。家有孝子，幸福之至。周文王孝敬父亲，对周武王也是一种"身教"，所以周武王也很孝敬他。俗话说：父母是孩子最好的老师，就是这个道理。民国时期蔡振绅编写的《德育课本》中以此内容为依据，以"武王继述"为题，写道：武王继志。不敢有加。冠带养疾。达孝无涯，称赞周武王的孝道行为，是天下之大孝。

(6) 礼时为大，顺次之，体次之，宜次之，称次之。尧授舜，舜授禹。汤放桀，武王伐纣。时也。《诗》云：匪革其犹，聿追来孝。天地之祭，宗庙之事，父子之道，君臣之义，伦也。社稷山川之事，鬼神之祭，体也。丧祭之用，宾客之交，义也。羔豚而祭，百官皆足，大牢而祭，不必有馀，此之谓称也。诸侯以龟为宝，以圭为瑞，家不宝龟，不藏圭，不台门，言有称也。(《礼记·礼器》)

评析："武王伐纣"是时代环境造成的，周文王追念祖先的功业，周武王继承父亲的遗志，祭祀祖先，其中体现有父父子子之道和君君臣臣之义，遵从这个"道义"，就是"顺"。从这一点看来，后世理解"孝顺"就是盲目顺从父母，是愚孝，实在是一种"误解"。

(7) 子曰："武王、周公，其达孝矣乎！夫孝者，善继人之志，善述人之事者也。春秋修其祖庙，陈其宗器，设其裳衣，荐其时食。宗庙之礼，所以序昭穆也。序爵，所以辨贵贱也。序事，所以辨贤也。旅酬下为上，所以逮贱也。燕毛，所以序齿也。践其位，行其礼，奏其乐，敬其所尊，爱其所亲，事死如事生，事亡如事存，孝之至也。郊社之礼，所以事上帝也。宗庙之礼，所以祀乎其先也。明乎郊社之礼、禘尝之义，治国其如示诸掌乎！"（《礼记·中庸》）

评析：这里说到周武王和周公，天下人都认为他们是最孝的人了。这样的孝，就是善于继承先人的遗志，善于继承先人未完成的事业。接下来，文中以祭祀为例，说道：举行先王留下来的祭礼、演奏先王的音乐、敬重先王所敬重之人、爱护先王的子孙臣民、祭祀死者如同死者在世一样，这就是孝道的极致，周武王是尽孝之人了。

（8）武王以武功去民之灾。凡此功烈，施布于民，民赖其力，故祭报之。宗庙先祖，己之亲也，生时有养亲之道，死亡义不可背，故修祭祀，示如生存。推人事鬼神，缘生事死。（《论衡·祭意》）

评析：这里是说后世对周武王的祭祀之礼。武王用武功，除掉了百姓的灾祸这些功业，普遍地给老百姓带来了好处，老百姓依靠了他们的力量，所以以祭祀报答他。祭祀他们一定要有诚心，就像要对待他们在世的时候一样。

二　关于周武王孝的故事

（一）武王继述

故事：周武王姓姬名发。文王昌之次子也。文王圣孝。武王帅而行之。不敢有加焉。文王有疾。武王不说冠带而养。文王一饭。亦一饭。文王再饭。亦再饭。旬有二日。乃闲。后即位。伐商有天下。与弟周公旦继志述事。事死如事生。事亡如事存。孔子称之为达孝。

李文耕谓文王事纣。而武王伐商。似非继述矣。然武王即位十三年。恪守臣职。固文王服事之志也。至于纣恶不悛。天人交迫。不得已除暴安良。救民水火。道理到至极处。可以仰质文王在天之灵矣。（《德育课本》，蔡振绅）

评析：周武王是周文王的第二个儿子。文王是个大圣人，又非常孝顺。武王就跟了他父亲的行为做事，很小心地不敢逾越一点儿。有一回文王有了疾病，武王就服侍父亲，整天在父亲的身边，连衣帽也不敢脱去，文王吃一碗饭，他也吃一碗饭，文王添吃一碗饭，他也再吃一碗，这样有十二天。文王病好了他才放了心。后来文王死了，武王代了父亲，做了诸侯。这时候商朝的纣王非常暴虐，天下的百姓个个都怨恨他。于是武王就去讨伐纣王，得了天下，继续了父亲的志愿，传述先人的事业。他们祭祀死了的人，像服侍活着的人一样的诚敬。祭祀亡故的人，像服侍生存的人一样的有礼。后来孔夫子称赞他，说武王的孝顺行为，是合天下的人都说孝顺的，所以叫作达孝。

这里还就清代李文耕的说法进行了进一步分析，认为：虽然周文王侍奉商纣王，而周武王伐纣，看起来不是"继述"，但实际上周武王是为天下人民请命，完成了周文王的遗愿，所以是孝道的极致。

（二）周武王聘贤

故事：周武王灭商以前，一直想找个有才有谋、有志有德的人来帮助辅佐自己治理天下。他的大臣受命去找姜太公，没容那大臣开言，姜尚就说："钓钓钓，大鱼不到小鱼到。"大臣回去告诉了周武王。第二天，周武王带着两个太子，亲自找到了姜尚，姜尚说："钓钓钓，愿者上钩就上钩，不愿上钩任水流。"周武王上前拜了姜尚，说了自己的来意。姜尚问周武王："你是怎么来的？"周武王说："咱是坐龙车来的。"姜尚说："好，那我也得坐车去你西周。"没等周武王说话，姜尚又说："不过，我去是去，得你们拉着才能去。"周武王听后，二话没说，自己便去驾辕，又叫两个太子把姜尚拉着。周武王父子停下休息时，姜尚问他们拉他有多少步子。周武王没记这些。姜尚说是拉他八百单八步。他告诉周武王："以后我保证你们一步出一个真皇帝，江山能坐八百零八载。"周朝江山维持八百年的时间，这与周武王任人唯贤是分不开的。

评析：周武王聘贤是为了完成周文王讨伐商纣王的遗愿。周武王尚老敬老，重用贤能，为天下民众谋太平，这些都从不同方面反映了周武王的孝道精神。

第十二章

春秋战国时期帝王与孝

第一节 春秋霸主与孝

春秋,即东周的一个时期,亦称春秋时期(前770—前476年)。在这一时期,周王的势力减弱,诸侯群雄纷争。周王地位严重下降,只是还保存着天下共主的名义罢了;而诸侯国霸主的势力不断扩大,成为实际上的最高统治者。故在研究春秋时期帝王孝道时,本部分主要论述春秋各霸主与孝。从总体上看,春秋时期是一个礼坏乐崩的时代,三皇五帝时期和夏商周(西周)三代所体现的德治和孝道精神在这一时期得到前所未有的冲击。但这并没有阻止孝道的发展和尽孝行为的发生。同时,这就是这一礼坏乐崩的现实,使春秋时期的一些思想家更加关注孝道行为的反省和孝道思想的思考。特别是以孔子为代表的早期儒家就对先前孝意识和孝行为进行了整合,使孝道理论进一步系统化和哲学化,对中华孝道文化的发展起到了巨大作用。

一 郑庄公与孝

(1)遂置姜氏于城颍,而誓之曰:"不及黄泉,无相见也!"既而悔之。颍考叔为颍谷封人,闻之,有献于公。公赐之食。食舍肉。公问之。对曰:"小人有母,皆尝小人之食矣;未尝君之羹,请以遗之。"公曰:"尔有母遗,繄我独无!"颍考叔曰:"敢问何谓也?"公语之故,且告之悔。对曰:"君何患焉?若阙地及泉,隧而相见,其谁曰不然?"公从之。公入而赋:"大隧之中,其乐也融融。"姜出而赋:"大隧之外,其乐也泄泄。"遂为母子如初。君子曰:"颍考叔,纯孝也,爱其母,施及庄公。

《诗》曰:'孝子不匮,永锡尔类',其是之谓乎!"(《左传·隐公元年》)

评析:这是历史上关于郑庄公"掘地见母"的故事(《史记》和《东周列国志》中也有记载)。根据《左传》记载,郑庄公出生时,由于是脚先出来,惊吓了母亲武姜。最后,母亲一直偏爱另一个儿子共叔段,甚至想废除郑庄公为太子时的世子地位,立共叔段为世子。最后,武姜和共叔段谋反,被郑庄公平定。庄公就把武姜安置在城颍,并且发誓说:"不到黄泉,不再见面!"过了些时候,庄公又后悔了。后来受颍考叔(属臣)孝敬母亲的启发,并在其建议下,挖一条地道,挖出了泉水,庄公走进地道去见武姜,武姜走出地道,赋诗道:"大隧之外相见啊,多么舒畅快乐啊!"从此,他们恢复了从前的母子关系。有人说郑庄公"掘地见母"是一种虚伪,这种说法值得商榷。"掘地见母"的故事其实反映出郑庄公的真挚孝心,因为:春秋时期,礼坏乐崩,在这种时代背景下,国君能做到这一点是难能可贵的;再者,从上段文字可以看出,郑庄公的母亲武姜"不慈"在先,欲废掉他,并且和另一儿子共叔段密谋造反;然后,郑庄公悔过,听取臣下意见,在不违背誓言的条件下,见到了母亲,也体现了孝心;最后,武姜走出地道,母子其乐融融,实为大好结局。

(2)二十五年,卫州吁弑其君桓公自立,与宋伐郑,以冯故也。二十七年,始朝周桓王。桓王怒其取禾,弗礼也。二十九年,庄公怒周弗礼,与鲁易祊、许田。三十三年,宋杀孔父。三十七年,庄公不朝周,周桓王率陈、蔡、虢、卫伐郑。庄公与祭仲、高渠弥。发兵自救,王师大败。祝瞻射中王臂。祝瞻请从之,郑伯止之,曰:"犯长且难之,况敢陵天子乎?"乃止。夜令祭仲问王疾。(《史记·郑世家》)

评析:上述事件就是历史上有名的繻葛之战。郑庄公时代,正是中国社会由宗法制社会向封建社会过渡的时期。这一时期,周天子王权衰落、诸侯争霸、宗法制度崩溃、伦理道德沦丧,各种礼仪制度及社会风俗也都遭到了严重破坏。在这种社会环境中,弑父杀兄、盗母偷婶、背信弃义,统治阶层中的一些腐朽荒淫者真是无所不为。但是他将周太子留质于郑,在郑厚加相待;他抢收周禾,还射王中肩,但却阻止手下追杀周桓王,之后他向周王谢罪道歉;他对射王中肩的肇事人祝瞻劳而不赏,以示无功。由此看来,郑庄公一心一意辅佐周天子,却没有称霸诸侯的野心，没有取而代之。毛泽东曾评价郑庄公是"很厉害"的人物，"很厉害"除了称赞郑庄公的政治智慧以外，还有就是对他尊王收礼、忍辱负重思想境界的赞扬。郑庄公尊王收礼，是忠的表现，孔子说："孝慈，则忠"（《论语·为政》）、"君子之事亲孝，故忠可移于君"（《孝经·广扬名》），说明忠是孝的延伸，忠孝一体，家国同构。这件事也从另一方面反映了郑庄公的孝忠精神。

二　齐桓公与孝

（1）二十七年，鲁愍公母曰哀姜，桓公女弟也。哀姜淫于鲁公子庆父，庆父弑愍公，哀姜欲立庆父，鲁人更立厘公。桓公召哀姜，杀之。（《史记·齐太公世家》）

评析：哀姜是齐桓公的妹妹，哀姜和鲁公子庆父私通。齐桓公把妹妹哀姜召回国后给杀了。除去其政治目的来看，哀姜私通鲁公子，不守妇道，败坏人伦，使父母蒙受羞辱，齐桓公大义灭亲，可谓孝义之举。

（2）五霸，桓公为盛。葵丘之会诸侯，束牲、载书而不歃血。初命曰："诛不孝，无易树子，无以妾为妻。"再命曰："尊贤育才，以彰有德。"三命曰："敬老慈幼，无忘宾旅。"四命曰："士无世官，官事无摄，取士必得，无专杀大夫。"五命曰："无曲防，无遏籴，无有封而不告。"曰："凡我同盟之人，既盟之后，言归于好。"今之诸侯，皆犯此五禁，故曰："今之诸侯，五霸之罪人也。"（《孟子·告子下》）

评析：公元前651年，齐桓公在葵丘大会诸侯，周襄王也派代表参加。由于齐桓公拥立周襄王即位有功，受到周襄王极力表彰，这就是历史上的葵丘会盟。这里记载了桓公"葵丘会盟"盟辞的"五禁"条款："一是诛杀不孝之人，勿改变已确立的太子，不要以妾为妻；二是尊重贤能之人，培育人才，要大力表彰那些有德行的人；三是尊重老人，爱护孩童，不忘来宾和旅客；四是士不能世世为官，官吏的事情让他们自己去办，不要独揽；五是不要故意设堤坝，不要阻止别国人来籴粮食，也不能不报告天子就封国封邑。"这"五禁"条款第一条和第三条都讲的"孝"，这也是齐桓公成就霸业的经验总结。

（注：齐桓公之子昭，死后谥号"孝"，史称齐孝公，齐孝公是春秋

时期很少以"孝"为谥号的诸侯之一。)

三 宋襄公与孝

冬，十一月，襄公与楚成王战于泓。楚人未济，目夷曰："彼众我寡，及其未济击之。"公不听。已济未陈，又曰："可击。"公曰："待其已陈。"陈成，宋人击之。宋师大败，襄公伤股。国人皆怨公。公曰："君子不困人于厄，不鼓不成列。"子鱼曰："兵以胜为功，何常言欤！必如公言，即奴事之耳，又何战为？"(《史记·宋微子世家》)

评析：宋襄公即位后，继承父志，极力维护齐国的霸权（其父亲宋桓公一生威名赫赫，为齐国称霸之左膀右臂，是一位真英雄）。泓水之战，宋襄公高举"仁义"大旗，自称仁义之师，致力于以德服人。当然，在残酷的战斗之时，固守仁义，错失战机，是愚蠢之至。最后，宋襄公大腿不幸中毒箭，幸好他是个讲仁义的人，对待下属十分好，所以他的属下都拼死保护他，但最终还是因伤辞世。总之，宋襄公以仁义见称，继承父志，图谋霸业，从这一点来看，也可以称之为孝。

四 晋文公与孝

（1）及难，公使寺人披伐蒲。重耳曰："君父之命不校。"乃徇曰："校者，吾仇也。"逾垣而走。披斩其袪，遂出奔翟。(《左传·僖公五年》)

评析：晋文公在年轻时，受后母骊姬的毒害，其父晋献公听信谗言，派兵攻打重耳。重耳说："父亲的命令不能违抗。"于是他通告众人说："违抗君命的人就是我的仇敌。"重耳翻墙逃走时，差点被砍伤。

（2）里克等已杀奚齐、悼子，使人迎公子重耳于翟，欲立之。重耳谢曰："负父之命出奔，父死不得修人子之礼侍丧，重耳何敢入！大夫其更立他子。"(《史记·晋世家》)

评析：当里克等人打算拥立重耳，重耳辞谢道："违背父亲的命令逃出晋国，父亲逝世后又不能按儿子的礼仪侍候丧事，我怎么敢回国即位，请大夫还是改立别人吧。"受到父亲的迫害，重耳以德报怨，没有怀恨父亲，其孝心是难得的。

（3）是时介子推从……晋初定，欲发兵，恐他乱起，是以赏从亡未至隐者介子推。推亦不言禄，禄亦不及。……文公出，见其书，曰："此介子推也。吾方忧王室，未图其功。"使人召之，则亡。遂求所在，闻其入醋上山中，于是文公环绵上山中而封之，以为介推田，号曰介山，"以记吾过，且旌善人"。(《史记·晋世家》)

晋文公反国，酌士大夫酒。召舅犯而将之，召艾陵而相之。授田百万。介子推无爵。齿而就位，觞三行，介子推奉觞而起曰："有龙矫矫，将失其所，有蛇从之，周流天下。龙既入深渊，得安其所，蛇脂尽干，独不得甘雨，此何谓也？"文公曰："嘻，是寡人之过也。吾为子爵，与待旦之朝也，吾为子田，与河东阳之间。"介子推曰："推闻君子之道，谒而得位，道士不居业，争而得财，廉士不受也。"文公："使我得反国者，子也。吾将以成子之名。"介子推曰："推闻君子之道，为人子而不能承其父者，则不敢当后。为人臣而不见察于其君者，则不敢立于其朝。然推亦无索于天下矣。"遂去而之介山之上。文公使人求之不得。为之避寝三月，号呼期年。(《韩诗外传》)

……诗曰："逝将去女，适彼乐郊。适彼乐郊，谁知永号。"此之谓也。文公待之不肯出来，求之不能得，以谓焚其山宜出，及焚山，遂不出而焚死。(《新序》)

评析：上述文字记载的是晋文公和介子推的故事。介子推是晋国公子重耳的忠实随从，在重耳被迫流亡的十九年里，一直跟随在重耳身边，帮助重耳攻克重重困难。有一次，介子推为了救饿晕的重耳，从自己腿上割下了一块肉，烤熟后给重耳吃。重耳当上晋文公后，对同甘共苦的臣子大加封赏，唯独忘了介子推。有人为介子推叫屈，晋文公旧事重现，愧疚不已，差人去了几趟，介子推不来。晋文公亲自去请时，介子推不愿见他，已经背着老母躲进了绵山。晋文公便让他的御林军上绵山搜索，没有找到。在一位大臣的建议下，晋文公乃下令举火烧山，三面点火，留下一方，希望介子推会自己走出来。孰料大火烧了三天三夜，大火熄灭后，终究不见介子推出来。上山一看，只见介子推母子俩抱着一棵烧焦的大柳树已经死了。晋文公望着介子推的尸体哭拜一阵，安葬遗体时，发现介子推脊梁后的柳树树洞有一片衣襟，上面题了一首血诗："割肉奉君尽丹心，但愿主公常清明。柳下作鬼终不见，强似伴君作谏臣。倘若主公心有我，忆我之时常自省。臣在九泉心无愧，勤政清明复清明。"晋文公将血书藏入袖中，在那棵烧焦的大柳树下安葬了介子推母子。为了纪念介子推，晋文公还下令把绵山改为"介山"。并在山上建立祠堂，把放火烧山的这一天定为寒食节，每年这天禁忌烟火，只吃寒食。临走时，晋文公采集了一段烧焦的柳木，后以此做了双木屐，每天望着它叹道："悲哉足下。"之后，"足下"成了古人下级对上级或同辈之间相互尊敬的称呼。第二年，晋文公素服徒步登山祭奠介子推，行至坟前，只见那棵老柳树死而复活，绿枝千条，随风飘舞。晋文公望着复活的老柳树，像看见了介子推一样。他敬重地走到跟前，珍爱地掐了一段枝条，编了一个圈儿戴在头上。之后，晋文公赐名复活的老柳树为"清明节柳"，又把这天定为清明节。晋文公常常怀念介子推，以血书袖作为鞭策自己执政的座右铭，勤政爱民，励精图治，使百姓安居乐业。此后，寒食、清明节成了全国百姓的隆重节日。每逢寒食，人们即不生火做饭，只吃冷食，表达对恩人、先人的深切缅怀。

介子推身上表现出来的高尚道德情操和思想境界，对国君和国家的忠、对母亲的孝，忠孝两全，以忠诠释了孝的深刻内涵。晋文公良心追悔，沉痛缅怀恩人，在他的推动下，寒食节作为一种文化深深地融进在汉族人民的历史血脉之中，寒食文化的内涵就是以忠孝为核心，以及由忠孝延伸而来的诚信，这也是介子推精神的灵魂和精髓。经过两千多年的发展，寒食文化已经成为中华民族传统道德的核心和民族根祖文化的基础。它对维系民族、家庭团结；汇集民心，凝聚国魂，构建和谐社会有着重大的现实意义。

五　鲁定公与孝

定公问："君使臣，臣事君，如之何？"孔子对曰："君使臣以礼，臣事君以忠。"（《论语·八佾》）

评析：鲁定公曾问政于孔子，并且在一段时间里，十分重用孔子。孔子是我国古代伟大的思想家和教育家，是儒家学派的创始人。孔子思想的内容十分丰富，归纳起来说，其核心是"仁学"思想。《论语》是儒家重要的原始经典之一，它为后世研究和了解他的学说提供了最直接、最可靠的资料。孔子关于孝的理论在《论语》一书中有着大量的论述，他将孝纳入仁学体系中，提出"孝为仁之本"的观点，第一次把孝提升到"仁"的哲学高度。孔子对古代孝行的具体内容进行了整理，将之理论化和系统化，使古代孝意识和孝行转变为一种最高的德行。他为孝正名为"无违"，就是不要违背"礼"的规范，做到"生，事之以礼；死，葬之以礼，祭之以礼"。礼是仁爱之心的外在表现，仁爱的核心是敬，从这一点看，孔子主张"孝"是对父母敬爱之心的真情流露。孔子认为孝的具体内容分为四个层次：第一是"养"。《说文解字》释孝："善事父母者，从老省、从子，子承老也"，善事父母，就是赡养父母，关心父母的身体健康，这是最起码、最基本的孝。对父母的疾病，要时时担心，"父母唯其疾之忧"。第二是"敬"。孔子对只养不敬这种所谓的孝行十分鄙视，认为："今之孝者，是谓能养。至于犬马，皆能有养；不敬，何以别乎？""色难。有事，弟子服其劳；有酒食，先生馔。曾是以为孝乎？"赡养父母和老人，保持敬爱和悦的容态才是真正的孝，对于死去的亲人也要做到"祭如在"，毕恭毕敬，虔诚思念。第三是承志。孔子认为"三年无改于父之道，可谓孝矣"。"无改"其真正含义是"承志"，孔子对"无改"是做了前提条件假设的，那就是父亲有"道"，如果父亲无"道"，当然也不存在"改"与"无改"，所以在《论语》中他两次提到"三年无改于父之道，可谓孝矣"。第四是先孝后忠。孔子主张孝是忠的前提条件，即谓"孝慈，则忠"具有孝心和忠心这样的德行，才可能为国家做出突出贡献。孔子通过对孝的整理与提升，古代的孝不再只是一种自然或自觉的意识，不再只是一种简单而随意的行为，而是一种人类的基本德行，是人的一种本质规定。《礼记·中庸》云："仁者，人也，亲亲为大。"人之所以为人，就是因为人具有仁爱之心，孝为仁的基础，孝敬父母是最大的仁，是纯粹的仁，是真正的人。所以《孝经》记载孔子的言语"夫孝，德之本也，教之所由生也"。孝是人的德行的根本，是一切德行的起点，爱人、爱国家、爱万物等美好德行都是从爱亲人开始的。孔子关于"孝为德之本"的思想理论，奠定了儒家孝德思想的基础，为先秦儒家孝德理论的形成和发展做出了不朽的贡献，其孝德理论成为中国古代文化思想史上一座坚实的丰碑。

第二节　战国国君与孝

中国的战国时代是从韩赵魏三家分晋起到秦始皇统一天下为止，即公元前453年至公元前221年。战国时代是华夏历史上分裂对抗最严重、最持久的时代之一。这一时期各国混战不休，故被后世称为"战国"。但战国时期，也是中国社会生产力得到前所未有的发展、学术文化思想繁荣兴盛的重要时期。战争的烟火并没有完全阻断中华孝道思想的发展；相反，在这一时期，不少思想家还大力发展了中华孝道文化，比如孟子、荀子等。而这一时期，也有不少国君与孝有着密切的关系。

一 魏文侯与孝

文侯受子夏经艺，客段干木，过其闾，未尝不轼也。秦尝欲伐魏，或曰："魏君贤人是礼，国人称仁，上下和合，未可图也。"文侯由此得誉于诸侯。（《史记·魏世家》）

评析：子夏是孔子的学生，是"孔门十哲"之一。魏文侯亲自前往拜子夏（此时已是百岁老人）为师，使魏国成了许多士子理想效力的国家。在魏国，子夏的两个学生公羊高和谷梁赤分别口授《春秋公羊传》和《春秋谷梁传》，魏国也逐渐取代鲁国成为中原各国的文化中心，这是魏国能够称霸百年的重要原因。在《论语·为政》中记载："子夏问孝。子曰：'色难。有事，弟子服其劳；有酒食，先生馔。曾是以为孝乎？'"《论语·学而》云："子夏曰：'贤贤易色，事父母，能竭其力，事君，能致其身，与朋友交，言而有信；虽曰未学，吾必谓之学矣。'"可见，子夏对孔子孝道思想友善良好的学习和继承。受子夏的教导，魏文侯礼贤下士，国人称之为仁君，在诸侯中享有很高的声誉。

二 秦孝公与孝

五宗安之曰孝，慈惠爱亲曰孝，协时肇享曰孝，秉德不回曰孝。（《逸周书谥法解》）

评析：秦孝公的谥号为孝，秦孝公本身就是一位大孝子。《大秦帝国》中描写道：秦孝公刚继位时，得到六国要瓜分秦国的消息，悲愤至极，刻一"国耻"石碑，断指血染"国耻"二字！面对母亲的心痛与疼惜，他含着泪说：娘，渠梁不孝。秦孝公发愤图强，与母亲同心同德，求贤纳才，励志变法，力挽狂澜，他是搏击风浪的本色英雄，也是燃烧生命以挽救劫难的殉国烈士，为秦统一中国奠定了基础。

三　魏惠王与孝

未有仁而遗其亲者也，未有义而后其君者也。王亦曰仁义而已矣，何必曰利？……养生丧死无憾，王道之始也。五亩之宅，树之以桑，五十者可以衣帛矣；鸡豚狗彘之畜，无失其时，七十者可以食肉矣；百亩之田，勿夺其时，数口之家可以无饥矣；谨庠序之教，申之以孝悌之养，颁白者不负戴于道路矣。七十者衣帛食肉，黎民不饥不寒，然而不王者，未之有也。……为民父母，行政不免于率兽而食人。恶在其为民父母也？……地方百里而可以王。王如施仁政于民，省刑罚，薄税敛，深耕易耨。壮者以暇日修其孝悌忠信，入以事其父兄，出以事其长上，可使制梃以挞秦楚之坚甲利兵矣。彼夺其民时，使不得耕耨以养其父母，父母冻饿，兄弟妻子离散。彼陷溺其民，王往而征之，夫谁与王敌？故曰："仁者无敌。"王请勿疑！（《孟子·梁惠王上》）

评析：梁惠王就是魏惠王，上述文字是梁惠王与孟子的对话。梁惠王曾请教孟子治国良方，孟子劝他要施仁政、行王道。王道的开端就是生、死没有缺憾，其中关键的两条就是"富裕"和"教化"。富裕就是保证青壮年能够养活自己的父母和妻儿；教化就是在空闲时教导青壮年修习孝悌忠信。

四　赵孝成王与孝

临武君与孙卿子议兵于赵孝成王前。王曰："请问兵要。"临武君对曰："上得天时，下得地利，观敌之变动，后之发，先之至，此用兵之要术也。"孙卿子曰："不然。臣所闻古之道，凡用兵攻战之本在乎壹民。弓矢不调，则羿不能以中微；六马不和，则造父不能以致远；士民不亲附，则汤、武不能以必胜也。故善附民者，是乃善用兵者也。故兵要在乎善附民而已。"（《荀子·致士》）

评析：赵孝成王的谥号为孝成，《逸周书·谥法解》中说：秉德不回曰孝，安民立政曰成。赵孝成王也曾向儒家大师荀子讨论用兵的要领，荀子兵打仗的根本在于使民众和自己团结一致，民众团结一心的根本在于"隆礼重法"。荀子将孝纳入其礼法观，他说："礼也者，贵者敬焉，老者孝焉，长者悌焉，幼者慈焉，贱者惠焉。"孝亲要讲究礼，孝要服从于礼。主张"礼"是一切德行的基础,"礼"高于"孝",认为孝的最高原则是"从义不从父",其目的是为封建政治伦理奠定理论支撑。

第三节 秦始皇与孝

秦始皇(前259—前210年),姓嬴名政,完成中国统一的第一位皇帝,在位三十七年,把中国推向了大一统时代,为建立专制主义中央集权制度开创了新局面,对中国和世界历史产生了深远影响,奠定了中国两千余年政治制度基本格局。

(1)皇帝立国,维初在昔,嗣世称王……廿有六年,上荐高庙,孝道显明。(《峄山刻石》)

评析:这是秦始皇东巡的第一篇刻石文,文中歌颂他统一天下的功绩,表现了秦始皇对孝道等道德的重视。

(2)端平法度,万物之纪。以明人事,合同父子。圣智仁义,显白道理。……匡饬异俗,陵水经地。忧恤黔首,朝夕不懈。除疑定法,咸知所辟。……尊卑贵贱,不逾次行。奸邪不容,皆务贞良。细大尽力,莫敢怠荒。远迩辟隐,专务肃庄。端直敦忠,事业有常。……黔首安宁,不用兵革。六亲相保,终无寇贼。(《琅琊台刻石》)

评析:琅琊台刻石也是强调秦的法治文化,同时又大力宣扬儒家的礼教思想,对父子人伦的孝慈道德极为强调。

(3)事天以礼,立身以义,事父以孝,成人以仁。(《始皇封禅文刻石》)

评析:这里进一步强调礼义孝仁在为人处世中的重要性。

(4)义诛信行,威燀旁达,莫不宾服。烹灭强暴,振救黔首,周定四极。普施明法,经纬天下,永为仪则。(《之罘刻石》)

评析:这段文字表明秦始皇既重视普施明法,端正法度;又注意孝悌仁义,礼仪教化,端正风俗,经纬天下,以实现"行同伦"为最高目标。抛开其理想主义和夸张主义成分,秦王朝的基本伦理观念和思想价值倾向由此也可窥见一斑。

(5)免老告人以为不孝,谒杀,当三环之不?不当环,亟执勿失。……

殴大父母,黥为城旦舂。(《秦简·法律答问》)

评析:在秦法中规定,如果父母控告子女不孝,要求政府判处死刑的,政府不必经过判处死刑的程序而处决;如果殴打祖父母,受到的处罚就是在脸上刻字,男的罚修筑城墙,女的罚为公家舂米。从这里看来,秦法似乎残酷了一点。但秦法强调子孝,并不是片面的,因为秦法也规定"擅自杀子,黥为城旦舂",擅自杀死子女也是要受到惩罚的。虎毒不食子,一般说来,父母对子女的爱超过子女对父母的爱,所以秦法对"不孝"惩罚要严重一些。

(6)里士五(伍)甲告曰:"甲亲子同里士五(伍)丙不孝,谒杀,敢告。"即令令史己往执。令史己爰书:与牢隶臣某执丙,得某室。丞某讯丙,辞曰:"甲亲子,诚不孝甲所,毋(无)它坐罪。"……某里士五(伍)甲告曰:"谒鋈亲子同里士五(伍)丙足,(迁)蜀边县,令终身毋得去?(迁)所,敢告。"告法(废)丘主:士五(伍)咸阳才(在)某里曰丙,坐父甲谒鋈其足,(迁)蜀边县,令终身毋得去?(迁)所论之,(迁)丙如甲告,以律包。(《秦简·封诊式》)

评析:这里列举了两个关于孝道的例子,一是某甲控告其亲生子不孝,并要求判之以死刑,地方官府当即命其官吏前往捉拿丙归案,经县丞审讯,证实丙是甲的亲生子,确实对甲不孝,因此予以判罪。二是某甲控告其亲生子丙,要求官府将其断足流放到蜀郡边县,并且终身不得离开流放地点,结果官府依甲之请求治其子之罪。

(7)以此为人君则鬼,为人臣则忠;为人父则慈,为人子则孝……君鬼臣忠,父慈子孝,政之本(也)。(《秦简·为吏之道》)

评析:儒家提倡的君怀臣忠、父慈子孝伦理道德,也被秦统治者奉为施政的原则。

(8)始皇长子扶苏谏曰:"天下初定,远方黔首未集,诸生皆诵法孔子,今上皆重法绳之,臣恐天下不安。唯上察之。"……高乃与公子胡亥、丞相斯阴谋破去始皇所封书。赐公子扶苏者,而更诈为丞相斯受始皇遗诏沙丘,立子胡亥为太子。(《史记·秦始皇本纪》)

更为书赐长子扶苏曰:"朕巡天下,祷祠名山诸神以延寿命。今扶苏与将军蒙恬将师数十万以屯边,十有余年矣,不能进而前,士卒多耗,无尺寸之功,乃反数上书直言诽谤我所为,以不得罢归为太子,日夜怨望。扶苏为人子不孝，其赐剑以自裁！将军恬与扶苏居外，不匡正，宜知其谋。为人臣不忠，其赐死，以兵属裨将王离。"……蒙恬止扶苏曰："陛下居外，未立太子，使臣将三十万众守边，公子为监，此天下重任也。今一使者来，即自杀，安知其非诈？请复请，复请而后死，未暮也。"使者数趣之。扶苏为人仁，谓蒙恬曰："父而赐子死，尚安复请！"即自杀。(《史记·李斯列传》)

评析：秦始皇长公子扶苏是有德行、有政治远见、非常孝顺的人，秦始皇死后，被奸臣所害，捏造的理由就是"不孝"。扶苏非常孝顺，以为"不孝"的罪名是父亲下诏的，于是自杀了。由此可见，在秦始皇时期，孝道是一股强有力的道德力量。

（9）秦王之邯郸，诸尝与王生赵时母家有仇怨，皆坑之。(《史记·秦始皇本纪》)

评析：秦王嬴政为母复仇，坑杀曾与生母家族有仇怨者，为父母报仇雪恨是秦始皇尽孝的一种表现。不仅如此，其母后死后，秦始皇又将其与庄襄王合葬。秦始皇对生母的所作所为，体现了儒家孝道的基本要求，就像《论语》中说的那样，"生，养之以礼；死，葬之以礼，祭之以礼"。

（10）先王之教，莫荣于孝，莫显于忠。忠孝，人君人亲之所甚欲也。显荣，人子人臣之所甚愿也。然而人君人亲不得其所欲，人子人臣不得其所愿，此生于不知理义。不知理义，生于不学。(《吕氏春秋·劝学》)

评析：《吕氏春秋》是秦国丞相吕不韦组织编写的。上述文字反映了秦朝对孝道也是极为重视的，文字认为：在先王的教化中，没有什么比孝更荣耀，没有什么比忠更显达的事了。

（11）曾子曰："君子行于道路，其有父者可知也，其有师者可知也。夫无父而无师者，余若夫何哉！"此言事师之犹事父也。曾点使曾参，过期而不至，人皆见曾点曰："无乃畏邪？"曾点曰："彼虽畏，我存，夫安敢畏？"孔子畏于匡，颜渊后，孔子曰："吾以汝为死矣。"颜渊曰："子在，回何敢死？"颜回之于孔子也，犹曾参之事父也。古之贤者，与其尊师若此，故师尽智竭道以教。(《吕氏春秋·劝学》)

评析：这段文字以孔子两个著名的学生曾子和颜回的孝道感人事迹

为例，说明孝道伦理不仅适用于家庭父子之间，而且也适用于老师和学生之间的道德关系。古人强调"天地君亲师"，其实质就是孝道文化思想，"师"与"天地君亲"并列，本身就说明尊师的重要性，尊师是孝道的延伸。

（12）凡为天下，治国家，必务本而后末。所谓本者，非耕耘种植之谓，务其人也。务其人，非贫而富之，寡而众之，务其本也。务本莫贵于孝。人主孝，则名章荣，下服听，天下誉；人臣孝，则事君忠，处官廉，临难死；士民孝，则耕芸疾，守战固，不罢北。夫孝，三皇五帝之本务，而万事之纪也。（《吕氏春秋·孝行》）

评析：文中以君主行孝、臣子行孝、士人百姓行孝为例论证了"孝道是三皇五帝的根本，是各种食物的纲纪"这一中心论点。

（13）民之本教曰孝，其行孝曰养。养可能也，敬为难；敬可能也，安为难；安可能也，卒为难。父母既没，敬行其身，无遗父母恶名，可谓能终矣。仁者，仁此者也；礼者，履此者也；义者，宜此者也；信者，信此者也；强者，强此者也。乐自顺此生也，刑自逆此作也。（《吕氏春秋·孝行》）

评析：人民根本的教育是孝道，从词语的起源来看，"孝"与"教"关系密切，"教"是中国汉字中唯一以"孝"为首要部首组成的字，左"孝"右"文"，这就是"教"。"孝"与"文"也，正所谓"学高为师，身正为范"。行孝之道就是奉养，奉养要做到物质赡养和恭敬之心并重，做到善始善终。仁、礼、义、信、强都要以孝为核心，欢乐和刑罚都是因是否遵循孝道而产生，这是孝道文化发展史上以孝为诸德统摄的先河之论。

（14）秦始皇太后不谨，幸郎嫪毐……始皇取毒四支车裂之，取两弟扑杀之，取太后迁之咸阳宫。下令曰："以太后事谏者，戮而杀之，蒺藜其脊。"谏而死者二十七人。茅焦乃上说曰："齐客茅焦，愿以太后事谏。"皇帝曰："走告若，不见阙下积死人耶？"使者问焦。……焦曰："陛下车裂假父，有嫉妒之心；囊扑两弟，有不慈之名；迁母咸阳，有不孝之行；蒺藜谏士，有桀纣之治。天下闻之，尽瓦解，无向秦者。"王乃自迎太后归咸阳，立茅焦为傅，又爵之上卿。（《说苑·正谏》）

评析：秦始皇母太后与嫪毐私通，秦始皇处嫪毐车裂、摔死两个幼弟、将皇太后迁徙出咸阳宫，因此事进谏而死的有二十七人之多。茅焦冒死进谏，以"不孝、不慈、亡国"等理由劝谏秦始皇，最终感化了秦始皇，被秦始皇封为仲父拜为上卿，皇太后也因此回到了咸阳宫，成全了秦始皇的孝子之名。即使强权如秦王嬴政者，在当时，其不孝行为仍然受到臣下谏诤与社会舆论的制约。

（15）胡亥曰："废兄而立弟，是不义也；不奉父诏而畏死，是不孝也；能薄而材谫，彊因人之功，是不能也：三者逆德，天下不服，身殆倾危，社稷不血食。"高曰："臣闻汤、武杀其主，天下称义焉，不为不忠。卫君杀其父，而卫国载其德，孔子著之，不为不孝。夫大行不小谨，盛德不辞让，乡曲各有宜而百官不同功。故顾小而忘大，后必有害；狐疑犹豫，后必有悔。断而敢行，鬼神避之，后有成功。原子遂之！"（《史记·李斯列传》）

评析：秦始皇的儿子胡亥虽为昏庸残暴之君，但在谋权篡位时依然担心自己不义不孝无功不能令天下人服从他的统治。在大臣赵高的一番解释说辞下，在力欲熏心的趋势下，最终走进了赵高设计好的阴谋圈套之中，由于胡亥的昏庸，最终死在赵高的威逼之下。

（16）公子高欲奔，恐收族，乃上书曰："先帝无恙时，臣入则赐食，出则乘舆。御府之衣，臣得赐之；中厩之宝马，臣得赐之。臣当从死而不能，为人子不孝，为人臣不忠。不忠者无名以立于世，臣请从死，原葬骊山之足。唯上幸哀怜之。"书上，胡亥大说，召赵高而示之，曰："此可谓急乎？"赵高曰："人臣当忧死而不暇，何变之得谋！"胡亥可其书，赐钱十万以葬。（《史记·李斯列传》）

评析：公子高也是秦始皇的儿子，秦始皇死后，赵高谋杀太子扶苏，拥立胡亥即位为秦二世皇帝，赵高为郎中令，法令严酷，宗室公子将闾兄弟、公子12人、公主10人都被处死、连坐族诛无数。公子高想出奔，又怕逃亡后，赵高将他一族全部处死。公子高于是牺牲自己，请命为始皇殉葬，埋葬在骊山之麓，二世皇帝和赵高非常高兴，赐十万钱厚葬。公子高一族因而幸免。公子高殉葬虽为无奈自保之举，但他以选择为先父殉葬作为理由，保住了全族的性命，由此可见，孝在当时社会的道德权威。

第十三章

西汉时期帝王与孝

第一节 汉高祖与孝

汉高祖（前256—前195年），姓刘名邦，别名刘季，庙号太祖，谥号高皇帝。汉朝开国皇帝，汉民族和汉文化伟大的开拓者之一，中国历史上杰出的政治家、卓越的军事家和指挥家。他对汉族的发展，中国的统一强大，以及汉文化的发扬有突出的贡献。

（1）仁而爱人，喜施，意豁如也。（《史记·高祖本纪》）

评析：这句话意思是：汉高祖仁厚爱人，喜欢施舍，性情豁达。这是司马迁对青年时期刘邦的评价。仁是儒家哲学的重要范畴，也是最高道德。司马迁以仁冠之，可见对刘邦是赞誉之至。孝是仁的根本、百德孝为先，如果刘邦是个不孝之人，司马迁是不会以仁冠之的。

（2）召诸县父老豪桀曰："父老苦秦苛法久矣，诽谤者族，偶语者弃市。吾与诸侯约，先入关者王之，吾当王关中。与父老约，法三章耳：杀人者死，伤人及盗抵罪。余悉除去秦法。诸吏人皆案堵如故。凡吾所以来，为父老除害，非有所侵暴，无恐！且吾所以还军霸上，待诸侯至而定约束耳。"（《史记·高祖本纪》）

评析：这就是有名的"约法三章"的故事。刘邦率兵进入咸阳，召集诸县父老豪杰，向他们发布安民告示。不管是刘邦是出于为了赢得民心，还是真心实意，能够做到与民约法三章，也是具有进步性和人民性的。刘邦对民众以"父老"相称，称"老百姓"为"父"，体现了刘邦的人民意识和孝道意识。

（3）六年，高祖五日一朝太公，如家人父子礼。太公家令说太公曰：

"天无二日,土无二王。今高祖虽子,人主也;太公虽父,人臣也。奈何令人主拜人臣!如此,则威重不行。"后高祖朝,太公拥彗,迎门卻行。高祖大惊,下扶太公。太公曰:"帝,人主也,奈何以我乱天下法!"于是高祖乃尊太公为太上皇。(《史记·高祖本纪》)

评析:刘邦灭楚称帝后,本来五天朝见太公一次,好像平常人家父子间的礼节一般。但后来管家告诉太公:天无二日,太公虽贵为皇帝之父,实为人臣,不能让皇帝对他拜见。后来刘邦再来看拜见,太公拿着扫帚在门口恭敬相迎,刘邦大惊,知道原因后就尊太公为太上皇帝(简称太上皇)。太公因此成为中国历史上唯一一位未曾为人君后来成为太上皇者,也是第一位在世就被尊为太上皇的。刘邦对父亲的孝心,并没有因自己是皇帝而改变。

(4)吾翁即若翁,必欲烹而翁,则幸分我一杯羹。(《史记·项羽本纪》)

评析:这是后世争论最大的一句。有人说刘邦不顾父亲生命,是大不孝,如曹植说:"太公是谙,于孝违矣!败古今之大教,伤王道之实义。"(《汉二祖优劣论》)意为:不顾太公生死,与孝道有悖。败坏自古以来的教义,损伤了王道的实际意义。但从当时的情形来看,刘邦处于优势,且有项伯作为内应;刘邦对项羽的性格是十分了解的,项羽本来就喜欢行事"光明磊落",讲究"仁至义尽";再说刘邦和项羽曾经结为兄弟,所以刘邦认定项羽不会如此卑鄙下流、杀害共父。这是出于战争策略的考虑,而非刘邦不孝的论据。

(5)举民年五十以上,有修行,能帅众为善,置以为三老,乡一人。择乡三老一人为县三老,与县令、丞、尉以事相教,复勿徭戍。以十月赐酒肉。(《汉书·高帝纪上》)

评析:刘邦设立"乡三老"和"县三老"掌管教化之职,"乡三老""县三老"虽然处于基层,却一直受到刘邦乃至汉代后世皇帝的重视和礼遇,他们除了可以免役之外,经常是皇帝加赐米、帛、爵级的特定对象。虽然秦朝已置"乡三老",但刘邦是设置"县三老"政治制度的第一人,可见刘邦对孝道政治伦理的重视。

(6)夏五月丙午,诏曰:"人之至亲,莫亲于父子,故父有天下传归于子,子有天下尊归于父,此人道之极也。前日天下大乱,兵革并起,万民苦殃，朕亲被坚执锐，自帅士卒，犯危难，平暴乱，立诸侯，偃兵息民，天下大安，此皆太公之教训也。诸王、通侯、将军、群卿、大夫已尊朕为皇帝，而太公未有号，今上尊太公曰太上皇。"(《汉书·高帝纪下》)

评析：这句话也颇受后世争议，有人说刘邦曾被父亲骂为游手好闲，刘邦也看不起父亲，所以先封妻子、儿子和追封母亲后，才封刘太公为太上皇。但从诏书上看：刘邦以为安定天下，都是刘太公的教训，说明刘邦从内心还是尊敬父亲的。退一步讲，刘邦封刘太公是被时事所迫，但，刘邦能顾忌天下人的流言蜚语，也不失为一件好事；同时也说明当时孝道的道德力量颇高，诏书上认为"父子之道"是人道之极，"人之至亲，莫亲于父子"，这是对父子伦理关系的最高立论。

（7）初置孝弟力田二千石者一人。(《汉书·高后纪》)

评析：刘邦的妻子吕后临政期间，奖励有孝悌的德行和努力耕作者，中选者经常受到赏赐，并免除一切徭役，而且有二千石的高厚俸禄。

（8）沛公将见景驹。遇张良于留，良韩人，其先五世相韩。及韩亡，良弟死不葬，悉以家财求客。报仇彊秦，秦始皇东游。良募力士击之，误中副车，亡匿下邳，游于圯上。有一老父至，直堕其履，顾谓良曰："孺子下取履。"良甚怪愕，为其老，乃取履跪而进之。父曰："孺子可教矣，后五日与吾会此。"及期而良后至，老父怒之，凡三期而良先至，老父乃喜。遗书一编，曰："读此即为王者师，后十三年，见我于齐北谷城山下，黄石即我矣。"遂去不复见，其书乃太公兵法也，良乃以说沛公，沛公善之。(《前汉纪·前汉高祖皇帝纪一》)

评析：张良是刘邦得天下的得力助手，张良为老人取鞋并"跪而进之"的故事，表现了张良对老者的尊敬。刘邦重用张良，执政后期，对于太子人选犹豫不定，最后，大臣张良献计请来四位长者"商山四皓"，刘邦才一锤定音。其用贤敬老的思想也可见一斑。

（9）十二年冬十月。上破布军，布走江南，长沙王使人杀之，上击布也，数使使劳相国，或谓何曰。君居关中，甚得百姓心，上畏君倾动关中，君何不多买人田宅，贱贳贷以自污。不然，上心不安，何从之？上还过沛，悉召故人父老子弟置酒，上自歌曰："大风起兮云飞扬，威加海内兮归故乡，安得猛士兮守四方。"上乃起舞，慷慨伤怀，泣数行下。

叹息曰:"游子悲故乡,吾万岁之后,魂魄犹思沛,其以沛为朕汤沐邑,复其人,世无所与。"(《前汉纪·前汉高祖皇帝纪四》)

评析:《大风歌》反映了刘邦衣锦还乡的豪迈喜悦,也表达了刘邦对刘氏江山长治久安、不至于改旗易帜的忧患意识,"大风歌的忧患意识"正是孝的宗族意识体现。故乡是生我养我的土地,所以称故乡人为父老乡亲,游子就是离家远游的人,《论语》中有"父母在,不远游"的告训,"游子悲故乡"流露出来的故乡情,内心驱动力是孝道意识的心理作用。

(10) 赞曰:高祖起于布衣之中,夫帝王之作,必有神人之助,非德无以建业,非命无以定众,或以文昭,或以武兴。(《前汉纪·前汉高祖皇帝纪四》)

评析:这是对刘邦的赞颂,其中有一点:"非德无以建业",以刘邦当时的势力和背景,要实现兴邦建国的宏伟目标是十分困难的事,如果没有德心,就不能凝聚民心。刘邦满足这一条件,民众才对他有所期待。

(11) 子贼杀伤父母,奴婢贼杀伤主、主父母妻子,皆枭其首市。(张家山汉简《二年律令》)

评析:《二年律令》是刘邦、吕后时期颁布的法令。法令规定:儿子刺母是掉脑袋的大罪,这种恶意犯罪,不能以爵位、金钱赎罪,即使自首也不能减罪,这是对不孝行为的零容忍。

(12) 子牧杀父母,殴詈泰父母、父母、叚大母、主母、后母,及父母告子不孝,皆弃市。其子有罪当城旦舂、鬼薪白粲以上,及为人奴婢者,父母告不孝,勿听。年七十以上告子不孝,必三环之。三环之各不同日而尚告,乃听之。教人不孝,黥为城旦舂。(张家山汉简《二年律令》)

评析:汉法规定,子女杀害父母、殴打父母、父母告子女不孝,子女皆判处"弃市"的死刑。当然,法律对70岁以上年龄的老人状告子女,是持谨慎态度的,因为高龄老人或因一时糊涂、或因判断失误、或因感情用事而去告发,而官府一旦仓促处死其子,老人或许后悔,另外也无人为其养老等。汉法还规定,如果以"不孝"的观点来教育别人,将会被处以"黥刑",也就是在脸上刻字。

(13) 贼杀伤父母,牧杀父母,欧〈殴〉詈父母,父母告子不孝,其

妻子为收者，皆锢，令毋得以爵偿、免除及赎。（张家山汉简《二年律令》）

评析：汉法规定，父母告子女不孝，如果妻子包庇，也会处以"禁锢"的刑罚，并且不得爵偿，赎刑也不得使用。

（14）父母殴笞子及奴婢，子及奴婢以殴笞辜死，令赎死。（张家山汉简《二年律令》）

评析：汉法规定，父母鞭打子女致其死亡，可以交纳钱物而免除死罪。汉法对父子关系不平等的规定，表现了对孝道的极端重视。

（15）妇贼伤、殴詈夫之泰父母、父母、主母、后母，皆弃市。（张家山汉简《二年律令》）

评析：汉法规定，儿媳殴打伤害父母等，也要被处以"弃市"的死刑。

（16）殴父偏妻、父母男子同产之妻、泰父母之同产，及夫父母同产、夫之同产，若殴妻之父母，皆赎耐。其会詢詈之，罚金四两。（张家山汉简《二年律令》）

评析：汉法对殴打父亲偏妻、妻子的父母等也有规定，只不过刑罚较轻，可以用金钱赎回"剃须"的罪刑。如果只是言语上的伤害，则罚金四两。

（17）汉王南渡平阴津，至洛阳新城。三老董公遮说王曰："臣闻'顺德者昌，逆德者亡'；'兵出无名，事故不成'。故曰：'明其为贼，敌乃可服。'项羽为无道，放杀其主，天下之贼也。夫仁不以勇，义不以力，大王宜率三军之众为之素服，以告诸侯而伐之，则四海之内莫不仰德，此三王之举也。"于是汉王为义帝发丧，袒而大哭，哀临三日，发使告诸侯曰："天下共立义帝，北面事之。今项羽放杀义帝江南，大逆无道！寡人悉发关中兵，收三河士，南浮江、汉以下，愿从诸侯王击楚之杀义帝者！"（《资治通鉴·卷九汉纪一》）

评析：项羽政治生涯的一个致命错误就是杀死义帝。而汉王刘邦却为义帝发丧，彰显他的忠孝之心，也奠定了他的政治基础。

（18）吾甚重祠而敬祭。今上帝之祭，及山川诸神当祠者，各以其时礼祠之如故。（《史记·封禅书》）

评析：汉高祖刘邦曾下诏表态自己对祭祀之礼的重视，刘邦认为

"天子尊事天地,修祀山川,古今通礼"。祭祀就是按照一定的仪式,向神灵致敬和献礼,以恭敬的动作膜拜它,请它帮助人们达成靠人力难以实现的愿望,正是孝道意识的体现。

(19)祀者,所以昭孝事祖,通神明也。旁及四夷,莫不修之;下至禽兽,豺獭有祭。是以圣王为典礼……使制神之处位,为之牲器。使先圣之后,能知山川,敬于礼仪,明神之事者,以为祝;能知四时牺牲,坛场上下,氏姓所出者,以为宗。(《汉书·郊祀志》)

评析:刘邦对祭祀的重视还表现在他设立各种祭祀的职位,对祭祀的礼仪进行详细的规定,对祭祀的宗旨进行了明文规定。

(20)故所居堂弟子内,后世因庙藏孔子衣冠琴车书,至于汉二百余年不绝。高皇帝过鲁,以太牢祠焉。(《史记·孔子世家》)

评析:汉高祖刘邦于十二年(前195年)十二月自淮南还,过鲁,以太牢(猪、牛、羊三牲各一)祭祀孔子。刘邦在回京师长安的路上,专程到曲阜以隆重的"太牢"礼仪祭孔,刘邦是中国历史上第一个亲临孔庙祭孔的君主,开了帝王祭孔的先例,孔子推崇周礼,对人类孝道思想和孝道行为进行了哲学化架构,刘邦对孔子的祭祀也体现了其孝道意识。

第二节 汉惠帝与孝

汉惠帝(前195—前188年),姓刘名盈,为刘邦和吕后所生。刘盈16岁即位,是西汉的第二个皇帝。在位七年期间,实施仁政,减轻赋税,政治清明,国泰民安。谥号孝惠,又称孝惠帝。

(1)慈惠爱亲曰孝,柔质慈民曰惠,爱民好与曰惠。(《逸周书·谥法解》)

评析:刘盈是西汉第一个以孝为谥号的皇帝。按照《谥法解》:惠顾下民,尊爱长辈的谥号"孝"性格宽柔又慈爱百姓的谥号"惠",爱百姓好施舍的谥号"惠"。刘盈的谥号为"孝惠",是一位孝子皇帝,也开启了西汉"以孝治天下"的先河。

(2)孝惠为人仁弱……孝惠帝慈仁。(《史记·吕太后本纪》)

评析:司马迁在《史记》中多次提到汉惠帝"仁","孝悌也者,其为仁之本欤!"《论语·学而》,孝是仁的根本,不孝之人不成其为仁。所以,按照儒家关于"仁"的标准,汉惠帝是具有孝德的。

(3) 太后遂断戚夫人手足,去眼,煇耳,饮暗药,使居厕中,命曰"人彘"。居数日,乃召孝惠帝观人彘。孝惠见,问,乃知其戚夫人,乃大哭,因病,岁余不能起。使人请太后曰:"此非人所为。臣为太后子,终不能治天下。"孝惠以此日饮为淫乐,不听政,故有病也。(《史记·吕太后本纪》)

评析:戚夫人是刘邦的一位夫人,惨遭孝惠帝的亲生母亲吕太后杀害。孝惠帝心地善良,面对亲生母亲杀害后母,他为后母而大哭,并因此大病不起,这是真孝的表现。事已如此,加之孝惠帝的仁弱,他没有对母亲进行惩罚(以他的实力也是办不到的),只能进行无声控诉,这更说明孝惠帝的纯朴孝心。

(4) 十月,孝惠与齐王燕饮太后前,孝惠以为齐王兄,置上坐,如家人之礼。太后怒,乃令酌两卮酖,置前,令齐王起为寿。齐王起,孝惠亦起,取卮欲俱为寿。太后乃恐,自起泛孝惠卮。齐王怪之,因不敢饮,佯醉去。问,知其酖,齐王恐,自以为不得脱长安,忧。齐内史士说王曰:"太后独有孝惠与鲁元公主。今王有七十余城,而公主乃食数城。王诚以一郡上太后,为公主汤沐邑,太后必喜,王必无忧。"于是齐王乃上城阳之郡,尊公主为王太后。吕后喜,许之。乃置酒齐邸,乐饮,罢,归齐王。(《史记·吕太后本纪》)

惠帝以齐王为兄,置上座,如家人之礼,此又长幼有序之义,复见其善事兄长之弟。太后则欲药齐王,而帝与齐王并起,取卮欲俱为寿,太后乃恐,遂使赵王之事未得重演,此又免其母于不慈不仁之孝。司马迁详纪此二事,惠帝为人之孝悌可知矣。孟子曰:"尧舜之道,孝悌而已矣。"惠帝之孝悌,诚有合于儒家帝王之道。(《史记·齐悼惠王世家》)

评析:齐王刘肥是汉高祖刘邦最大的庶子,他的母亲是汉高祖从前的情妇曹氏。吕雉想加害刘肥,孝惠帝千方百计保护刘肥,最终使刘肥躲过一劫。孝惠帝保护兄长,又避免陷母亲于不仁不义之中,是孝。

(5) 汉十二年,上从击破布军归,疾益甚,愈欲易太子。留侯谏,不听,因疾不视事。叔孙太傅称说引古今,以死争太子。上详许之,犹欲易之。及燕,置酒,太子侍。四人从太子,年皆八十有余,须眉皓白,衣冠甚伟。上怪之，问曰："彼何为者？"四人前对，各言名姓，曰东园公，甪里先生，绮里季，夏黄公。上乃大惊，曰："吾求公数岁，公辟逃我，今公何自从吾儿游乎？"四人皆曰："陛下轻士善骂，臣等义不受辱，故恐而亡匿。窃闻太子为人仁孝，恭敬爱士，天下莫不延颈欲为太子死者，故臣等来耳。"上曰："烦公幸卒调护太子。"（《史记·留侯世家》）

今太子仁孝，天下皆闻之。（《史记·刘敬叔孙通列传》）

评析：汉十二年，刘邦以刘盈柔弱为理由，准备废除刘盈的太子之位，立爱妃戚夫人的儿子刘如意为太子。遭到张良、叔孙通等人的强烈反对，张良还请出四位有极高声望的隐士来劝说刘邦。他们对太子仁孝品格的强力申明和支持，最终迫使刘邦放弃了废立太子的念头，刘盈保住太子之位，其中最重要的理由支撑就是孝惠帝个人的仁孝，如果没有这一点，仅靠吕太后等人的支持，其后果难以预料。

（6）春正月，举民孝悌、力田者复其身。（《汉书·惠帝纪》）

评析："孝悌、力田"就是奖励有孝的德行和能努力耕作者，作为汉代选拔官吏的科目之一，始于孝惠帝。

（7）赞曰：孝惠内修亲亲，外礼宰相，优宠齐悼、赵隐，恩敬笃矣。闻叔孙通之谏则惧然，纳曹相国之对而心说，可谓宽仁之主。（《汉书·惠帝纪》）

评析：《汉书》称赞孝惠帝以亲近亲人、孝爱亲人进行修养内在德行，对臣子和兄弟又十分讲究礼制，十分恩敬和诚挚，对大臣的劝谏十分重视，对拥有治国贤才十分高兴，是一位宽厚仁德的皇帝。

（8）臣光曰：为人子者，父母有过则谏；谏而不听，则号泣而随之。安有守高祖之业，为天下之主，不忍母之残酷，遂弃国家而不恤，纵酒色以伤生！若孝惠者，可谓笃于小仁而未知大谊也。（《资治通鉴·卷十二》）

评析：这是司马光对孝惠帝的评价：吕太后杀害戚夫人和其儿子刘如意，孝惠帝从此不理朝政，司马光认为孝惠帝是恪守小仁、小孝，而没有做到大仁、大孝。相比舜帝的感化、秦始皇的刚断而言，孝惠帝显得太柔弱。但由于吕太后的手腕和权力的根深蒂固，孝惠帝也实在是无能为力。

（9）帝以朝太后于长乐宫及间往，数跸烦民，乃筑复道于武库南。

奉常叔孙通谏曰："此高帝月出游衣冠之道也，子孙奈何乘宗庙道上行哉！"帝惧曰："急坏之！"通曰："人主无过举。今已作，百姓皆知之矣。愿陛下为原庙渭北，衣冠月出游之，益广宗庙，大孝之本。"上乃诏有司立原庙。(《资治通鉴·卷十二》)

评析：刘盈经常去长乐宫向太后问安，来回都要禁止通行、清查道路，觉得给百姓带来很大麻烦，就决定架一条小路。当叔孙通进谏说，准备架小路的地方是每月为高祖举行游衣冠仪式的专用道路时，孝惠帝赶紧说，快点把它拆掉。这说明孝惠帝对先父是十分敬畏和孝敬的。最后在叔孙通的建议下，又增加了一座宗庙，以表示以孝为本。

第三节　汉文帝与孝

汉文帝（前 202—前 157 年），姓刘名恒，是汉高祖与薄姬的儿子，汉惠帝之庶弟。吕后死后，汉文帝即位。汉文帝在位时，百姓富裕，天下小康，汉文帝与其子汉景帝统治时期被合称为"文景之治"。汉文帝刘恒谥号孝文皇帝，庙号太宗。

（1）乙巳，群臣皆顿首上尊号曰孝文皇帝。(《史记·孝文本纪》)

评析：在公元前157年乙巳这一天，群臣都叩头跪拜尊刘恒为孝文皇帝。按照《逸周书·谥法解》："经纬天地曰文，道德博闻曰文，学勤好问曰文，慈惠爱民曰文，愍民惠礼曰文，锡民爵位曰文。……五宗安之曰孝，慈惠爱亲曰孝，协时肇享曰孝，秉德不回曰孝。"刘恒死后，被尊崇孝文皇帝，其根本理由就是因为刘恒道德崇高、慈惠爱民、爱亲敬亲。

（2）上曰："法者，治之正也，所以禁暴而率善人也。今犯法已论，而使毋罪之父母妻子同产坐之，及为收帑，朕甚不取。其议之。"(《史记·孝文本纪》)

评析：上文大意是，法律是治理国家的正道，目的是禁止暴行、引导向善的。现在的法律规定，处罚犯法当事人之外，还要使其无罪的父母、妻子、儿女和同胞兄弟姊妹连坐定罪惩治，甚至被收为官奴，我很不赞同。希望能够商议这两条法律。孝文皇帝提到两条律法，一条是连坐，一条是收帑。收帑就是注销户籍，籍没为奴，由自由人收押为官奴，通过赏赐和买卖再为私奴。连坐法则是商鞅在秦国变法时颁布的。汉文帝取消这两条法律，就是更加重视德治，不以法律而废亲情人伦，是源于内在的孝道之情。

（3）正月，有司言曰："蚤建太子，所以尊宗庙。请立太子。"上曰："朕既不德，上帝神明未歆享，天下人民未有嗛志。今纵不能博求天下贤圣有德之人而禅天下焉，而曰豫建太子，是重吾不德也。谓天下何？其安之。"有司曰："豫建太子，所以重宗庙社稷，不忘天下也。"上曰："楚王，季父也，春秋高，阅天下之义理多矣，明于国家之大体。吴王于朕，兄也，惠仁以好德。淮南王，弟也，秉德以陪朕。岂为不豫哉！诸侯王宗室昆弟有功臣，多贤及有德义者，若举有德以陪朕之不能终，是社稷之灵，天下之福也。今不选举焉，而曰必子，人其以朕为忘贤有德者而专于子，非所以忧天下也。朕甚不取也。"（《史记·孝文本纪》）

评析：这是关于汉文帝立太子的故事。汉文帝认为自己的德行还不高，上帝神明还没有欣然享受自己的祭品，天下的人民心里还没有满意。如今自己既不能广泛求访贤圣有德的人把天下禅让给他，却说预先确立太子，这是加重自己的无德。还进一步说道："楚王是我的叔父，年岁大，经历见识过的道理多了，懂得国家的大体。吴王是我的兄长，贤惠仁慈，甚爱美德。淮南王是我的弟弟，能守其才德以辅佐我。有他们，难道还不是预先做了安排吗？诸侯王、宗室、兄弟和有功的大臣，很多都是有才能有德义的人，如果推举有德之人辅佐我这不能做到底的皇帝，这也将是国家的幸运，天下人的福分。现在不推举他们，却说一定要立太子，人们就会认为我忘掉了贤能有德的人，而只想着自己的儿子，不是为天下人着想，我觉得这样做很不可取。"于是主张缓一缓立太子之事。汉文帝以天下黎民百姓为念，首先考虑叔父、兄长和有德之臣的封赏和安排，这是大孝境界。

（4）五月，齐太仓令淳于公有罪当刑，诏狱逮徙系长安。太仓公无男，有女五人。太仓公将行会逮，骂其女曰："生子不生男，有缓急非有益也！"其少女缇萦自伤泣，乃随其父至长安，上书曰："妾父为吏，齐中皆称其廉平，今坐法当刑。妾伤夫死者不可复生，刑者不可复属，虽复欲改过自新，其道无由也。妾原没入为官婢，赎父刑罪，使得自新。"书奏天子，天子怜悲其意，乃下诏曰："盖闻有虞氏之时，画衣冠异章服以为僇，而民不犯。何则？至治也。今法有肉刑三，而奸不止，其咎安在？非乃朕德薄而教不明欤？吾甚自愧。故夫驯道不纯而愚民陷焉。诗曰'恺悌君子，民之父母。'今人有过，教未施而刑加焉？或欲改行为善而道毋由也。朕甚怜之。夫刑至断支体，刻肌肤，终身不息，何其楚痛而不德也，岂称为民父母之意哉！其除肉刑。"（《史记·孝文本纪》）

评析：上述就是历史上有名的缇萦救父的故事。齐国的太仓令淳于公犯了罪，应该受到肉刑。太仓令没有儿子，他的女儿缇萦上书朝廷，说自己愿意被收入官府做奴婢，来抵父亲的受刑之罪。上书送到文帝那里，文帝怜悯缇萦的孝心，深受感动，于是下诏说：施用刑罚以致割断犯人的肢体，刻伤犯人的肌肤，终身不能长好，多么令人痛苦而又不合道德呀，作为百姓的父母，这样做，难道合乎天下父母心吗？应该废除肉刑。《孝经》上云：身体发肤，受之父母，不敢毁伤，孝之始也。汉文帝被缇萦的孝心所感动，并为此废除了伤人身体的"不孝"肉刑。

（5）上常衣绨衣，所幸慎夫人，令衣不得曳地，帏帐不得文绣，以示敦朴，为天下先。……专务以德化民，是以海内殷富，兴于礼义。（《史记·孝文本纪》）

评析：文帝平时十分俭朴，为天下人做出榜样。一心致力于用恩德感化臣民，因此天下富足，礼义兴盛。俗话说：百德孝为先。汉文帝以道德感化臣民，大兴礼仪，使天下道德之风蔚然盛行。

（6）孝景皇帝元年十月，制诏御史："盖闻古者祖有功而宗有德，制礼乐各有由。闻歌者，所以发德也；舞者，所以明功也。高庙酎，奏武德、文始、五行之舞。孝惠庙酎，奏文始、五行之舞。孝文皇帝临天下，通关梁，不异远方。除诽谤，去肉刑，赏赐长老，收恤孤独，以育群生。减嗜欲，不受献，不私其利也。罪人不帑，不诛无罪。除刑，出美人，重绝人之世。朕既不敏，不能识。此皆上古之所不及，而孝文皇帝亲行之。德厚侔天地，利泽施四海，靡不获福焉。明象乎日月，而庙乐不称。朕甚惧焉。其为孝文皇帝庙为昭德之舞，以明休德。然后祖宗之功德着于竹帛，施于万世，永永无穷，朕甚嘉之。其与丞相、列侯、中二千石、礼官具为礼仪奏。"丞相臣嘉等言："陛下永思孝道，立昭德之舞以明孝文皇帝之盛德。皆臣嘉等愚所不及。臣谨议：世功莫大于高皇帝，德莫盛于孝文皇帝，高皇庙宜为帝者太祖之庙，孝文皇帝庙宜为帝者太宗之庙。天子宜世世献祖宗之庙。郡国诸侯宜各为孝文皇帝立太宗之庙。诸

侯王列侯使者侍祠天子，岁献祖宗之庙。请着之竹帛，宣布天下。"(《史记·孝文本纪》)

评析：孝景帝即位后，下诏书对先皇盛赞：孝文皇帝治理天下废除了诽谤有罪的法令，取消肉刑，赏赐老人，收养抚恤少无父母和老而无子的贫苦人，以此来养育天下众生，功德显赫，比得上天地；恩惠广施，遍及四海，治天下之德没有超过孝文皇帝的，各郡各国诸侯也应当分别为孝文皇帝建立太宗之庙，每年朝廷祭祀时，诸侯王和列侯都要按时派使者来京陪侍天子祭祀，每年都要祭祀太祖、太宗，请把这些写入文献，向天下公布。

(7) 太史公曰：孔子言"必世然后仁。善人之治国百年，亦可以胜残去杀"。诚哉是言！汉兴，至孝文四十有余载，德至盛也。廪廪乡改正服封禅矣，谦让未成于今。呜呼，岂不仁哉！(《史记·孝文本纪》)

评析：这是司马迁以孔子的话为例对汉文帝的评价。太史公说：孔子曾说："治理国家必须经过三十年才能实现仁政。善人治理国家经过一百年，也就可以克服残暴免除刑杀了。"这话千真万确。汉朝建立，到孝文皇帝经过四十多年，德政达到了极盛的地步。汉文帝已逐渐走向更改历法、服色和进行封禅了，可是由于他的谦让，至今尚未完成。啊，这难道不就是仁吗？仁是儒家至高道德，仁的基础是孝，司马迁以此赞扬汉文帝，足见汉文帝的至高美德。

(8) 后七年六月己亥，帝崩于未央宫。遗诏曰："朕闻盖天下万物之萌生，靡不有死。死者天地之理，物之自然者，奚可甚哀。当今之时，世咸嘉生而恶死，厚葬以破业，重服以伤生，吾甚不取。且朕既不德，无以佐百姓；今崩，又使重服久临，以离寒暑之数，哀人之父子，伤长幼之志，损其饮食，绝鬼神之祭祀，以重吾不德也，谓天下何！朕获保宗庙，以眇眇之身托于天下君王之上，二十有余年矣。赖天地之灵，社稷之福，方内安宁，靡有兵革。朕既不敏，常畏过行，以羞先帝之遗德；维年之久长，惧于不终。今乃幸以天年，得复供养于高庙。朕之不明与嘉之，其奚哀悲之有！其令天下吏民，令到出临三日，皆释服。毋禁取妇嫁女祠祀饮酒食肉者。自当给丧事服临者，皆无践。绖带无过三寸，毋布车及兵器，毋发民男女哭临宫殿。宫殿中当临者，皆以旦夕各十五举声，礼毕罢。非旦夕临时，禁毋得擅哭。已下，服大红十五日，小红十四日，纤七日，释服。佗不在令中者，皆以此令比率从事。布告天下，使明知朕意。霸陵山川因其故，毋有所改。归夫人以下至少使。"（《史记·孝文本纪》）

评析：汉文帝在自己的遗诏中要求：自己的葬礼要节俭，不要使天下的父子为我悲哀，使天下的老幼心灵受到损害，减少饮食而中断对鬼神的祭祀等。为天下父子、老幼着想，此乃大孝孝天下；汉文帝重视对鬼神的祭祀，敬重祖先，追孝之心昭然后世。

（9）孝文在代，兆遇大横。宋昌建册，绛侯奉迎。南面而让，天下归诚。务农先籍，布德偃兵。除帑削谤，政简刑清。绨衣率俗，露台罢营。法宽张武，狱恤缇萦。霸陵如故，千年颂声。（《史记·孝文本纪》）

评析：这是唐代司马贞在《史记索隐述赞》中对汉文帝的评论，尤其对汉文帝在处理缇萦事件中表现出的崇高仁德进行了很高评价。

（10）窦皇后兄窦长君，弟曰窦广国，字少君。少君年四五岁时，家贫，为人所略卖，其家不知其处。……窦皇后言之于文帝，召见，问之，具言其故，果是。又复问他何以为验？对曰："姊去我西时，与我决于传舍中，丐沐沐我，请食饭我，乃去。"于是窦后持之而泣，泣涕交横下。侍御左右皆伏地泣，助皇后悲哀。乃厚赐田宅金钱，封公昆弟，家于长安。（《史记·外戚世家》）

评析：上述文字就是关于刘恒的妻子窦漪房寻找亲人的故事。窦皇后为了找到失散多年的兄弟，对已故双亲尽一些孝道，在她被册封的那一天，她向刘恒提议，宴请天下所有鳏寡孤独之人，并赐给生活穷困之人布匹、米面、肉食，对于八十岁以上的老人、九岁以下的孤儿，分别赐给每人一石米、二十斤肉、五斗酒、两匹帛、三斤棉絮。以孝闻名的刘恒对皇后的建议大加赞赏，并很快实施。

（11）春正月丁亥，诏曰："夫农，天下之本也，其开籍田，朕亲率耕，以给宗庙粢盛。民谪作县官及贷种食未入、入未备者，皆赦之。"……十三年春二月甲寅，诏曰："朕亲率天下农耕以供粢盛，皇后亲桑以奉祭服，其具礼仪。"（《汉书·文帝纪第四》）

评析：汉文帝曾几次下诏，亲自参加农耕和祭祀宗庙，《论语》中讲"慎终追远，民德归厚矣"。追远，就是祭祀宗庙、缅怀祖先，也就是孝。

（12）"孝悌，天下之大顺也；力田，为生之本也；三老，众民之师也；廉吏，民之表也。朕甚嘉此二三大夫之行。今万家之县，云无应令，岂实人情？是吏举贤之道未备也。其遣谒者劳赐三老、孝者帛，人五匹；悌者、力田二匹；廉吏二百石以上率百石者三匹。及问民所不便安，而以户口率置三老、孝、悌、力田常员，令各率其意以道民焉。"（《汉书·文帝纪第四》）

评析：这是汉文帝时期所下诏书的内容。孝悌、力田，在中国传统文化中是安身立命的根本问题。汉文帝时期，明确规定按户口比例确定孝悌力田人数，而且置为"常员"，对三老、孝、悌、廉的奖励也有明确的规定，此后，孝悌力田的设置成为两汉的定制。

（13）赞曰：孝文皇帝即位二十三年，宫室、苑囿、车骑、服御无所增益。有不便，辄弛以利民。尝欲作露台，召匠计之，直百金。上曰："百金，中人十家之产也。吾奉先帝宫室，常恐羞之，何以台为！"身衣弋绨，所幸慎夫人衣不曳地，帷帐无文绣，以示敦朴，为天下先。治霸陵，皆瓦器，不得以金、银、铜、锡为饰，因其山，不起坟。南越尉佗自立为帝，召贵佗兄弟，以德怀之，佗遂称臣。与匈奴结和亲，后而背约入盗，令边备守，不发兵深入，恐烦百姓。吴王诈病不朝，赐以几杖。群臣袁盎等谏说虽切，常假借纳用焉。张武等受赂金钱，觉，更加赏赐，以愧其心。专务以德化民，是以海内殷富，兴于礼义，断狱数百，几致刑措。呜呼，仁哉！（《汉书·文帝纪第四》）

评析：这是班固对汉文帝的总结性评价。司马迁曾以"仁"来盛赞汉文帝，班固也以具体事宜为内容来称赞汉文帝为"仁德"之君。

（14）诏曰：今方春和，草木群生之物，皆有以自乐，而吾百姓鳏寡孤独穷困之人，咸阽于死亡而莫之省忧，朕为民父母将何如。（《前汉纪·孝文皇帝纪上卷第七》）

评析：汉文帝时期，诏书上说道：草木万物都有属于自己的快乐，皇帝作为天下百姓的父母，也应该体恤鳏寡孤独穷困的人。

（15）太后尝病三年，陛下目不交睫，睡不解衣冠，汤药非陛下口所尝不进，夫曾参以布衣犹难之，陛下亲以王者行之，孝过曾参远矣。（《前汉纪·孝文皇帝纪上卷第七》）

评析：汉文帝对母亲是极为孝敬的，中国东汉末期的史学家荀悦在《前汉纪》中叙述了汉文帝孝敬母亲的故事，有一次，他的母亲患了重病,这可急坏了刘恒。他母亲一病就是三年,卧床不起。刘恒亲自为母亲煎药汤,并且日夜守护在母亲的床前。每次看到母亲睡了,才趴在母亲床边睡一会儿。刘恒天天为母亲煎药,每次煎完,自己总先尝一尝,看看汤药苦不苦,烫不烫,自己觉得差不多了,才给母亲喝。荀悦甚至认为汉文帝的孝心比曾子还要崇高。曾子是儒家至圣孔子的学生,曾子以孝著名,他著述有《大学》《孝经》等儒家经典,后世儒家尊他为"宗圣",曾子的孝道思想和孝道故事在《论语》《孟子》《孔子家语》《礼记》等经典著作中有很多记载。元代郭居敬在《二十四孝》中把汉文帝孝行编入第二则故事,原文是:"前汉文帝,名恒,高祖第三子,初封代王。生母薄太后,帝奉养无怠。母常病,三年,帝目不交睫,衣不解带,汤药非口亲尝弗进。仁孝闻天下。"就是依照荀悦的记载而言的,刘恒孝顺母亲的事,在朝野广为流传,人们都称赞他是一个仁孝之子,有诗颂曰:"仁孝闻天下,巍巍冠百王;母后三载病,汤药必先尝。"汉文帝之孝道不愧为中华民族学习之楷模。

(16)今为汉治者,无勤劳之苦,不乏钟鼓之乐。可使诸侯轨道,天下顺治也。承奉宗庙,至孝也。以育群生,至仁也。垂法立业,至明也。当时大治,使后世诵圣德,使顾成之庙称为太宗,上配太祖。(《前汉纪·孝文皇帝纪上卷第七》)

评析:根据荀悦的论述,汉文帝统治期间,承命祭祀宗庙,虔心奉行孝道,滋育世间万物,至孝至仁,尊庙号为太宗。

(17)孔子曰:幼成若天性,习惯若自然,及太子少长,即入于太学,承师道问,既冠成人,免于保傅之严,则有记过之史,彻膳之宰,诽谤之木,敢谏之鼓,春朝朝日,秋暮夕月,所以明敬也,养三老五更,所以明孝悌也。(《前汉纪·孝文皇帝纪上卷第七》)

评析:汉文帝从小就对自己的母亲十分孝敬,所以荀悦引用孔子的话来说明孝是从小养成的。

(18)其于禽兽,见其生不忍其死,闻其声不食其肉,故远庖厨,所以长恩且明有仁也。(《前汉纪·孝文皇帝纪上卷第七》)

评析:儒家的孝道思想不仅局限于人类,还延伸到自然领域,这就是仁爱万物。仁爱万物是孝的一种表现,也是孝的再扩大、再推广。《论语》中记载:"子钓而不纲,弋不射宿。"孔子钓鱼,不用系满钓钩的大绳来捕鱼，不射归巢的鸟。《礼记》中曾子曾引用孔子的话："夫子曰：'断一树，杀一兽，不以其时，非孝也。'"孔子认为不管是植物，还是动物，如果不是在恰当的时候取其性命，是不孝。可见，孔子的孝论不局限于人伦，还延伸到宇宙万物的自然关系。汉文帝不忍心看到禽兽动物的死亡，正是因为孝。

（19）释之进曰：陛下以周勃张相如何如人。上曰：长者也。（《前汉纪·孝文皇帝纪下卷第八》）

评析：西汉时期的张释之执法刚正不阿，有一次问汉文帝周勃、张良怎样，汉文帝回答说是前辈老者。可见，汉文帝十分尊老敬老。

（20）三月，诏曰：孝悌，天下之大顺也；力田，为生民之本也；三老，众民之师也；廉直，吏民之所表也。（《前汉纪·孝文皇帝纪下卷第八》）

评析：力田关系民生，孝悌、三老和廉直都是道德伦理方面，上述可以看出，汉文帝时期对孝悌、力田、三老和廉直极为重视。

（21）序以明教，庠以行礼，而视化焉，春令民毕出于野。其诗云：同我妇子，馌彼南亩，田畯至喜，则冬毕入于邑。其诗云：嗟我父子，曰为改岁。（《前汉纪·孝文皇帝纪下卷第八》）

评析：施以教化，明以礼仪，可怜天下父子，如何才能很好地由旧年进入新年，这些感叹体现了汉文帝对天下父子和教化礼仪的关心。

（22）以孝文之明也，本朝之治。……夫忠臣之于其主，犹孝子之于其亲，尽心焉，尽力焉。进而喜，非贪位；退而忧，非怀宠；结志于心，慕恋不已；进得及时，乐行其道。（《前汉纪·孝文皇帝纪下卷第八》）

评析：汉文帝以孝治理天下，文中对忠孝进行了阐述，意在说明忠孝一体。忠孝当尽心尽力，并对如何具体尽孝做了详细规定。

（23）赞曰：本纪称孝文皇帝，宫室苑囿，车马御服，无所增益，有不便辄弛以利民，身衣弋绨，慎夫人虽幸，衣不曳地，帏帐无文绣，以示敦朴。爱费百金，不为露台，及治霸陵，皆瓦器，不得以金银铜锡为饰，因其山不起坟。南越王尉佗自立为帝，以德怀之。匈奴背约，令守边备，不发兵深入。无动劳百姓。吴王诈病不朝，赐以几杖。群臣袁盎等谏说虽切，尝假借之。张武等受赂金钱，重加赏赐，以愧其心。专务以德化民，是以海内殷富，兴于礼义，断狱数百，几致刑措，登显洪业，为汉太宗。甚盛矣哉，扬雄有言，文帝亲屈帝尊。以申亚夫之军令，曷为不能用颇牧，彼将有所感激云尔。（《前汉纪·孝文皇帝纪下卷第八》）

评析：《前汉纪》是以《汉书》为基本材料缩编而成的。这里也是荀悦借《汉书》中班固对汉文帝的评价而成的文字，旨在说明汉文帝的仁孝之德。

（24）天子怜悲其意，五月，诏曰："《诗》曰：'恺悌君子，民之父母。'今人有过，教未施而刑已加焉，或欲改行为善而道无繇至，朕甚怜之！夫刑至断支体，刻肌肤，终身不息，何其刑之痛而不德也！岂为民父母之意哉！其除肉刑，有以易之；及令罪人各以轻重，不记逃，有年而免。具为令！"（《资治通鉴·汉绝十四》）

评价：司马光在《资治通鉴》中对汉文帝的孝德进行论述：重视道德教化，免除残酷的肉刑，以黄老之学治世，把自己当成人民的父母，这正是汉文帝孝慈之德的体现。

（25）薄太后母德慈仁，孝文皇帝贤明临国，子孙赖福，延祚至今。其上薄太后尊号曰高皇后，配食地祇。迁吕太后庙主于园，四时上祭。……遗诏曰：朕无益百姓，皆如孝文皇帝制度，务从约省。（《后汉书·光武帝纪第一》）

评析：汉文帝对后世刘家统治者的影响是深远的，比如汉光武帝曾使司空告祠高庙时，就说道：汉文帝的母亲仁慈，孝文皇帝显明有孝德，还给薄太后上尊号"高皇后"，并迁移到高庙奉祀，而把吕后从高庙中替换出来。汉光武帝去世时，在遗诏里还说自己一切都是根据孝文皇帝的规章制度而行。

（26）文帝慈孝，宽仁弘厚，躬修玄默，以俭率下，奉生送终，事从约省，美声塞于宇宙，仁风畅于四海。（《全三国文》卷八）

评析：这是曹魏高祖文皇帝曹丕对汉文帝的评价，他认为汉文帝对下慈、对上孝，仁德宽厚。

（27）孝文即位，爱物检身。骄吴抚越，匈奴和亲。纳谏赦罪，以德怀民。殆至刑错，万国化淳。（《全三国文》卷十七）

评析：曹植也认为汉文帝即位后，能够以德怀民，使天下道德之风蔚然。

（28）昔汉文帝将起露台，而惜十家之产。朕德不逮于汉帝，而所费

过之,岂谓为民父母之道也!(《旧唐书》卷二)

评析:这是唐太宗李世民对汉文帝的崇高评价,唐太宗也是一位仁君,然而他却认为自己的德行比不上汉文帝。

第四节　汉景帝与孝

汉景帝(前188—前141年),姓刘名启,是汉文帝刘恒的长子,西汉第五位皇帝,在位16年,谥号孝景皇帝,无庙号。汉景帝在位期间,削诸侯封地,平定七国之乱,巩固中央集权,勤俭治国,发展生产,他统治时期与其父汉文帝统治时期合称为"文景之治"。

(1)由义而济曰景,布义行刚曰景,耆意大虑曰景。五宗安之曰孝,慈惠爱亲曰孝,协时肇享曰孝,秉德不回曰孝。(《逸周书·谥法解》)

评析:汉景帝刘启的谥号为孝景皇帝,按《谥法解》的解释:依照正义而达到目的、推行正义而行为果断、想得久远又深思熟虑的即为"景"。《说文》:己之威仪也,从我羊,《注》臣铉等曰:与善同意,故从羊。《释名》义,宜也,裁制事物,使各宜也。《易经》中说:立人之道,曰仁与义。可见义是儒家思想的重要道德范畴。义与孝两种道德联系紧密,义就是"合适、合宜",就是尽孝的行为恰当,后来"义父""义子"的说法就源于此。《谥法解》中还说:使五世同宗祖的都安宁、惠顾下民,尊爱长辈的谥号、祭祀适时的谥号"孝"。汉景帝的谥号为孝景皇帝,汉景帝继父业、承父志,其统治时期与其父汉文帝时期被后世合称"文景之治",可谓孝矣!

(2)太史公曰:汉兴,孝文施大德,天下怀安,至孝景,不复忧异姓。(《史记·孝景本纪》)

评析:西汉建国初期,刘邦分封了大量异姓王,其中以楚王韩信、赵王张敖、韩王信、梁王彭越、淮南王黥布、燕王臧荼(后为卢绾)、长沙王吴芮七王为主。这些异姓王拥有重兵,对西汉中央政权构成极大威胁。对于异姓王的威胁,刘邦和吕雉采取了残酷镇压的手段。而汉文帝和汉景帝则采取了以孝治天下的德政,德化天下,使西汉政权不再因异姓王而担忧。

(3)元年冬十月,诏曰:"盖闻古者祖有功而宗有德,制礼乐各有由。歌者，所以发德也；舞者，所以明功也。高庙酎，奏《武德》、《文始》、《五行》之舞。孝惠庙酎，奏《文始》、《五行》之舞。孝文皇帝临天下，通关梁，不异远方；除诽谤，去肉刑，赏赐长老，收恤孤独，以遂群生；减耆欲，不受献，罪人不帑，不诛亡罪，不私其利也；除宫刑，出美人，重绝人之世也。朕既不敏，弗能胜识。此皆上世之所不及，而孝文皇帝亲行之。德厚侔天地，利泽施四海，靡不获福。明象乎日月，而庙乐不称，朕甚惧焉。其为孝文皇帝庙为《昭德》之舞，以明休德。然后祖宗之功德，施于万世，永永无穷，朕甚嘉之。其与丞相、列侯、中二千石、礼官具礼仪奏。"丞相臣嘉等奏曰："陛下永思孝道，立《昭德》之舞以明孝文皇帝之盛德，皆臣嘉等愚所不及。臣谨议：世功莫大于高皇帝，德莫盛于孝文皇帝。高皇帝庙宜为帝者太祖之庙，孝文皇帝庙宜为帝者太宗之庙。天子宜世世献祖宗之庙。郡国诸侯宜各为孝文皇帝立太宗之庙。诸侯王、列侯使者侍祠天子所献祖宗之庙。请宣布天下。"制曰"可。"（《汉书·景帝纪》）

评析：在元年冬，汉景帝曾下诏对汉高祖、汉惠帝、汉文帝的功德进行了陈述，大臣们对汉景帝的做法极其颂赞，说汉景帝永远思念和恪守孝道。

（4）夏四月，诏曰：……朕亲耕，后亲桑，以奉宗庙粢盛、祭服，为天下先……老耆以寿终，幼孤得遂长。（《汉书·景帝纪》）

评析：汉景帝在夏四月，又下诏书说自己尊奉宗庙、追念祖先，以身作则，亲力亲为，使天下老人能够颐养天年、寿终正寝，使天下幼小能够健壮成长。这与儒家亚圣孟子的"老吾老以及人之老，幼吾幼以及人之幼"的道德推恩原则是一致的。

（5）赞曰：孔子称"斯民，三代之所以直道而行也"，信哉！周、秦之敝，罔密文峻，而奸轨不胜。汉兴，扫除烦苛，与民休息。至于孝文，加之以恭俭，孝景遵业，五六十载之间，至于移风易俗，黎民醇厚。周云成、康，汉言文、景，美矣！（《汉书·景帝纪》）

评析：班固在《汉书》中称赞孝景帝继承孝文帝的基业，形成了西汉"文景之治"的盛世太平。《论语》中记载孔子的话："父在，观其志；父没，观其行；三年无改于父之道，可谓孝矣。"所以，从儒家思想来看，孝景帝遵业正是孝的表现。

(6)元年冬十月,诏曰:盖闻古者祖有功而宗有德。孝文皇帝德厚侔于天地,利泽施四海,而庙乐不称,朕甚惧焉。其奏昭德四时之舞,丞相嘉等奏尊孝文庙为太宗。奏昭德四时之舞,令郡国皆立太宗庙。四时舞孝文所作,以明天下之安和。夏六月,御史大夫陶青翟使匈奴,结和亲。五月令民田收半租,太中大夫任成周仁为郎中令。仁为人阴重不泄,衣敝不饰,甚见亲信。上自幸其家者再,赏赐甚厚,仁常固让,诸侯群臣赠遗无所受。(《前汉纪·孝景皇帝纪》)

评析:孝景帝下诏对孝文帝大力盛赞,正是孝德的表现,也为天下民众树立了榜样,《论语》说:"君子之德风,小人之德草,草上之风必偃。"意思是作为领导阶级的示范作用极为重要,孝景帝的做法也是以孝治天下的重要内容。

(7)昔舜之弟象日以杀舜为事,而舜封之有庳,仁人之于兄弟也,不含怒,不宿怨,厚亲爱而已。鲁公子庆父使仆人杀子般,季友不探其情而诛焉,春秋以为失亲亲之道,以此说天子。倪幸梁事得不治,长君曰敬诺,入言之,及梁内史韩安国,亦因长公主解说,梁王卒得不治。(《前汉纪·孝景皇帝纪》)

评析:这就是孝景帝仁爱保护弟弟梁孝王的故事。梁孝王和汉景帝都是汉文帝和窦太后所生。梁孝王有一次入朝参拜。当时汉景帝还没立太子,随口说道:"我千秋万岁后,将传位于你。"梁孝王心里很喜悦。在后来爆发的七国之乱中,梁孝王率军挡住了吴楚叛军,配合太尉周亚夫将叛乱平定,为国家立下了汗马功劳。可是,第二年汉景帝便立了自己的儿子为太子,几年后太子被废,窦太后想让梁孝王为皇太弟。由于大臣袁盎等人坚决反对,窦太后只好放弃了。不久汉景帝立胶东王为太子,胶东王便是后来的汉武帝。梁孝王知道后,对袁盎等人恨之入骨,便派刺客到京城,将袁盎等十几位大臣暗杀了。汉景帝派使者去梁国,逼令梁孝王的几名亲信自杀。梁孝王通过母亲和姐姐向皇帝谢罪,才勉强过关。等到汉景帝怒气稍稍平息,梁孝王便上书请求入朝。走到函谷关,他改乘布车,先来到姐姐长公主家里躲着。汉景帝派使者接不到人,便慌了神。太后哭泣着说:"皇上杀了我的儿子!"汉景帝心里既忧又怕。不久,梁孝王背扛着斧头来到宫外,向哥哥谢罪。这时太后和汉景帝才放下心来,互相对着哭泣。汉景帝又和梁孝王恢复了过去的兄弟关系,梁孝王平平安安地活到了寿限。这个故事表明：孝景帝尚亲情，重孝悌，是一位仁德之君。

第五节　汉武帝与孝

汉武帝（前156—前87年），姓刘名彻，是汉景帝的中子。因汉景帝长子刘荣被废，汉景帝死后，刘彻继位，是西汉的第六位皇帝。汉武帝刘彻统治期间，开创察举制选拔人才；采用了董仲舒的建议，"罢黜百家，独尊儒术"；开拓汉朝最大版图，功业辉煌。汉武盛世是中国历史上的三大盛世之一。晚年的汉武帝穷兵黩武，好大喜功，在忏悔中下罪己诏，死后谥号孝武皇帝，庙号世宗。

（1）孝武皇帝初即位，尤敬鬼神之祀。（《史记·孝武本纪》）

评析：汉武帝死后，谥号为孝武帝，一方面说明汉武帝是一个崇尚军事之人，其在位期间，北击匈奴，征伐楼兰、姑师、大宛，统一两越、西南夷，平定朝鲜等；另一方面说明刘彻崇尚儒家孝道，以孝治天下，按照《逸周书·谥法解》："协时肇享曰孝"，意思是祭祀适用谥号就是孝。汉武帝重视祭祀鬼神，而在儒家思想中，鬼神亦指死去的祖先，比如《孝经·感应》："宗庙致敬，鬼神著矣。"唐玄宗注："事宗庙能尽敬，则祖考来格。"汉武帝即位第二年就到雍（今陕西凤翔）祭祀五帝：青帝、赤帝、黄帝、白帝、黑帝，以后每三年祭祀一次。当汉武帝听到臣下说"古代天子三年用太牢礼祭一次三一：天一、地一、太一"，便令太祝在太一祭祀坛上一块祭祀。汉武帝还常常在汾阴祭后土。汉武帝还重视对名山大川的祭典，比如建元元年（前140年）夏五月下诏说：河海滋润千里，令掌管祭祀的官员修山川之祠，为一年中经常进行的事情，祭祀要有所增加。最能表现汉武帝重视祭祀是"泰山封禅"和"立明堂"。封禅就是帝王祭天地的大典，中国历史上第一个到泰山进行封禅的是秦始皇，第二个便是汉武帝，东汉应劭记载了汉武帝泰山封禅时的刻石记功辞云：事天以礼，立身以义，事亲以孝，育民以仁。四守之内莫不为郡县，四夷八蛮咸来贡职，与天无极。人民蕃息，天禄永得。汉武帝一共六次到泰山封禅。不仅如此，汉武帝还造明堂于泰山下，明堂是举行大典的皇室，实现了他从即位第一年起就要立明堂的愿望。汉武后又"祀孝景帝皇帝于明堂",以彰显他的孝心和以孝治天下的政治举措。

（2）其来年冬，上议曰："古者先振兵泽旅，然后封禅。"乃遂北巡朔方，勒兵十余万，还祭黄帝冢桥山，泽兵须如。上曰："吾闻黄帝不死，今有冢，何也？"或对曰："黄帝已仙上天，群臣葬其衣冠。"即至甘泉，为且用事泰山，先类祠泰一。（《史记·孝武本纪》）

评析：上述记载了汉武帝封禅时发生的事情，这也反映了汉武帝的孝道观。按照阴阳五行学说，黄帝得土德，夏得木德，殷得金德，周得火德，关于秦朝和汉朝是什么德？开始，汉高祖刘邦自以为得水德的符瑞，于是尚水。到了汉文帝时期，公孙臣上书说：汉为土德，三年后，在陕西出现了"黄龙"，于是土德说法得到认同。黄帝得土德，汉代得土德，加之汉武帝接受董仲舒的建议：易服色为黄色，可见汉武帝对黄帝的尊敬之情。黄帝是中华民族的人文始祖，按照儒家学说，这正体现了黄帝的政治大孝。

（3）太史公曰：余从巡祭天地诸神名山川而封禅焉。入寿宫侍祠神语，究观方士祠官之言，于是退而论次自古以来用事於鬼神者，具见其表里。（《史记·孝武本纪》）

评析：这是司马迁对汉武帝关于敬鬼封禅的赞评。认为敬鬼封禅是汉武帝孝道精神的外在流露，属于表；而其内在的孝道意识和孝道精神是内驱动力，属于里。

（4）索隐述赞：孝武纂极，四海承平。志尚奢丽，尤敬神明。坛开八道，接通五城。朝亲五利，夕拜文成。（《史记·孝武本纪》）

评析：司马迁引用古籍对汉武帝进行集中评价说道：汉武帝即位以来，天下是一派太平盛世，崇尚华丽奢侈，好大喜功，对鬼神十分敬重。政坛开明，外伐征地，疆域广阔。对国家有利的事情都十分亲近，对文化上有成就之人也是十分崇尚和礼拜。汉武帝重儒家祭祀之礼，崇尚文德，这是遵从儒家孝道思想的表现特征。所以，从总体上看，司马迁对汉武帝是持褒义的赞扬。

（5）夏四月己巳，诏曰："古之立孝，乡里以齿，朝廷以爵，扶世导民，莫善于德。然即于乡里先耆艾，奉高年，古之道也。今天下孝子、顺孙愿自竭尽以承其亲，外迫公事，内乏资财，是以孝心阙焉，朕甚哀

之。民年九十以上，已有受鬻法，为复子若孙，令得身帅妻妾遂其供养之事。"(《汉书·武帝纪》)

评析：崇尚老人，奉行孝道，政府引导民间道德之风，以财政收入来奉养天下老人，这是中国尊老尚老养老的优良传统。汉武帝在诏书中以此为依据，然后对照现实，认为当今社会虽然不乏孝子顺孙，人们有孝心，有孝德，但由于战争连年，内政财政匮乏，致使孝子顺孙的孝心不能实现，为此他十分悲哀。并下令继续推行受鬻制度，也就是养老令，这是对老人的一种福利制度。这段诏令明确表现了汉武帝对孝道的重视，把国家资助孝养作为一项法律制度固定下来，以政治力量推动百姓孝德。

(6) 置《五经》博士。(《汉书·武帝纪》)

评析：汉武帝在建元五年（前136年），设置五经博士，并兴太学专门用来培养儒家五经博士。五经是指儒家五部重要经典：《易》《书》《诗》《礼》《春秋》，每经只有一家，每经置一博士，各以家法教授，故称五经博士。五经博士的由来是：汉文帝时，始置《书》《诗》的一经博士；景帝时，又置《春秋》博士；汉武帝又为《易》和《礼》增置博士。到西汉末年，研究五经的学者逐渐增至十四家，所以也称五经十四博士。在这以后，除个别情况外，儒家经学以外的百家之学失去了官学中的合法地位，而五经博士成为独占官学的权威。儒家这五部经典关于孝道思想的论述都比较多，汇集了儒家孝道思想的重要观点和基本主张。

(7) 元光元年冬十一月，初令郡国举孝廉各一人。(《汉书·武帝纪》)

评析：虽然举孝廉在汉武帝之前就有，但最初的孝廉与力田等是一起举荐的，但把举孝廉单独出来作为一科，却是从汉武帝时期才正式开始的。这里指的"初令"就是最初出台举孝廉的诏令。孝与廉都是政治标杆，把"孝"放在"廉"的前面，意在说明以孝促廉，以廉养孝的政治伦理关系，由此看来，孝武帝对孝道是十分重视的。不仅如此，汉武帝还在元朔元年（前128年）下诏：朕深诏执事，兴廉举孝，今或至阖郡而不举一人，令"中二千石、礼官、博士议不举者罪"。有司奏曰："不举孝，不奉诏，当以不敬论。不察廉，不胜任也，当免"，"奏可"。在汉武帝政治行为的推动下，作为家庭伦理的孝道进一步完成向政治伦理的跨越。

(8)五月,诏贤良曰:"朕闻昔在唐、虞,画像而民不犯,日月所烛,莫不率俾。周之成、康,刑错不用,德及鸟兽,教通四海,海外肃慎,北发渠搜,氐羌徕服;星辰不孛,日月不蚀,山陵不崩,川谷不塞;麟、凤在郊薮,河、洛出图书。呜乎,何施而臻此与!今朕获奉宗庙,夙兴以求,夜寐以思,若涉渊水,未知所济。猗与伟与!何行而可以章先帝之洪业休德,上参尧、舜,下配三王!朕之不敏,不能远德,此子大夫之所睹闻也,贤良明于古今王事之体,受策察问,咸以书对,著之于篇,朕亲览焉。"于是董仲舒、公孙弘等出焉。(《汉书·武帝纪》)

评析:汉武帝以尧舜时期的"唐虞之治"和西周成王和康王的"成康之治"为自己政治得失的参照,崇尚古代圣贤的清明政治、康乐盛世。"唐虞之治"和"成康之治"也是儒家思想十分推崇的理想政治模式。汉武帝对儒家思想的尊崇也可窥知一二。汉武帝对汉代儒家大师董仲舒和公孙弘也采取了尊圣尚贤的措施。董仲舒在继承先秦儒家思想的基础上,杂糅其他各家理论,大力发挥《孝经》中的孝道感应理论,以"天人感应"和阴阳五行为哲学根基,从宇宙论的层面来论证形而上之孝的合理性,将儒家的孝论提升到了新的理论高度。同时,董仲舒从实践层面对形而下之孝也进行了系统阐述,对儒家孝道思想的发展和孝道实践的推广起到了重大作用。身为一介布衣的公孙弘也因为晚年研究儒家经典《春秋公羊传》,能以儒家的学说对法律进行解释阐述,被汉武帝拜为博士。《春秋公羊传》中也有关于儒家孝道思想的论述,比如《文公》篇中就讲道:"缘孝子之心,则三年不忍当也。"

(9)元朔元年冬十一月,诏曰:"公卿大夫,所使总方略,壹统类,广教化,美风俗也。夫本仁祖义,褒德禄贤,劝善刑暴,五帝、三王所由昌也。朕夙兴夜寐,嘉与宇内之士臻于斯路。故旅耆老,复孝敬,选豪俊,讲文学,稽参政事,祈进民心,深诏执事,兴廉举孝,庶几成风,绍休圣绪。夫十室之邑,必有忠信;三人并行,厥有我师。"……有司奏议曰:"……今诏书昭先帝圣绪,令二千石举孝廉,所以化元元,移风易俗也。不举孝,不奉诏,当以不敬论。不察廉,不胜任也,当免。"奏可。(《汉书·武帝纪》)

评析:上述文字可以看出,汉武帝尚古德、尊老者、重孝道、新民风,令郡守(二千石)推举有孝德和廉政之人,以此为榜样告示天下。

榜样的力量是巨大的,汉武帝在政治中推崇孝道,以孝治天下,并对不举孝廉者进行严格惩罚。这也可以看出,汉代举孝廉并不是随意的,而是通过民众推荐、严密筛选,推举能够令众人信服的人才行,否则就是对皇帝的大不敬或是欺君,这是大罪。

（10）丁卯,立皇太子。赐中二千石爵右庶长,民为父后者一级。诏曰:"朕闻咎繇对禹,曰在知人,知人则哲,惟帝难之。盖君者,心也,民犹支体,支体伤则心憯。日者淮南、衡山修文学,流货赂,两国接壤,怵于邪说,而造篡弑,此朕之不德。《诗》云:'忧心惨惨,念国之为虐。'已赦天下,涤除与之更始。朕嘉孝弟、力田,哀夫老眊、孤、寡、鳏、独或匮于衣食,甚怜愍焉。其遣谒者巡行天下,存问致赐。曰:'皇帝使谒者赐县三老、孝者帛,人五匹；乡三老、弟者、力田帛,人三匹；年九十以上及鳏、寡、孤、独帛,人二匹,絮三斤；八十以上米,人三石。有冤失职,使者以闻。县、乡即赐,毋赘聚。'"(《汉书·武帝纪》)

评析:汉武帝赐"为父后者"为爵一级的禄位,"为父后者"就是继承父业的后代,作为户主,便可得到爵位。《论语·学而》记载孔子的话:"父在,观其志；父没,观其行；三年无改于父之道,可谓孝矣。"这句话历来颇受争议,不少人认为是愚孝的表现。笔者认为,看任何事情都应该遵循历史唯物主义和辩证唯物主义的观点来分析。在古代社会里,受生产力水平的限制,理论知识和实践经验的传承,在形式上更多靠口头传承,在关系上主要是师徒和父子,父辈们积累的生产生活经验是十分宝贵的,也是难以传承的；父辈没有完成的遗愿更是需要有后人继承,所以孔子将"孝"定义为"三年无改于父之道"。再说,孔子并没有主张后人不要开拓创新,因为他只说了"三年",没有说"永远"。汉武帝赐"为父后者"爵位、嘉孝悌、奖力田、恤三老等都是倡导儒家孝道的重要表现。

（11）六月,诏曰:"……今遣博士大等六人分循行天下,存问鳏、寡、废、疾,无以自振业者贷与之。谕三老、孝悌以为民师,举独行之君子,征诣行在所。……"(《汉书·武帝纪》)

评析:元狩六年(前117年)六月,汉武帝派出"中央巡视组"出访地方民情,专项调查孤寡老人和伤残等社会弱势群体,并采取借贷的方式帮助之。对掌管教化的三老和孝子、友兄等品德高尚的人,汉武帝亲自召见。

（12）夏四月，诏曰："朕巡荆、扬、辑江、淮物，会大海气，以合泰山。上天见象，增修封禅。其赦天下。所幸县毋出今年租赋，赐鳏、寡、孤、独帛，贫穷者粟。"还幸甘泉，郊泰畤。（《汉书·武帝纪》）

评析：元封五年（前106年）夏四月，汉武帝大赦天下，凡是属于赦免地区的免除当年的一切租赋，并赐无妻无夫的老人、孤儿和没有后代的老人布帛，赐贫穷百姓以粮食，都是汉武帝注重德治、崇尚孝道的政治实践。

（13）冬，赐行所过户五千钱，鳏、寡、孤、独帛，人一匹。（《汉书·武帝纪》）

评析：天汉三年（前98年）冬季，汉武帝又赐无妻无夫的老人、孤儿和没有后代的老人布帛每人一匹。

（14）四年春三月，行幸泰山。壬午，祀高祖于明堂，以配上帝，因受计。癸未，祀孝景皇帝于明堂。（《汉书·武帝纪》）

评析：在太始四年（前93年），汉武帝在明堂分别祭祀汉高祖刘邦和汉景帝刘启，刘邦是西汉的创立者，刘启是汉武帝的先皇，不管是祭祀追念先祖，追宗思源；还是祭奠先父，缅怀亲人，都体现了汉武帝的孝道情结。

（15）赞曰：汉承百王之弊，高祖拨乱反正，文、景务在养民，至于稽古礼文之事，犹多阙焉。孝武初立，卓然罢黜百家，表章《六经》。（《汉书·武帝纪》）

评析：汉武帝时期，董仲舒向汉武帝建议罢黜百家，表章六经，在文化上实行大一统。这与汉武帝的中央集权思想相符，所以他接受了儒家仁义思想和君臣伦理观念，也使得在思想领域，儒家最终取代了道家的统治地位。先秦儒家思想核心是仁学，孝道是仁的基础和根本，而《六经》关于孝道的论述也是不乏着墨，这与汉代以孝治天下是完全吻合的。

（16）荀悦曰：世有三游，德之贼也。一曰游侠；二曰游说；三曰游行。……故大道之行，则三游废矣。是以圣王在上，经国序民，正其制度。……生于道德仁义，泛爱容众，以文会友，和而不同，进德及时，乐行其道，以立功业于世，以正行之者，谓之君子。……一圣人之至道，则虚诞之术绝，而道德有所定矣。尊天地而不渎，敬鬼神而远之。除小忌，去淫祀，绝奇怪，正人事，则妖伪之言塞，而性命之理得矣。然后百姓上下皆反其本，人人亲其亲，尊其尊，修其身，守其业。于是养之以仁惠，文之以礼乐，则风俗定而大化成矣。（《前汉纪·孝武皇帝纪一卷》）

评析：《前汉纪》的作者荀悦是东汉末期的政论家和史学家，其思想有道家和法家的成分，但其主要思想还是儒家思想。比如荀悦12岁便能讲解《春秋》，他对人性的理解也源于儒家的"性三品"说，《前汉纪》本身也是依《左传》体裁而作。荀悦对道德十分崇尚，曾著有《崇德》。上述文字是荀悦针对汉武帝执政初期的历史现象而进行的深刻分析和针砭时弊。他认为游侠、游说和游行是社会道德败坏的原因，社会理想的状态便是要废弃这三者。作为君子应该操持仁义道德，泛爱民众，通过学识和礼仪而不是以利益钱财来结交朋友，要坚持原则下的和谐而不是一味地苟同，立德立功走正道。通过正道的做法使百姓返回他们的根本德行，每个人都孝敬他们的亲人、尊重长者、立道修身、成就事业，社会风气一定会淳正。

（17）元光元年冬，初令郡国贡孝廉各一人。董仲舒始开其议，仲舒、广川人也，初景帝时为博士。下帷读书，弟子以次传授其业，或莫见面，盖三年不窥其园。其精专如此，进退容止，非礼不行，学士皆尊师之，后应贤良举。（《前汉纪·孝武皇帝纪二卷》）

评析：在元光元年（前134年），汉武帝对董仲舒的意见进行了采纳，第一次在郡国推行举孝廉，这是在政治高层最先推行这项制度，之后逐渐在郡县推行举孝廉的政治制度。

（18）元朔元年冬十有一月，诏曰：……不举孝，不奉诏，当以不敬论；不察廉，不胜任也，当免。奏可。（《前汉纪·孝武皇帝纪三卷第十二》）

评析：在这里，荀悦以《汉书》的记载为依据，说明汉武帝对推行孝道的重视。

（19）四年春……是时董仲舒说上曰：古税民不过什一，使民岁不过三日，民财用，内足以养老尽孝，外足以事上供税，上足以畜妻子，故民悦而从上。（《前汉纪·孝武皇帝纪三卷第十三》）

评析：汉武帝元狩四年（前119年）春季，董仲舒根据当时的社会流民现象严重发表了自己的政治观点，他以古为鉴，认为统治者一定要在税收和用民两个方面考虑老百姓的承受能力，首先应予以考虑的是普通百姓的养老尽孝问题，因为按照《孝经》上所说：夫孝，始于事亲，忠于事君，终于立身。赡养父母是子女的第一责任，也是孝的起点。

（20）"《春秋》大一统者，天地之常经，古今之通谊也。今师异道，人异论，百家殊方，指意不同，是以上无以持一统，法制数变，下不知所守。臣愚以为诸不在《六艺》之科、孔子之术者，皆绝其道，勿使并进，邪辟之说灭息，然后统纪可一而法度可明，民知所从矣！"天子善其对，以仲舒为江都相。会稽庄助亦以贤良对策，天子擢为中大夫。丞相卫绾奏："所举贤良，或治申、韩、苏、张之言乱国政者，请皆罢。"奏可。董仲舒少治《春秋》，孝景时为博士，进退容止，非礼不行，学者皆师尊之。及为江都相，事易王。易王，帝兄，素骄，好勇。仲舒以礼匡正，王敬重焉。（《资治通鉴》第十七卷）

评析：董仲舒认为为政应该施行"天下一统"，《春秋》推崇的天下一统，这是天地之间的永久原则，是古往今来的一致道义。实现"天下一统"首先要实行文化一统，应该以儒家学说为准则，以儒家六艺为范围，以儒家伦理为核心价值观，不符合这一标准的学说都应该得到禁止。汉武帝采纳了董仲舒的建议，提拔儒士庄助担任中大夫，而对于法家、纵横家的学士则不予任用，全部遣回。董仲舒施行仁义之政，连骄横好逞的汉武帝的哥哥易王都被其感化和纠正。这就是说，汉武帝采取董仲舒仁义礼乐的德政收到了良好效果。

（21）臣闻道路言：闽越王弟甲弑而杀之，甲以诛死，其民未有所属。陛下若欲来，内处之中国，使重臣临存，施德垂赏以招致之，此必携幼扶老以归圣德。（《资治通鉴》第十七卷）

评析：这是淮南王刘安对汉武帝的劝谏，他认为闽越王叛乱有错，但甲杀死闽越王却被汉武帝手下杀害，这是不对的。所以他劝谏汉武帝应该以德治来处理闽越事件。淮南王刘安本身也是一位孝子，刘安关于"豆浆"的发明传说就证明了这一点。据记载，刘安的母亲患病期间，刘安每天用泡好的黄豆磨豆浆加麦芽糖给母亲喝，刘母十分爱喝，病也很快好了，"豆浆孝母"的故事也在民间慢慢流行开来。虽然，由于刘安崇尚道家无为而治，与汉武帝"独尊儒术"的治国模式相违背；刘安治理下的淮南国国泰民安，功高震主，屡遭谗言，难以逃脱"阴结宾客，拊循百姓，为叛逆事"的罪名而被迫自杀，但在德治和重孝这一点上却与汉武帝是一致的。

（22）冬，十一月，诏曰："朕深诏执事，兴廉举孝，庶几成风，绍休圣绪。夫十室之邑，必有忠信；三人并行，厥有我师。今或至阖郡而不荐一人，是化不下究，而积行之君子壅于上闻也。且进贤受上赏，蔽贤蒙显戮，古之道也。其议二千石不举者罪。"有司奏："不举孝，不奉诏，当以不敬论；不察廉，不胜任也，当免。"奏可。（《资治通鉴》第十八卷）

评析：在元朔元年（前128年）的冬季，汉武帝针对当时有部分郡县不推举孝子贤人的现状，下诏书说道："朕深切嘱告官吏，奖励廉吏，举荐孝子，淳化社会风气，弘扬古代圣人的事业。只要有十户人家以上居住的小村落，其中必定有忠信之士；有三人一道行走，其中必定有可为我师的贤人。至今有的郡不向朝廷举荐一个贤人，这说明政令教化不能贯彻下去，而那些积累了善行的贤人君子，被壅闭，使天子无法得知。再说，给举贤的人以上等的奖赏，给壅闭贤人的人以公开治罪，这是古代的治世原则。应该议定两千石官员不向朝廷举荐人才的罪名！"最后，有官员向汉武帝奏报，对不举贤荐孝者以"不敬"罪论处时，汉武帝批准了奏章。可见，汉武帝对圣贤孝道的人是何等的重视。

（23）上怒甚，群下忧惧，不知所出。壶关三老茂上书曰："臣闻父者犹天，母者犹地，子犹万物也，故天平，地安，物乃茂成；父慈，母爱，子乃孝顺。今皇太子为汉适嗣，承万世之业，体祖宗之重，亲则皇帝之宗子也。江充，布衣之人，闾阎之隶臣耳；陛下显而用之，衔至尊之命以迫蹴皇太子，造饰奸诈，群邪错缪，是以亲戚之路隔塞而不通。太子进则不得见上，退则困于乱臣，独冤结而无告，不忍忿忿之心，起而杀充，恐惧逋逃，子盗父兵，以救难自免耳。臣窃以为无邪心。《诗》曰：'营营青蝇，止于藩。恺悌君子，无信谗言。谗言罔极，交乱四国。'往者江充谗杀赵太子，天下莫不闻。陛下不省察，深过太子，发盛怒，举大兵而求之，三公自将。智者不敢言，辩士不敢说，臣窃痛之！唯陛下宽心慰意，少察所亲，毋患太子之非，亟罢甲兵，无令太子久亡！臣

不胜惓惓，出一旦之命，待罪建章宫下！"书奏，天子感寤，然尚未显言赦之也。(《资治通鉴》第二十二卷)

评析：汉武帝末年，由于其年事已高，加之生性多疑，受奸臣江充等人的蛊惑，对太子巫蛊谋反的事情深信不疑，导演了西汉著名的"巫蛊之祸"。太子刘据自杀，太子有三子一女，全部因巫蛊之乱而遇害。汉武帝异常愤怒，只有壶关三老令狐茂直言上书。令狐茂的理论、情感依据就是父子关系伦理：父为天，母为地，子为天地化育的万物，只有父慈，母爱，儿子才能孝顺。他劝告汉武帝不要苛求自己的亲人，不要对太子的错误耿耿于怀，应该对案件进行详细调查。汉武帝见到奏章后受到感动而醒悟。最后，加之其他大臣的劝谏，汉武帝豁然醒悟，下令将奸臣满门抄斩，曾对太子兵刃相加的人也陆续被杀。可太子已死，汉武帝怜太子无辜，追悔莫及，就派人在湖县修建了一座宫殿，叫作"思子宫"，又造了一座高台，叫作"归来望思之台"，借以寄托他对太子刘据和孙子的思念，天下闻而悲之。从历史记载来看，"巫蛊之祸"本身并不是太子刘据"孝道"出了问题，而是汉武帝的"慈道"出了问题，是汉武帝听信谗言，片面强调孝道的结果。汉武帝最后醒悟也是因大臣们的劝谏深深触动了其内心中根深蒂固的"父慈子孝"观念。

(24) 班固赞曰：汉承百王之弊，高祖拨乱反正，文、景务在养民，至于稽古礼文之事，犹多阙焉。孝武初立，卓然罢黜百家，表章《六经》，遂畴咨海内，举其俊茂，与之立功；兴太修学，修郊祀，改正朔，定历数，协音律，作诗乐，建封禅，礼百神，绍周后，号令文章，焕焉可述，后嗣得遵洪业而有三代之风。如武帝之雄材大略，不改文、景之恭俭以济斯民，虽《诗》、《书》所称何有加焉！(《资治通鉴》第二十二卷)

评析：司马光在《资治通鉴》中引用班固对汉武帝的历史性评价，从言辞中可以看出班固对汉武帝罢黜各家独尊儒经、兴太学置"五经"博士、封禅祭神、继夏商周三代遗风、勤俭爱民的称道，概括起来就是施行德治、崇尚儒家和儒家孝道思想。基于这些，他认为汉武帝和《诗经》《尚书》中所称颂的古代圣贤齐名。

(25) 臣光曰：孝武穷奢极欲，繁刑重敛，内侈宫室，外事四夷，信惑神怪，巡游无度，使百姓疲敝，起为盗贼，其所以异于秦始皇者无几矣。然秦以之亡,汉以之兴者,孝武能尊先王之道,知所统守,受忠直之言,恶人欺蔽,好贤不倦,诛赏严明,晚而改过,顾托得人,此其所以有亡秦之失而免亡秦之祸乎!(《资治通鉴》第二十二卷)

评析:这是司马光对汉武帝的评价,他认为:汉武帝穷奢极欲,刑罚繁重,横征暴敛,对内大肆兴建宫室,对外征讨四方蛮夷,又迷惑于神怪之说,巡游无度,致使百姓疲劳凋敝,很多人被迫做了盗贼,与秦始皇没有多少不同。但为什么秦朝因此而灭亡,汉朝却因此而兴盛呢?是因为汉武帝能够遵守先王之道,懂得如何治理国家,守住基业,能接受忠正刚直之人的谏言,厌恶被人欺瞒蒙蔽,始终喜好贤才,赏罚严明,到晚年又能改变以往的过失,将继承人托付给合适的大臣,这正是汉武帝有造成秦朝灭亡的错误,却避免了秦朝灭亡的灾祸的原因吧!司马光认为"遵守先王之道""守住基业"是汉武帝避免亡朝灭代的根本原因,这也正说明了汉武帝重视和实践了儒家孝道。

第十四章

东汉时期帝王与孝

第一节 汉光武帝与孝

汉光武帝（前5—57年），姓刘名秀，身为一介布衣，却有西汉王朝的血统，新莽末年，在家乡起兵，推翻王莽政权，建立东汉，是东汉王朝的开国皇帝。刘秀在位三十三年，大兴儒学、推崇气节，统治期间，国势昌隆，号称"建武盛世"。其统治时期被后世史家称为光武中兴，推崇为中国历史上"风化最美、儒学最盛"（司马光、梁启超语）的时代。刘秀死后，上庙号世祖，谥号光武皇帝。

（1）王莽天凤中，乃之长安，受《尚书》，略通大义。（《后汉书·光武帝纪上》）

评析：刘秀在天凤年间便到长安学习儒家经典《尚书》，对儒家思想有所了解。《尚书》是儒家的重要经典，其中关于儒家孝道思想的论述较多，比如：《尚书·康诰》说："王曰：封（指周成王之弟），元恶大憝，矧惟不孝不友。子弗祗服厥父事，大伤厥考心；于父不能字（指爱）厥子，乃疾厥子；于弟弗念天显，乃弗克恭厥兄；兄亦不念鞠子哀，大不友于弟。惟吊兹，不于我政人得罪，天惟与我民彝大泯乱。曰：乃其速由文王作罚，刑兹无赦。"可见《尚书》中提倡父慈、子孝、兄友、弟恭的伦常之道。如果儿子不能成就父业，大伤他父亲的心，违背孝道；如果父亲不慈爱自己的儿子，反而厌恶他，违背慈道；如果为弟不尊敬兄长，为兄不友爱弟弟，违背悌道。那就应该用文王制定的法律来惩办这样的人，不能得到赦免。

（2）乃遣光武以破虏将军行大司马事。十月，持节北度河，镇慰州

郡。所到部县，辄见二千石、长吏、三老、官属，下至佐史，考察黜陟，如州牧行部事。(《后汉书·光武帝纪上》)

评析：西汉政权最后一个皇帝刘玄委任刘秀为破虏将军到山东、河北招抚赤眉军和河北各州郡。刘秀到了每个地方都去安抚汉朝各旧部官员，并及时看望掌管道德教化、具有很高声望的"三老"。刘秀以德服人，最终问鼎天下，成为东汉第一位皇帝。

（3）六年春正月丙辰，改春陵乡为章陵县。世世复徭役，比丰、沛，无有所豫。辛酉，诏曰："往岁水、旱、蝗虫为灾，谷价腾跃，人用困乏。朕惟百姓无以自赡，恻然愍之。其命郡国有谷者，给禀高年、鳏、寡、孤、独及笃癃、无家属贫不能自存者，如《律》。二千石勉加循抚，无令失职。"(《后汉书·光武帝纪下》)

评析：建武六年（30年）正月，光武帝改自己家乡春陵乡为章陵县，世世代代免除那里的徭役。热爱家乡也是一种孝的表现，因为是家乡的山山水水养育了人的生命，现在还有把家乡人称为父老乡亲的，就是这个道理。不久，光武又下诏说："往年大水，干旱和蝗虫成灾，谷价飞涨，人们因而缺少衣食物。我想到百姓已经无法供养自己的生活，心里很难过，十分怜悯他们。现在命令各郡国那些存有粮食的人，向高寿的老人、鳏夫、寡妇、年幼失父的孩子、老而无子的孤独者及有绝症和无家属照顾贫困不能自保者供给粮食，其标准依照颁布的《汉律》。二千石的官员要勤加抚慰，不要失职。"光武帝怜爱百姓、关心老人等弱者，彰显的是德治和孝道。

（4）又诏曰："世以厚葬为德，薄终为鄙，至于富者奢僭，贫者单财，法令不能禁，礼义不能止，仓卒乃知其咎。其布告天下，令知忠臣、孝子、慈兄、悌弟薄葬送终之义。"(《后汉书·光武帝纪下》)

乃下诏曰："世俗不以厚〔葬〕为鄙陋，富者过奢，贫者殚财，刑法不能禁，礼义不能止，仓卒以来，乃知其咎。布告天下，令知忠臣孝子薄葬送终之义。"《后汉纪·光武皇帝纪卷第六》

评析：光武帝对传统孝道中关于"事生"和"事死"的问题有着深刻理解，做出了具有进步性的政治举措。儒家强调"生，事之以礼；死，葬之以礼，祭之以礼"，其实是不要违背礼的规定。薄终厚葬，轻生孝重死孝，生前不孝，死后学驴叫，是虚伪，是伪孝，是陋习。光武帝昭告天下，要求薄葬送终，推动了传统孝道的健康发展。

（5）庚申，赐天下男子爵，人二级；鳏、寡、孤、独、笃癃、贫不能自存者粟，人五斛。（《后汉书·光武帝纪下》）

五月，大水。赐天下男子爵，人二级；鳏、寡、孤、独、笃癃、贫不能自存者粟，人五斛。（《后汉书·光武帝纪下》）

三十一年夏五月，大水。戊辰，赐天下男子爵，人二级；鳏、寡、孤、独、笃癃、贫不能自存者粟，人六斛。（《后汉书·光武帝纪下》）

评析：光武帝对老者、弱者十分关心。建武二十九年（53年）二月和五月，建武三十一年（55年）五月，光武帝分别赐鳏夫、寡妇、孤儿、独人、年老衰弱多病的人、贫困无法生存的人，每人五斛（五十斗、五百升）粮食。

（6）兴见嚣曰："昔尝同僚，故归骸骨，非敢为用也，求为先人遗类耳。幸蒙覆载，得自保全。今乞骸骨，而徙舍益禄。兴闻事亲之道，生事之以礼，死葬之以礼，祭之以礼，奉以周旋，不敢失坠。今为父母乞身，得益禄而止，是以父母为请也，无礼甚矣。将军焉用之！"嚣曰："幸甚。"……上闻兴归，征为太中大夫。（《后汉纪·光武皇帝纪卷第六》）

评析：兴（郑兴，两汉之交时著名的儒学大师）、嚣（隗嚣，曾被刘玄封为御史大夫，开始受光武帝重视），都是人名。郑兴见隗嚣，说："我如今因为父母没有安葬，请求返回家乡。如果以增加俸禄、迁移住所，就改变主意留下来，是用双亲做诱饵，太无礼了！将军怎么能够任用这样的人呢？我情愿留下妻子儿女，只身返回故乡安葬双亲，将军还猜疑什么呢？"郑兴因懂得"事亲之道"，孝亲之心，情意绵绵，深深感动了隗嚣和光武帝，隗嚣于是允许郑兴和妻子儿女一起东行，郑兴后被光武帝招请为太中大夫。

（7）夏四月乙丑，诏天下系囚自殊死已下减本罪各一等，不孝不道，不在此书。（《后汉纪·光武皇帝纪卷第八》）

评析：建武二十九年四月，光武帝下诏大赦天下，凡是获罪之人在原来的罪刑上减低一等，但是不守孝道的罪犯，则不予以减刑。可见，光武帝不仅将孝纳入法律体系，而且在各种政策中对孝道进行大力表彰、对不孝进行严惩。

（8）司空掾陈元上书曰："……及亡新王莽，遭汉中衰……至乃陪仆告其君长，子弟变其父兄，罔密法峻，大臣无所措手足。……方今四方尚扰，天下未一，百姓观听，咸张耳目。陛下宜修文、武之圣典，袭祖宗之遗德，劳心下士，屈节待贤，诚不宜使有司察公辅之名。"帝从之。（《资治通鉴》第四十二卷）

评析：这是司空掾陈元给光武帝上书的内容："到王莽时，遇到汉朝中衰，以至于奴仆告发主人，儿子、弟弟告发父亲、哥哥。法网严密，刑法苛刻，使大臣无所措手足。现在四方仍然纷扰不安，天下没有统一，百姓全都睁大眼睛观看，竖起耳朵倾听。陛下应当研究、学习周文王、周武王时代的圣典，承袭祖先留下的美德，用心结交下面的有识之士，屈身对待贤能的人，实在不应派有关部门监视三公的名声。"刘秀听后接受了他的意见，说明：光武帝重视德政、重视传统美德、重视儒家人伦纲常。

（9）春，正月，颍阳成侯祭遵薨于军；诏冯异并将其营，遵为人，廉约小心，克己奉公，赏赐尽与士卒；约束严整，所在吏民不知有军。取士皆用儒术，对酒设乐，必雅歌投壶。临终，遗戒薄葬；问以家事，终无所言。帝愍悼之尤甚，遵丧至河南，车驾素服临之，望哭哀恸；还，幸城门，阅过丧车，涕泣不能已；丧礼成，复亲祠以太牢。诏大长秋、谒者、河南尹护丧事，大司农给费。至葬，车驾复临之；既葬，又临其坟，存见夫人、室家。其后朝会，帝每叹曰："安得忧国奉公如祭征虏者乎！"卫尉铫期曰："陛下至仁，哀念祭遵不已，群臣各怀惭惧。"帝乃止。（《资治通鉴》第四十二卷）

评析：光武帝崇尚儒家孝道还表现在重视儒家丧礼上。比如建武九年（33年）正月，颍阳成侯祭遵在军中去世。刘秀下诏，命冯异接管他的军队。祭遵为人廉洁、节俭，小心谨慎，克己奉公，所得赏赐全都分给士卒。他的军队纪律严明，所到之处，地方官民不知有大军屯驻。取用人才，全以儒家的思想方法为准则，在酒席宴上设乐，一定用儒家喜爱的雅歌，并有古老的投壶游戏。临终时，祭遵嘱咐薄葬。当人问起家里的事情，他始终不说话。刘秀对祭遵去世非常哀痛。祭遵的棺木运到河南，刘秀穿着丧服亲临吊丧，望着棺木痛哭。回宫时，经过城门，看灵车经过，泪流满面不能克制。举行丧礼之后，又亲自用牛、羊、猪各一祭奠。下诏令大长秋、谒者、河南尹共同主持丧事，由大司农负担费用。到下葬时，刘秀又亲到现场。下葬以后，又到墓前致哀，慰问祭遵夫人和全家。以后在朝会时，刘秀往往叹息说："我怎能得到像祭遵这样爱国奉公的人啊！"卫尉铫期说："陛下极其仁爱，哀悼祭遵不已，使群臣各自感到惭愧惶恐。"刘秀才停止念叨。

第二节　汉明帝与孝

汉明帝（28—75年），姓刘名庄，初名刘阳，字子丽。刘庄是汉光武帝刘秀的第四子，其母为阴丽华。刘庄即位后，提倡儒学，注重刑名文法，为政苛察，总揽权柄，一切遵奉光武制度。所以吏治比较清明，境内安定，出现了繁荣的盛世局面，历史上将汉明帝刘庄和汉章帝刘炟统治期间称为"明章之治"，汉明帝在位十九年，死时四十八岁。庙号显宗，谥号孝明皇帝。

（1）夏四月丙辰，诏曰："予末小子，奉承圣业，夙夜震畏，不敢荒宁。先帝受命中兴，德侔帝王，协和万邦，假于上下，怀柔百神，惠于鳏、寡。朕承大运，继体守文，不知稼穑之艰难，惧有废失。圣恩遗戒，顾重天下，以元元为首。公卿百僚，将何以辅朕不逮？其赐天下男子爵，人二级；三老、孝悌、力田人三级；爵过公乘，得移与子若同产、同产子；及流人无名数欲自占者人一级；鳏、寡、孤、独、笃癃粟，人十斛……"（《后汉书·显宗孝明帝纪第二》）

夏四月丙辰，诏曰："予末小子，奉承圣业，夙夜祗畏，不敢荒宁。先帝受命中兴，德侔五帝。朕继体守文，不知稼穑之艰，惧有废失，以堕先业。公卿百僚，将何以辅朕之不逮？特进高密侯禹，明允笃诚，元功之首。其以禹为朕之太傅，进见东向，以明殊礼。东平王苍，宽博有谋，可以托六尺之孤，临大节而不可夺也。以苍为骠骑将军。其赐天下男子爵，人二级；鳏寡孤独粟，人十斛。"《后汉纪·光武皇帝纪卷第八》

评析：永平二年（59年）四月，汉明帝下诏书，列举了汉光武帝（予末小子：古代帝王对先王或长辈的自称）的伟大业绩，特别称赞了光武帝施行德政，国家安宁和谐，怜爱惠顾鳏夫寡妇老弱者。汉明帝继承帝业，决定恩赐三老、孝悌、力田、弱病者。

（2）冬十月壬子，幸辟雍，初行养老礼。诏曰："光武皇帝建三朝之礼，而未及临飨。眇眇小子，属当圣业。间暮春吉辰，初行大射；令月元日，复践辟雍。尊事三老，兄事五更，安车软轮，供绥执授。侯王设酱，公卿馔珍，朕亲袒割，执爵而酳。祝哽在前，祝噎在后。升歌《鹿鸣》，下管《新宫》，八佾具修，万舞于庭。朕固薄德，何以克当？《易》陈负乘，《诗》刺彼己，永念惭疚，无忘厥心。三老李躬，年耆学明。五更桓荣，授朕《尚书》。《诗》曰：'无德不报，无言不酬。'其赐荣爵关内侯，食邑五千户。三老、五更皆以二千石禄养终厥身。其赐天下三老酒人一石，肉四十斤。有司其存耄耋，恤幼孤，惠鳏寡，称朕意焉。"（《后汉书·显宗孝明帝纪第二》）

冬十月壬子，上临辟雍，初养三老、五更。于是士效礼乐，三雍仪制备矣。诏曰："五更桓荣以尚书教朕，十有余年。周颂曰'视我显德'。又曰'无德不报'。其赐荣爵关内侯，食邑五千户。"荣病笃，上书谢恩，让还爵土。上悯伤之，临幸其家，入巷下车，拥经趋进，躬自抚循，赐以床帐衣服。于是诸侯、大夫问疾者，皆拜于床下。及终，赠赐甚厚，上亲变服临送，赐冢茔。（《后汉纪·孝明皇帝纪上卷第九》）

冬，十月，壬子，上幸辟雍，初行养老礼；以李躬为三老，桓荣为五更。三老服都纻大袍，冠进贤，扶玉杖；五更亦如之，不杖。乘舆到壁雍礼殿，御坐东厢，遣使者安车迎三老、五更于太学讲堂，天子迎于门屏，交礼；道自阼阶，三老升自宾阶；至阶，天子揖如礼。三老升，东面，三公设几，九卿正履，天子亲袒割牲，执酱而馈，执爵而酳，祝鲠在前，祝饐在后。五更南面，三公进供，礼亦如之。礼毕，引桓荣及弟子升堂，上自为下说，诸儒执经问难于前，冠带搢绅之人圜桥门而观听者，盖亿万计。于是下诏赐荣爵关内侯；三老、五更皆以二千石禄养终厥身。赐天下三老酒，人一石，肉四十斤。上自为太子，受《尚书》于桓荣，及即帝位，犹尊荣以师礼。尝幸太常府，令荣坐东面，设几杖，会百官及荣门生数百人，上亲自执业；诸生或避位发难，上谦曰："太师在是。"既罢，悉以太官供具赐太常家。荣每疾病，帝辄遣使者存问，太官、太医相望于道。及笃，上书谢恩，让还爵士。帝幸其家问起居，入街，下车，拥经而前，抚荣垂涕，赐以床茵、帷帐、刀剑、衣被，良久乃去。自是诸侯、将军、大夫问疾者，不敢复乘车到门，皆拜床下。荣卒，帝亲自变服临丧送葬，赐冢茔于首山之阳。子郁当嗣，让其兄子泛；

帝不许，郁乃受封，而悉以租入与之。帝以郁为侍中。(《资治通鉴》第四十四卷)

评析：永平二年十月，汉明帝亲自去太学首次举行养老礼（古代对年纪大的并且拥有贤德的人，定时享以酒食，用来表示尊敬），封李躬为三老（掌管教化的德高望重的老人），封自己的老师桓荣为五更（掌管教化的德高望重的退休卿大夫），汉明帝十分尊敬老师，史书记载：桓荣生病，明帝就派人专程慰问，甚至亲自登门看望，每次探望老师，明帝都是一进街口便下车步行前往，以表尊敬。进门后，往往拉着老师枯瘦的手，默默垂泪，良久乃去。桓荣去世时，明帝还换了衣服，亲自临丧送葬，并将其子女做了妥善安排。《论语·为政》云："子夏问孝。子曰：'色难。有事，弟子服其劳，有酒食，先生馔，曾是以为孝乎？'"可见，尊敬老师就是孝的体现。汉明帝尊敬老师，以向天下表示敬老和孝悌之意。

（3）甲子，立贵人马氏为皇后，皇子炟为皇太子。赐天下男子爵，人二级；三老、孝悌、力田人三级；流人无名数欲占者人一级；鳏、寡、孤、独、笃、癃、贫不能自存者粟，人五斛。(《后汉书·显宗孝明帝纪第二》)

评析：永平三年二月，汉明帝立马氏为皇后（谥号为明德皇后，单从谥号上来看，就知道她是一位令人敬服的皇后），立刘炟（汉章帝，好儒术）为太子，并恩赐天下，对三老、孝悌、力田和其他社会弱者都单独进行了赏赐。汉明帝立皇后和太子十分看重德行，又赏赐三老等，可见对儒家孝道的尊崇。

（4）丙子，临辟雍，养三老、五更。礼毕，诏三公募郡国中都官死罪系囚，减罪一等，勿笞。(《后汉书·显宗孝明帝纪第二》)

评析：永平八年（65年）十月，汉明帝再次到太学举行养老礼，并下令凡是在监狱中服役的三公（指太师、太傅、太保，都是德韶者居之）都减罪一等，免除鞭打的笞刑。

（5）五月丙辰，赐天下男子爵，人二级，三老、孝悌、力田人三级，流民无名数欲占者人一级；鳏、寡、孤、独、笃癃、贫无家属不能自存者粟，人三斛。诏曰："昔曾、闵奉亲，竭欢致养；仲尼葬子，有棺无椁。丧贵致哀，礼存宁俭。今百姓送终之制，竞为奢靡。生者无担石之储,而财力尽于坟土。伏腊无糟糠,而牲牢兼于一奠。糜破积世之业,以供终朝之费,子孙饥寒,绝命于此,岂祖考之意哉!又车服制度,恣极耳目。田荒不耕,游食者众。有司其申明科禁,宜于今者,宣下郡国。"(《后汉书·显宗孝明帝纪第二》)

评析:永平十二年(69年)五月,汉明帝又赏赐三老等社会弱者,并在诏书中旗帜鲜明地尊崇儒家宗圣曾子、闵子骞(孔门七十二贤之一),曾子和闵子骞都以孝著名。对于曾子,《史记·仲尼弟子列传》中记载:"孔子以为能通孝道,故授之业。作孝经。"《二十四孝》中的"啮指痛心"就是讲述曾子孝亲的感人故事。对于闵子骞,孔子称赞说:"孝哉,闵子骞!人不间于其父母昆弟之言。"(《论语·先进》)《二十四孝》中的"芦衣顺母"讲述的就是闵子骞孝敬后母的感人事故。这些都可以看出汉明帝对儒家孝道的崇尚之情。

(6)制曰:"天生神物,以应王者;远人慕化,实由有德。朕以虚薄,何以享斯?唯高祖、光武圣德所被,不敢有辞。其敬举觞,太常择吉日策告宗庙。其赐天下男子爵,人二级、三老、孝悌、力田人三级,流人无名数欲占者人一级;鳏、寡、孤、独、笃癃、贫不能自存者粟,人三斛;郎、从官视事十岁以上者,帛十匹。中二千石、二千石下至黄绶,贬秩奉赎,在去年以来皆还赎。"(《后汉书·显宗孝明帝纪第二》)

评析:永平十七年(74年),汉明帝又宣示百官,阐示统治者仁德的重要性,并盛赞汉高祖刘邦和光武帝刘秀的至德之举,同时表达了自己对仁德的遵从。同时赏赐天下,对有德的老者和社会弱者进行了特别赏赐。追念、遵从祖先和亲人,本身就是儒家所倡导的孝道,汉明帝更加美赞其仁德和赏赐老弱之人,可见其孝道之心。

(7)夏四月己未,诏曰:"自春已来,时雨不降,宿麦伤旱,秋种未下,政失厥中,忧惧而已。其赐天下男子爵,人二级,及流民无名数欲占者人一级;鳏、寡、孤、独、笃癃、贫不能自存者粟,人三斛。……"(《后汉书·显宗孝明帝纪第二》)

评析:永平十八年(75年)四月,针对当时出现了严重旱情,汉明帝又怜赏鳏夫、寡妇、孤儿、独人、病者和贫困者。

(8)赞曰:显宗丕承,业业兢兢。危心恭德,政察奸胜。备章朝物,省薄坟陵。永怀废典,下身遵道。登台观云,临雍拜老。懋惟帝绩,增

光文考。(《后汉书·显宗孝明帝纪第二》)

评析:范晔在《后汉书》中称赞汉明帝很好地继承了帝业,具有忧患警戒之心恭崇仁德,尊崇治国之道,亲自到太学举行养老礼,勤奋努力地经营帝王之业,取得了美好的成绩,继承王业,为先帝增了光添了彩。汉明帝其做法和成就其实就是践行了儒家孝道。

(9)意荐彭城刘平,征为议郎,上数引见,迁侍中、宗正。平荐举承宫、郇恁,皆名士也。以老病乞骸骨,归乡里。平字公子,始以孝行称。为郡吏,守灾丘长,政教大行。每属县贼,辄令平守之,所至皆治。更始时,天下乱,平弟仲为贼所害,平抱仲女,弃己子而走。母欲还取之,平曰:"力不能两全,仲不可以绝类也。"遂去,不顾。平尝出,为母求食。贼得平,将食之,平叩头涕泣曰:"今旦为老母采苢,母饥,待平为命,愿得反食母而还就死。"贼见其至诚,哀而遣之。平还,既食母,即白曰:"属与贼期,义不可欺。"遂复还。贼皆大惊,相谓曰:"常闻烈士,今乃见之矣。吾不忍食子!"建武初,平狄将军庞萌反,攻太守孙萌。平为主簿,冒白刃伏萌上,身被七创,嗥泣曰:"愿以身代明府。"贼乃相顾曰:"义士也,勿杀。"遂解去。萌绝而复苏,因涕泣相抱。后数日,萌竟死。后太守嘉其节义,举孝廉,为全椒长。(《后汉纪·孝明皇帝纪上卷第九》)

评析:刘平字公子,以孝著名。更始年间,天下大乱,刘平的弟弟刘仲被贼人杀害。后刘平搀扶着母亲,奔走逃难。刘仲的遗腹女儿才一岁,刘平抱着刘仲的女儿而放弃了自己的儿子。刘平的母亲想回去抱刘平的孩子,刘平不同意,和母亲一块躲藏在野地中。刘平寻找食物,遇到贼人要烹杀他。刘平叩头说:"今天早晨替老母亲找点野菜充饥,老母亲还在野地里等我的食物活命,希望能先放我回去,等到让母亲吃完饭,回来再受死。"于是流泪哭泣。贼人深受感动,放了他。建武初年,平狄将军庞萌在彭城造反,打败了郡守孙萌。刘平为孙萌遮挡刀枪,身上遭受七处刀伤,最后贼人不愿杀死他,就散去了。孙萌死后,刘平为孙萌发丧。后来刘平被举荐为孝廉,被授予济阴郡丞的官职,太守刘育非常看重他。正赶上刘平遭父丧而弃官,守丧完毕,被授予全椒县长官的职务。汉明帝时期对刘平的封赏,足见孝道在当时的道德力量。

(10)沛人赵孝,亦以义行,获宠。孝字长平。初天下乱,人相食。

孝弟礼为贼所得，孝闻之，则自缚诣贼，曰："礼久饿羸瘦，不如孝肥饱。"贼大惊，不忍食，两放之，谓曰："归持米粮来。"孝不能得，即复往，愿就烹。贼义之，不害。建武初，天下新定，民皆乏食。孝每炊待熟，辄使礼夫妇出有所役，自在后与妻共疏菜食。及礼还，告以食，而以粮饭食之。如此者久，礼心怪之，微察，怅恨独然，遂不肯复出。兄弟怡怡，乡党服其义。州郡召，进退必以礼。天子素闻其行，诏拜为谏议大夫、长乐卫尉。后复征弟为御史中丞。礼亦以恭谦，有礼让。上嘉孝兄弟笃行，欲宠异之，率常十日，使礼至卫尉府，太官供食，令其相对尽欢，其见优若此。数年，礼卒，赠赙甚厚，令孝以长乐卫尉从官属送丧，葬于家。（《后汉纪·孝明皇帝纪上卷第九》）

评析：汉明帝时期，有个叫赵孝的人，和他的弟弟赵礼很是友爱。有一年，年成荒歉，一班强盗把赵礼捉去了，并且要吃他。赵孝就赶紧跑到了强盗那里，求恳那班强盗们，说道：赵礼是有病的人，并且他的身体又很瘦，是不好吃的。我的身体生得很胖，我情愿来代替我的弟弟，给你们吃，请你们把我的弟弟放了。这时赵礼喊道：我被将军们捉住了，就是死了，也是我自己命里注定的，哥哥有什么罪呢？两兄弟抱着大哭了一番，强盗也被他们感动了，就把他们兄弟俩都释放了。这件事传到了皇帝那里，就下了诏书，让他们兄弟两个都做了官。《论语·学而》中说："孝悌也者，其为人之本欤"，儒家讲孝亲和友弟相并列作为仁德的根本，汉明帝封赏二位兄弟，把他们以德感化强盗的善行，昭示于天下，让全国百姓效仿学习，可见汉明帝深明仁义道德。

（11）钟离意上书曰："陛下躬行孝道，修明经术，敬畏天地之礼，劳恤黎元之恩。然而天气未和，日月不明，水泉涌溢，漂杀人民。咎在群臣不能宣化理职，人怀恐急。故百官不亲，吏民不和，至于骨肉相残，以逆和气，虽加杀罚，犹不能止。故百姓可以德胜，不可以刑服。愿陛下缓刑罚，顺时气，以调阴阳，垂之无极。"上虽不能用，然知其忠直，故不得久留中。出为鲁国相，为治存大体，不求细过，百姓爱之。（《后汉纪·孝明皇帝纪上卷第九》）

评析：钟离意曾在光武帝时期因冒着瘟疫传染的危险，独自一人抚恤灾民，被推举为孝廉。汉明帝时期，钟离意又给皇位上书，大意是说：陛下躬身践行孝道，体恤民情，现天灾之年，百姓遭殃，希望能减缓刑罚，施行仁政。汉明帝还让他出任鲁国相，汉章帝即位后，钟离意被征拜为尚书。从钟离意现象可以看出汉明帝及汉章帝对孝道的重视。

（12）伦字伯鱼，京兆长陵人。其先齐诸田，徙充园陵，宗族多，故以次第为氏。伦好黄老，以孝行称。……举孝廉，除郎中，补淮阳王医工长。（《后汉纪·孝明皇帝纪上卷第十》）

评析：第五伦，字伯鱼，在光武帝时期就因为孝廉而被推举为官。在汉明帝时，任蜀郡太守。任职期间，施行德治，举荐贫者为属官，政绩不凡。这是东汉以孝治国的又一明证。

（13）秋八月壬子，帝崩于东宫前殿。年四十八。遗诏无起寝庙，藏主于光烈皇后更衣别室。帝初作寿陵，制令流水而已，石椁广一丈二尺，长二丈五尺，无得起坟。万年之后，扫地而祭，杅水脯糗而已。过百日，唯四时设奠，置吏卒数人供给洒扫，勿开修道。敢有所兴作者，以擅议宗庙法从事。（《后汉书·显宗孝明帝纪第二》）

评析：汉明帝死后要求安葬节俭，这既是德政的表现，也是对汉光武帝意志的继承（光武帝主张薄葬），符合孝道精神。

第三节　汉章帝与孝

汉章帝（57—88年），姓刘名炟，是汉明帝刘庄的第五子。汉章帝即位后，励精图治，好儒术，忠厚仁义，笃于亲系，实行"与民休息"，使得东汉经济、文化在此时得到很大的发展。历史上把汉章帝与其父亲汉明帝刘庄统治时期称为"明章之治"。刘炟在位十三年，死后庙号肃宗，谥号孝章皇帝。

（1）肃宗孝章皇帝讳炟，显宗第五子也。母贾贵人。永平三年，立为皇太子。少宽容，好儒术，显宗器重之。（《后汉书·肃宗孝章帝纪第三》）

评析：刘炟喜欢儒家修齐治平的管理方法，受儒家思想的熏陶，性格宽厚仁德，这一点与其父亲刘庄极为相似，所以受到汉明帝刘庄的器重。

（2）十八年八月壬子，即皇帝位，年十九。尊皇后曰皇太后。壬戌，葬孝明皇帝于显节陵。（《后汉书·肃宗孝章帝纪第三》）

评析：汉章帝即位后，其养母马皇后因为曾经对他宽爱慈和、犹如亲子，被尊为皇太后，而生母贾贵人并未尊封。汉章帝的做法符合当时的礼制，也符合儒家"父慈子孝"的孝道观念。按照遗愿（从俭安葬）安葬孝明帝，既是规定行为，也是孝道精神的体现。

（3）冬十月丁未，大赦天下。赐民爵，人二级，为父后及孝悌、力田人三级，脱无名数及流人欲占者人一级，爵过公乘得移与子若同产子；鳏、寡、孤、独、笃癃、贫不能自存者粟，人三斛。诏曰："朕以眇身，托于王侯之上，统理万机，惧失厥中，兢兢业业，未知所济。深惟守文之主，必建师傅之官。《诗》不云乎：'不愆不忘，率由旧章。'行太尉事节乡侯熹，三世在位，为国元老；司空融，典职六年，勤劳不息。其以熹为太傅，融为太尉，并录尚书事。'三事大夫，莫肯夙夜'，《小雅》之所伤也。'予违汝弼，汝无面从'，股肱之正义也。群后百僚，勉思厥职，各贡忠诚，以辅不逮。申敕四方，称朕意焉。"（《后汉书·肃宗孝章帝纪第三》）

冬十月乙未，大赦天下。赐男子爵，人二级；其为人父后者及三老、孝悌、力田人三级；鳏寡孤独贫不能自存者粟，人三斛。《后汉纪·孝明皇帝纪下卷第十》

评析：汉章帝即位当年就大赦天下，赏赐继承父业的嫡子、孝悌、力田和弱者，这就等于向天下人声明了自己"以德治国""以孝治天下"的政治理念。随后在第一次诏书中阐明了自己继承帝业的治国方向和治国决心。

（4）三月丙午，隐强侯阴博坐骄溢，胶东侯贾敏坐不孝，皆免为庶人。甲寅，山阳、东平地震。诏三公、二千石举贤良、方正、能直言极谏之士各一人。（《后汉纪·孝章皇帝纪上卷第十一》）

评析：建初元年（76年）三月，隐强侯阴博因为骄奢淫逸、胶东侯贾敏因为不孝，都被罢免为平民；同月，汉章帝召见三公、二千石推荐有仁德的人。这一免一荐，说明汉章帝对不孝和孝顺行为的鲜明态度。

（5）夏四月丙戌，诏曰："盖褒德赏功，兴亡继绝，所以昭孝事亲，以旌善人。故仁不遗德，义不忘劳，先王之令典也。故特进胶东侯复佐命河北，列在元功；卫尉阴兴忠贞爱国，先帝休之。今兴子博、复孙敏顽凶失道，自陷刑以丧爵土，朕甚怜之。其封复子邯为胶东侯，兴子员

为隐强侯。"(《后汉纪·孝章皇帝纪上卷第十一》)

评析：建初元年四月，汉章帝为昭示孝道，鼓励百姓树立正确的孝道观，对顽凶失道的兴子博、复孙敏免除了爵位，而封赏他们的儿子为侯，就是想通过一免一赏，使后人能够以前人为鉴、改正邪道、弘扬正道、光宗耀祖。

(6) 革字次伯，齐国临淄人也。居家专心于孝养，不为修饰之行，务适亲意而已。尝自为母炊爨，不任妻子。每至岁时，当案比，革以母老，不欲劳动，自在辕中挽车，不用牛马。由是邻里称之曰"江巨孝"。太守尝以礼召之，母老不应。及母卒，哭泣不绝声，常寝冢庐，服竟，不忍除。太守遣掾释服，固请以为吏。举孝廉，为郎，补楚太仆。月余，自劾去，楚王英驰遣官属追之，遂不肯还，复使中傅赠送，辞不受。既为中郎将，复上书乞骸骨，转谏议大夫。告归，遣子奂诣阙谢病笃。天子思革笃行，诏齐相曰："谏议大夫江革前以病归，今起居如何？夫孝，百行之冠，众善之始也。国家每惟忠孝之士，未尝不及革也。县以见谷千斛赐'巨孝'，尝以八月长吏存问，致羊一头，酒二斛，终身，以显异行。如有不幸，祠以中牢。"由是"巨孝"之名，行于天下。(《后汉纪·孝明皇帝纪上卷第十一》)

评析：东汉时期的江革，是一个著名的孝子，《二十四孝》中的"行佣供母"讲的就是江革孝母的故事。江革少年丧父，侍奉母亲极为孝顺。战乱中，江革背着母亲逃难，几次遇到匪盗，贼人欲杀死他，江革哭告：老母年迈，无人奉养，贼人见他孝顺，不忍杀他。后来，他迁居江苏下邳，做雇工供养母亲，自己贫穷赤脚，而母亲所需甚丰。明帝时被推举为孝廉，章帝时被推举为贤良方正，任五官中郎将。

(7) 庐江毛义以孝行称，南阳人张奉慕其名，故往候之。坐定，而府檄适至，以义为守令，义喜甚，动于颜色。奉者，志尚士也，心贱之，自恨来，固辞去。义母死，弃官行服，进退必以礼，贤良公车征，皆不至。张奉叹曰："贤者之心，故不可测。往日之喜，乃为亲也，所谓'家贫亲老，不择官而仕'也。"天子闻而嘉之，赐谷千斛，八月长吏问起居，加赐羊、酒。(《后汉纪·孝明皇帝纪上卷第十一》)

评析：毛义自幼丧父，母子相依为命。家境贫寒，年少便为他人放牧为生，箪食瓢饮，奉养其母。母病伺候汤药，曾割股疗疾。逐以孝行称著乡里，举为贤良。朝廷得知，送檄文赏封他为安阳县令，为了安慰母亲，毛义迎至"临仙桥"喜接檄文。然时隔不久母亲病逝，朝廷派人专车前来看望，岂知毛义却跪拜于"临仙桥"上，将原赏封安阳县令的檄文双手捧还，"躬履逊让"，不愿为官。葬母后隐居山野。毛义孝行且不贪利禄，世人称道，便改"临仙桥"为"捧檄桥"，并刻碑石记之。

（8）袁宏曰：章帝尊礼父兄，敦厚亲戚，发自中心，非由外入者也，虽三代之道，亦何以过乎？（《后汉纪·孝章皇帝纪上卷第十一》）

评析：《后汉纪》作者袁宏在书中称赞汉章帝对父兄讲究礼节，懂得孝悌之道，更重要的是这种礼节是发自内心的，而不是外在行为的做作，即使是夏商周三代明君也不过如此。从袁宏的称赞中，汉章帝孝道精神可窥见一斑。

（9）彪议曰："伏惟明诏，忧劳百姓，察察不舍昼夜，垂恩选举，必务得人。夫国以贤为本，以孝为行。孔子曰：'事亲孝故忠可移于官，是以求忠臣必于孝子之门。'夫人才行少能相兼，是以孟公绰优于赵、魏老，不可以为滕、薛大夫。忠孝之人，治心近厚；锻炼之人，治心近薄。斯三代所以直道而行，在其所以磨之故。在士虽不磨吏职，有行美材高者，不可纯以阀阅取。然要归在于选二千石，二千石贤，则贡举皆得其人矣。"（《后汉纪·孝章皇帝纪上卷第十一》）

评析：韦彪是汉章帝时期的大臣，对父母十分孝顺，为父母守孝三年而不走出草棚子，且博学多知，安贫乐道，淡泊功名，深受世人敬仰，后被举为孝廉，汉章帝多次召见韦彪问礼仪风俗之事。当时议论政事的人有很多说各州郡封国推荐的人都不是依据功勋门第，所以太守不努力尽忠职守而政事渐渐荒疏，过错在于州郡。汉章帝命令把此事交朝廷大臣们商议。韦彪呈上建议说："皇上的诏书，替百姓担忧，施恩选举，力求得到真正的人才。国家把选拔贤才作为紧要任务，贤才应以孝顺的行为最为重要。孔子说：'伺候父母亲孝顺的人可以把这种孝顺转变成对国君的忠诚，因此寻找忠臣一定要到有孝子的人家。'大凡人才能和品行少有能兼备的，因此孟公绰可以胜任赵、魏的家臣，却不能让他做滕、薛小国的大夫。忠孝的人，心地厚道；老练的官吏，心地刻薄。三代的官吏能正直地处事的原因，就在于有能使他们得到磨炼的办法。选拔官吏应当以才能品行为要素，不能单纯以功勋门第论。但选官吏最主要的，在于选太守。太守贤明,那么选举就能选拔到合适人才了。"汉章帝接受了他的意见。

(10)彪字智伯,南阳新野人。〔少〕(父)以孝行称,〔父〕(及)薨,让国与异母弟。明帝高其节,诏听之。辟府掾,稍迁太仆卿。遭后母丧,固疾乞身,以光禄大夫行服。服竟,迁大司农。数月,为太尉。彪以礼让帅下,在位为百寮规诫。以疾上书乞骸骨。策曰:"惟君以曾闵之行,礼让之高,故慕君德礼,以属黎民。贪与君意,其上太尉印绶,赐钱三十万,俸二千石,禄终厥身。君专精养和,以辅天年。"诏太常四时致祭宗庙之胙;河南尹常以八月旦奉羊、酒。(《后汉纪·孝章皇帝纪上卷第十二》)

评析:邓彪少年时十分励志,谨修孝德,曾给汉章帝建言以曾子和闵子骞(孔子弟子,以孝著名)的孝德为行动的楷模,怜爱百姓,重视祭祀鬼神。

(11)秋七月,齐王晃坐事母不孝,贬为芜湖侯。(《后汉纪·孝章皇帝纪上卷第十二》)

评析:章和元年(87年)七月,齐王晃因为赡养母亲不孝,被贬为芜湖侯。可见汉章帝对孝行大力表扬的同时,对不孝行为的惩罚。

(12)校书郎杨终建言:"宣帝博征群儒,论定《五经》于石渠阁。方今天下少事,学者得成其业,而章句之徒,破坏大体。宜如石渠故事,永为后世则。"帝从之。冬,十一月,壬戌,诏太常:"将、大夫、博士、郎官及诸儒会白虎观,议《五经》同异。"使五官中郎将魏应承制问,侍中淳于恭奏,帝亲称制临决,作《白虎议奏》,名儒丁鸿、楼望、成封、桓郁、班固、贾逵及广平王羡皆与焉。(《资治通鉴》第四十六卷)

评析:汉章帝建初四年(79年),校书郎杨终给汉章帝建议效仿汉宣帝,整理儒家经典,得到汉章帝的许可。十一月,皇帝亲自主持和召集当时著名的博士、儒生在白虎观讨论五经之同异。在白虎观,博士、儒生纷纷陈述见解,章帝亲自裁决其经义奏议,后由班固等人整理编撰成《白虎通义》一书。《白虎通义》发扬《春秋繁露》无类比附的手法,将封建制度下君臣、父子、夫妇之义与天地星辰、阴阳五行等各种自然现象相比附,用以神化封建秩序和等级制度。它认为:"子顺父,妻顺夫,臣顺君,何法?法地顺天。"(《天地》)照它看来,君臣、父子、夫妇之间的关系，犹如天在上，地在下一样，是永远不能改变的。天之地位高，地之地位卑，犹如君臣、父子、夫妇之间的尊卑等级关系。《白虎通义》把孝作为一种政治统治策略，强调"安民然后富足，富足而后乐，乐而后众，乃多贤，多贤乃能进善，进善乃能退恶，退恶乃能断刑，内能正己，外能正人，内外行备，孝道乃生"。由此看来，汉章帝对孝道十分重视，并积极把它应用于政治，使孝的政治伦理色彩更加浓厚。（《资治通鉴》第四十八卷）

第四节　汉和帝与孝

汉和帝（79—105 年），姓刘名肇，汉章帝刘炟的第四子，东汉第四位皇帝。汉和帝在位时期，科技、文化有了很大发展，蔡伦改进了造纸术，班固写了《汉书》，消灭北匈奴。死后谥号"孝和"，庙号"穆宗"。

（1）初，班固奴尝醉骂洛阳令种兢，兢因逮考窦氏宾客，收捕固，死狱中。固尝著《汉书》，尚未就，诏固女弟曹寿妻昭踵而成之。（《资治通鉴》第四十八卷）

评析：当初，班固的奴仆曾因醉酒辱骂过洛阳令种兢。种兢便借着捉拿审讯窦家宾客的机会，逮捕了班固。班固死在狱中。班固曾编著《汉书》，当时尚未完稿。和帝下诏，命班固的妹妹、曹寿的妻子班昭继续撰写，完成此书。

（2）五年春，正月，乙亥，宗祀明堂，登灵台，赦天下。（《资治通鉴》第四十八卷）

评析：春季，正月乙亥（十一日），和帝在明堂祭祀祖宗。登上灵台，观察天象，大赦天下。

（3）闰月，辛巳，皇太后窦氏崩。初，梁贵人既死，宫省事秘，莫有知帝为梁氏出者。舞阴公主子梁扈遣从兄奏记三府，以为"汉家旧典，崇贵母氏，而梁贵人亲育圣躬，不蒙尊号，求得申议"。太尉张言状，帝感恸良久，曰："于君意若何？"请追上尊号，存录诸舅。帝从之。会贵人姊南阳樊调妻上书自讼曰："妾父竦冤死牢狱，骸骨不掩；母氏年逾七十，及弟棠等远在绝域，不知死生。愿乞收竦朽骨，使母、弟得归本郡。"帝引见，乃知贵人枉殁之状。三公上奏，"请依光武黜吕太后故事，贬窦太后尊号，不宜合葬先帝"，百官亦多上言者。帝手诏曰："窦氏虽不遵法度，而太后常自减损。朕奉事十年，深惟大义：礼，臣子无贬尊上之文，恩不忍离，义不忍亏。按前世，上官太后亦无降黜，其勿复议！"丙申，葬章德皇后。（《资治通鉴》第四十八卷）

评析：公元前135年，闰八月辛巳（十四日），皇太后窦氏驾崩。当初，梁贵人死后，宫廷保守秘密，没有人知道和帝是梁贵人所生。至此，舞阴公主之子梁扈派堂兄梁向太尉、司徒、司空三府上书，提出："汉朝旧制，一向尊崇皇帝生母。然而梁贵人亲自诞育皇上，却没有尊号，请求得到申理讨论。"太尉张向和帝报告了实情。和帝伤感哀痛良久，说道："您认为应当怎样？"张建议为梁贵人追加尊号，并查找各位舅父，给予他们应有的名分。和帝听从了他的建议。适逢梁贵人的姐姐、南阳人樊调的妻子梁上书自诉道："我的父亲梁竦屈死在牢狱之中，尸骨不得掩埋；母亲年过七十，同弟弟梁棠等在极远的边域，不知道是死是活。我请求准许安葬父亲的朽骨，让我的母亲和弟弟返回故郡。"和帝召见梁，这才知道生母梁贵人枉死的惨状。三公上书："请依照光武帝罢黜吕太后的先例，贬去窦太后的尊号，不应让他与先帝合葬。"文武百官也纷纷上言。和帝亲手写诏作答："窦氏家族虽不遵守法律制度，但窦太后却常常自我减损。朕将她当作母亲，侍奉了十年。深思母子大义：依据礼制，为臣、为子者没有贬斥尊长的道理。从亲情出发，不忍将太后之墓与先帝之墓分离；从仁义考虑，不忍作有损于窦太后的事情。考察前代，上官桀被诛杀，而上官太后也不曾遭到贬降罢黜。对此事不要再作议论！"丙申（二十九日），安葬窦太后。

（4）清河王庆始敢求上母宋贵人冢，帝许之，诏太官四时给祭具。庆垂涕曰："生虽不获供养，终得奉祭祀，私愿足矣！"欲求作祠堂，恐有自同恭怀梁后之嫌，遂不敢言，常泣向左右，以为没齿之恨。后上言："外祖母王年老，乞诣雒阳疗疾"，于是诏宋氏悉归京师，除庆舅衍、俊、盖、暹等皆为郎。（《资治通鉴》第四十八卷）

评析：清河王刘庆这才敢请求为母亲宋贵人祭扫坟墓。和帝应许，下诏命令太官春夏秋冬四季供应祭祀之物。刘庆流泪说道："虽然不能在母亲生前供养，但最终能为她进行祭祀，我的心愿满足了！"他想请求为母亲建造祠堂，但又害怕有自比梁太后的嫌疑，于是不敢开口。他经常对左右随从哭泣，认为这是终生之憾。后来，他上书说："我的外祖母王氏年事已高，请准许她到洛阳治病。"于是和帝下诏准许宋氏全家返回京城，并将刘庆的舅父宋衍、宋俊、宋盖、宋暹等全都任命为郎。

（5）冬，十一月，丙辰，诏曰："幽、并、凉州户口率少，边役众剧，束脩良吏进仕路狭。抚接夷狄，以人为本，其令缘边郡口十万以上，岁举孝廉一人，不满十万，二岁举一人，五万以下，三岁举一人。"（《资治通鉴》第四十八卷）

评析：公元前131年冬季，十一月丙辰（十四日），和帝下诏说："幽州、并州、凉州地区户口大多稀少，而边境差役繁重，奉公守法的优秀官吏升迁困难。安抚外族和与异国交往，人才最为重要。现规定：边疆人口十万以上的郡，每年推举孝廉一人；人口不足十万的郡，每两年推举孝廉一人；人口五万以下的郡，每三年推举孝廉一人。"

（6）十五年夏，四月，甲子晦，日有食之。时帝遵肃宗故事，兄弟皆留京师，有司以日食阴盛，奏遣诸王就国。诏曰："甲子之异，责由一人。诸王幼稚，早离顾复，弱冠相育，常有《蓼莪》《凯风》之哀。选懦之恩，知非国典，且复宿留。"（《资治通鉴》第四十八卷）

评析：公元前129年夏季，四月甲子晦（三十日），出现日食。当时，和帝遵循章帝的前例，把兄弟们都留在京城。有关部门认为，日食意味着阴气过盛，上书请求派遣诸位亲王前往封国就位。和帝下诏说："甲子那天出现日食，责任在朕一人身上。诸位亲王幼年时便早早地失去了父母的照顾，长大以后互相扶持，经常有《诗经》《蓼莪》篇和《凯风》篇中所吟咏的悲哀。手足亲情使我恋恋不舍，明知这样违背国法，但姑且再次让他们留居京城。"

第五节　汉安帝与孝

汉安帝（94—125年），姓刘名祜，汉章帝刘炟之孙，是东汉第六位皇帝。汉安帝统治期间，内忧外患，宦官当道，后宫争位，百事多艰。虽然汉安帝缺乏明察秋毫之智，无力挽狂澜之能，致使东汉皇室日渐衰落；但汉安帝尊重儒学，重视孝治，治国基本理念与东汉其他皇帝相似。汉安帝在位19年，享年32岁，谥号孝安皇帝，庙号恭宗。

(1) 皇太后御崇德殿,百官皆吉服,群臣陪位,引拜帝为长安侯。皇太后诏曰:"先帝圣德淑茂,早弃天下。朕奉皇帝,夙夜瞻仰日月,冀望成就。岂意卒然颠沛,天年不遂,悲痛断心。朕惟平原王素被痼疾,念宗庙之重,思继嗣之统,唯长安侯祜质性忠孝,小心翼翼,能通《诗》《论》,笃学乐古,仁惠爱下。年已十三,有成人之志。亲德系后,莫宜于祜。《礼》'昆弟之子犹己子';《春秋》之义,为人后者为之子,不以父命辞王父命。其以祜为孝和皇帝嗣,奉承祖宗,案礼仪奏。"又作策命曰:"惟延平元年秋八月癸丑,皇太后曰:咨长安侯祜:孝和皇帝懿德巍巍,光于四海;大行皇帝不永天年。朕惟侯孝章帝世嫡皇孙,谦恭慈顺,在孺而勤,宜奉郊庙,承统大业。今以侯嗣孝和皇帝后。其审君汉国,允执其中。'一人有庆,万民赖之。'皇帝其勉之哉!"(《后汉书·孝安皇帝纪第五》)

评析:东汉第五位皇帝汉殇帝,在位仅八个月,年龄仅两岁就病死了。邓太后决定迎立刘祜为帝,在诏书中讲道:汉殇帝早年弃天下而去,为了继承汉皇祖宗帝业,需要选立新皇帝。刘祜质性忠孝,精通儒家经典,具有仁德,是帝位继承的最佳人选。从诏书中可以看出:选立皇帝,继承帝业,这体现了汉代孝道的政治意义;选立皇帝,重视孝德,这也是刘祜被立为皇帝的关键条件。

(2) 古者贡士,得其人者有庆,不得其人者有让,是以举者务力行。选举不实,咎在刺史二千石。书曰:"天工,人其代之。"观人之道,幼则观其孝顺而好学,长则观其慈爱而能教,设难以观其谋,烦事以观其治,穷则观其所守,达则观其所施,此所以核之也。(《后汉纪·孝安皇帝纪上卷》)

评析:永初三年(109年),孝顺原指爱敬天下之人、顺天下人之心的美好德行。《国语·楚语上》:"勤勉以劝之,孝顺以纳之,忠信以发之,德音以扬之。"

(3) 尚书郎南阳樊准以儒风衰,上书曰:"臣闻人君不可以不学。光武皇帝受命中兴,东西诛战,不遑启处,然犹投戈讲艺,息马论道。孝明皇帝庶政万机,无不简心,而垂情古典,游意经艺,每飨射礼毕,正坐自讲,诸儒并听,四方欣欣。又多徵名儒,布在廊庙,每宴会则论难,共求政化,期门、羽林介胄之士,悉通《孝经》,化自圣躬,流及蛮荒,是以议者每称盛时，咸言永平。今学者益少，远方尤甚，博士倚席不讲，儒者竞论浮丽，忘謇謇之忠，习之辞。臣愚以为宜下明诏，博求幽隐，宠进儒雅，以俟圣上讲习之期。"太后深纳其言，诏："公、卿、中二千石各举隐士、大儒，务取高行，以劝后进，妙简博士，必得其人。"（《资治通鉴》第四十九卷）

评析：尚书郎、南阳人樊准因儒家学风日渐衰颓，上书说："我听说，君主不可以不学习。光武皇帝承受天命，使汉朝中兴，东征西伐，顾不上安居休息。但他仍然放下武器，讲说儒家学问；停鞍歇马，讨论圣人之道。孝明皇帝日理万机，事事经心，但却爱好古籍，留意儒家经典，每当行过飨射礼，在学校举办宴会和射箭比赛之后，都坐在正位上，亲自讲解经书，儒生们则一同聆听，四方都欢欣喜悦。他还广召著名的儒家学者，将他们安置在朝廷，每逢宴会，便亲切地和他们讨论疑难，共同研究治国和教化之道。即便是期门、羽林的武士军官，也都人人通晓《孝经》。儒学的影响从圣明的君王身上开始，扩展到野蛮荒凉之地。因此，每当人们称颂盛世的时候，都谈到明帝永平年代。如今学者日益减少，京城以外的远方尤其严重。博士把坐席放在一旁，不再讲学，儒生则竞相追求华而不实的理论，忘掉了正直忠诚的原则，只熟悉谄媚阿谀的言辞。我认为应当颁布诏书，明告天下，广泛寻访隐居的学者，提拔渊博的儒士，等到将来圣上上学的时候，为他讲解经书。"邓太后认为樊准的意见很对，予以采纳，下诏说："三公、九卿和中二千石官员，要各自举荐隐士、大儒；被举荐者务必具有高尚的德行，以劝导晚生后进。从中精选博士，一定可以得到适当的人选。"

（4）初，汝南薛包，少有至行，父娶后妻而憎包，分出之。包日夜号泣，不能去，至被驱扑，不得已，庐于舍外，旦入洒扫。父怒，又逐之，乃庐于里门，晨昏不废。积岁余，父母惭而还之。及父母亡，弟子求分财异居；包不能止，乃中分其财，奴婢引其老者，曰："与我共事久，若不能使也。"田庐取其荒顿者，曰："吾少时所治，意所恋也。"器物取朽败者，曰："我素所服食，身口所安也。"弟子数破其产，辄复赈给。帝闻其名，令公车特徵，至，拜侍中。包以死自乞，有诏赐告归，加礼如毛义。（《资治通鉴》第五十一卷）

评析：当初，汝南人薛包在少年时就有突出的孝行。薛包的父亲在娶了继母之后，便厌恶薛包，让他分出去另立门户。薛包日夜号哭，不肯离开，以致遭到殴打。不得已，就在房舍之外搭起一个小屋居住，早晨便回家洒扫庭院。父亲发怒，再次把他赶走，他就把小屋搭在乡里大门的旁边，每日早晚都回家向父母请安。过了一年多，他的父母感到惭愧而让他回家。及至父母去世，薛包的侄儿要求分割家财并搬出去居住，薛包不能阻止，便将家产分开，挑出年老的奴婢，说："他们和我一起做事的时间长，你使唤不动。"田地房舍则选择荒芜破旧的，说："这些是我年轻时经营过的，有依恋之情。"家什器具则选择朽坏的，说："这些是我平素所使用的，身、口觉得安适。"侄儿曾屡次破产，薛包总是重新给予赈济。安帝听到了他的名声，便命公车单独将他征召入京。到达后，任命为侍中。薛包以死请求辞官，于是安帝下诏，准许他离官回乡，对他的礼敬优待如同毛义前例。

（5）尚书令讽等奏，以为"孝文定约礼之制，光武皇帝绝告宁之典，贻则万世，诚不可改，宜复断大臣行三年丧"。尚书陈忠上书曰："高祖受命，萧何创制，大臣有宁告之科，合于致忧之义。建武之初，新承大乱，凡诸国政，多趣简易，大臣既不得告宁而群司营禄念私，鲜循三年之丧以报顾复之恩者，礼义之方，实为雕损。陛下听大臣终丧，圣功美业，靡以尚兹。《孟子》曰：'老吾老以及人之老，幼吾幼以及人之幼，天下可运于掌。'臣愿陛下登高北望，以甘陵之思揆度臣子之心，则海内咸得其所。"时宦官不便之，竟寝忠奏。庚子，复断二千石以上行三年丧。（《资治通鉴》第五十一卷）

评析：尚书讽等人上书指出："孝文皇帝制定简单的礼仪，光武皇帝革除官吏告假奔丧的制度，这是给万世留下的法则，实在不应更改。应当重新取消大臣守丧三年的规定。"尚书陈忠上书说："高祖承受天命，萧何创立制度，大臣有守丧三年的规定，合乎孝子哀悼父母的原则。光武帝建武初年，刚刚经受了大乱，国家的各项规章制度，多趋于简单易行。既然大臣不得告假奔丧，而下面的官员们追求私利，便很少有人守丧三年，以报答父母的养育之恩，这就使礼义确实受到了损害。陛下准许大臣守丧三年，在神圣美好的功业中，没有哪一项比这更为崇高。《孟子》说：'尊敬我的长辈，推及到别人的长辈；爱护我的幼儿，推及到别人的幼儿，天下便可把握运转在手掌上。'我愿陛下登高遥望北方，用陛下对甘陵的思念推想臣子的心情，那么天下之人就可以各得其所。"当时，宦官认为守丧三年的制度对自己不便，竟将陈忠的奏章搁置下来。庚子（二十三日），安帝重新取消二千石以上官员守丧三年的规定。

第六节　汉顺帝与孝

汉顺帝（115—144年），姓刘名保，汉安帝刘祜唯一的儿子，东汉第八位皇帝（第七位皇帝是刘懿，曾被阎太后迎立为皇帝，但在位十一个月后病死）。汉顺帝统治期间，宦官专权，阶级矛盾日益尖锐，百姓怨声载道。但汉顺帝本人温和软弱，讲究孝道。死后谥号孝顺皇帝，庙号敬宗。

（1）夏六月乙酉，追尊谥皇妣李氏为恭愍皇后，葬于恭北陵。（《后汉书·孝顺孝冲孝质帝纪》）

评析：汉顺帝的母亲李氏被汉安帝皇后阎姬毒杀，后追封恭愍皇后。

（2）赞曰：孝顺初立，时髦允集。匪砥匪革，终沦嬖习。保阿传土，后家世及。冲夭未识，质弒以聪。陵折在运，天绪三终。（《后汉书·孝顺孝冲孝质帝纪》）

评析：孝顺帝是第一个获得以"孝顺"为谥号的皇帝，对后世产生了深远影响。

（3）臣愚以为长吏理绩有显效者，可就增秩，勿使移徙，非父母丧不得去官。（《后汉纪·孝顺皇帝纪上》）

评析：尚书令左雄上书说，顺帝深为他的话所感动，重申官吏不能无故离职的禁令，并命有关方面制定出考核官吏政绩真伪的详细规则，呈报后予以施行。

（4）臣闻洪范八政，以食为首；周礼九职，以农为本。民失耕桑，饥寒并至，盗贼之原所由起也。古之足民，仰足以养父母，府足以畜妻子。然后敦五教，宣三德，则休嘉之化可致也。（《后汉纪·孝顺皇帝纪上》）

评析：八政者：一曰食，二曰货，三曰祀，四曰司空，五曰司徒，六曰司寇，七曰宾，八曰师。周礼大宰曰："以九职任万民：一曰三农，生九谷。二曰园圃，毓草木。三曰虞衡，作山泽之材。四曰薮牧，养蕃鸟兽。五曰百工，饬化八材。六曰商贾，阜通货贿。七曰嫔妇，化治丝枲。八曰臣妾，聚敛疏材。九曰闲民，无常职，转移执事。"五教，文公十八年左传史克曰："布五教于四方，父义、母慈、兄友、弟恭、子孝，内平外成。"三德，书洪范曰："三德：一曰正直，二曰刚克，三曰柔克。"又周礼师氏曰："以三德教国子，一曰至德以为道本，二曰敏德以为行本，三曰孝德以知逆恶。"又礼记中庸曰："知、仁、勇三者，天下之达德也。"

（5）纲延置上坐，问所疾苦。礼毕，乃喻之曰："前后二千石多非其人，杜塞国恩，肆其私求。〔卿〕（乡）郡远，天子不能朝问之也，故民相聚以避害也。二千石信有罪矣，为之者又非义也。忠臣不亏君以求荣，孝子不损父以求富。天子仁圣，欲文德以来之，故使太守来，思以爵禄相荣，不愿以刑罚〔相加〕也。今诚转祸为福。若闻义不服，天子赫然发怒，大兵云合，岂不危乎？今不料强弱，非明也；弃福取祸，非智也；去顺效逆，非忠也；身绝无嗣，非孝也；背正从邪，非直也；见义不为，非勇也。六者，祸福之机也，宜深计其利害。"（《后汉纪·孝顺皇帝纪下》）

评析：张纲年轻时就通晓经学，虽然是官宦家庭的公子，却磨砺布衣的节操，被举荐孝廉。这段文字讲述的故事是张刚受汉顺帝的命令，去征讨叛臣张婴。张纲到任以后，就率领差吏兵卒十多人，径直造访张婴营垒，安抚慰问，要求与头目会见，表明国家的恩惠。张婴起初非常吃惊，见到张纲的诚信后，才出来拜见。张纲请他坐在上座，询问疾苦。劝导他说："前任太守大多肆虐贪婪残暴，所以致使你们各位心怀愤怒聚到了一起。太守确实有罪，然而你们这样做也是不义的。如今皇上仁慈圣明，要以文德劝服反叛之人，所以派我前来，想以爵禄使你们荣耀，不想用刑罚惩罚你们，现今实在是转祸为福的好时机啊。如若听闻仁义却不顺服，一旦天子赫然震怒，派遣大军聚集于此，难道不危险吗？如果不能正确估量双方力量的强弱，就是不明智；冒充美善而趋从邪恶，就是不聪明；放弃顺服而效仿叛逆，就是不忠诚；自己断送了子孙的性命，就是不孝顺；违背正道而走向邪路，就是不正直；明白正义而没有作为，就是不勇敢；这六方面是关系到你们成败、利害的重要因素，希望你能够仔细考虑。"张婴被深深地感动并醒悟，第二天，率领部下万人和妻子儿女,双手反绑投降归顺。

(6) 辛卯,初令"郡国举孝廉,限年四十以上;诸生通章句,文吏能笺奏,乃得应选。其有茂才异行,若颜渊、子奇,不拘年齿"。(《资治通鉴》第五十一卷)

评析:辛卯,顺帝初次命令:"郡、国荐举孝廉,限年四十岁以上;儒生必须精通儒家经典,文吏必须善于起草上奏的表章,才得应选。如果有像颜回和子奇那样的特殊才能,则不受年龄的限制。"

(7) 久之,广陵所举孝廉徐淑,年未四十;台郎诘之,对曰:"诏书曰'有如颜回、子奇,不拘年齿'。是故本郡以臣充选。"郎不能屈。左雄诘之曰:"颜回闻一知十,孝廉闻一知几邪?"淑无以对;乃罢却之。郡守坐免。(《资治通鉴》第五十一卷)

评析:后来,广陵郡所荐举的孝廉徐淑,年龄不满四十岁。尚书郎诘问他,他回答说:"诏书上说:'如果有像颜回和子奇一样的特殊才能,则不受年龄的限制。'所以本郡让我来应选。"尚书郎无法反驳。尚书令左雄又诘问说:"颜回听到一件事,可知道十件事,孝廉听到一件事,可知道几件事呀?"徐淑无话可说,于是,被罢黜送回故乡,郡太守也受到牵连而被免官。

(8) 然雄公直精明,能审核真伪,决志行之。顷之,胡广出为济阴太守,与诸郡守十余人皆坐谬举免黜;唯汝南陈蕃、颍川李膺、下邳陈球等三十余人得拜郎中。自是牧、守畏栗,莫敢轻举。迄于永嘉,察选清平,多得其人。(《资治通鉴》第五十一卷)

评析:然而左雄公正精明,能洞察真伪,坚决地推行自己的主张。不久,胡广出任济阴郡太守,他与其他郡的太守共十余人,都因为受到荐举不实的指控,或被免职,或被贬黜。在被荐举的孝廉中,仅有汝南郡人陈蕃、颍川人李膺、下邳人陈球等三十余人,被任命为郎中。从此以后,州牧和郡太守深怀恐惧,不敢轻率举荐。直到永嘉年间,举荐和选拔,始终清廉公正,国家得到了很多人才。

(9) 太史令南阳张衡对曰:"自初举孝廉,迄今二百岁矣,皆先孝行;行有余力,始学文法。辛卯诏书,以能章句、奏案为限;虽有至孝,犹不应科,此弃本而取末。曾子长于孝,然实鲁钝,文学不若游、夏,政事不若冉、季。今欲使一人兼之,苟外有可观,内必有阙,则违选举孝廉之志矣。且郡国守相，剖符宁境，为国大臣，一旦免黜十有余人，吏民罢于送迎之役，新故交际，公私放滥，或临政为百姓所便而以小过免之，是为夺民父母使嗟号也。《易》不远复，《论》不惮改，朋友交接且不宿过，况于帝王，承天理物，以天下为公者乎！中间以来，妖星见于上，震裂著于下，天诫详矣，可为寒心！明者销祸于未萌，今既见矣，修政恐惧，则祸转为福矣。"（《资治通鉴》第五十一卷）

评析：太史令、南阳郡人张衡回答说："自从创立荐举孝廉制度，至今已有二百年之久，都是优先修养孝行，有了孝行，仍有余力，才开始学习法令条文。而陛下颁布的辛卯诏书，却限于能读懂经书的章节和句子，会写上奏皇帝的表章。虽有大孝，还是不能应选，这是弃本逐末的办法。曾参对父母至孝，然而，实在迟钝笨拙，论文学不如言偃、卜商，论政事不如冉有、仲由。现在想使一个人兼备这些本领，纵然外表可观，内在必有欠缺，这就违背选举孝廉的本意了。而且，郡太守和封国相，接受朝廷的任命，负责维护所辖境内的安宁，是国家的大臣，却一下子被罢黜了十余人，官吏和人民都疲于送往迎来的差役，新旧交接时，公私发放浪费。有些人本来治理得不错，深得百姓的好感，却因一点小过，将其免职，这是强夺人民的父母，使他们哀叹。《易经》上说：不要走得太远才回头。《论语》上也说：有错不要害怕改正。连朋友之间相交，都不应该包庇过失错误，何况帝王承受天命，治理万物，以天下为公呢！今年上半年以来，天上出现妖星，地下发生地震，上天的警告，已经非常明显，令人寒心！聪明的人，当灾祸还没有萌芽时，便把它消灭。而今，灾祸已经出现，应该心怀恐惧地整顿朝政，才会转祸为福。"

第七节　汉桓帝与孝

汉桓帝（132—167年），姓刘名志，是汉章帝的曾孙，东汉第十一位皇帝（汉顺帝死后，刘炳即位，即孝冲皇帝，即位不足半年，3岁病死。之后，汉质帝刘缵即位，即位不到一年，便被奸臣毒死。之后，迎立刘志继位）。刘志信任宦官，察举非人，也重视举孝廉，但推举的孝子往往名不副实，实则沽名钓誉，欺世盗名。自汉桓帝以后，孝德由政治力量来推动的局限性日渐显现，同时也从侧面可以看出，封建社会政权的颓废与孝道德的衰落有着密切的关系。刘志死后，谥号孝桓皇帝，庙号威宗。

（1）二月，辛丑，复听刺史、二千石行三年丧。（《资治通鉴》第五十三卷）

评析：永兴二年（154年）二月，恢复许可刺史和官秩二千石以上的高级官吏为父母守丧三年的制度。

（2）陈留仇香，至行纯嘿，乡党无知者。年四十，为蒲亭长。民有陈元，独与母居，母诣香告元不孝，香惊曰："吾近日过元舍，庐落整顿，耕耘以时，此非恶人，当是教化未至耳。母守寡养孤，苦身投老，奈何以一旦之忿，弃历年之勤乎！且母养人遗孤，不能成济，若死者有知，百岁之后，当何以见亡者！"母涕泣而起。香乃亲到元家，为陈人伦孝行，譬以祸福之言，元感悟，卒为孝子。考城令河内王奂署香主簿，谓之曰："闻在蒲亭，陈元不罚而化之，得无少鹰之志邪？"香曰："以为鹰不若鸾凤，故不为也。"奂曰："枳棘之林非鸾凤所集，百里非大贤之路。"乃以一月奉资香，使入太学。郭泰、苻融赍刺谒之，因留宿；明旦，泰起，下床拜之曰："君，泰之师，非泰之友也。"香学毕归乡里，虽在宴居，必正衣服，妻子事之若严君；妻子有过，免冠自责，妻子庭谢思过，香冠，妻子乃敢升堂，终不见其喜怒声色之异。不应征辟，卒于家。（《资治通鉴》第五十五卷）

评析：陈留人仇香虽德行高尚，但沉默寡言，乡里无人知道他。年龄40岁时，担任蒲亭亭长。有个叫陈元的老百姓，一个人和母亲同住，他的母亲向仇香控告陈元忤逆不孝。仇香吃惊地说："我最近经过陈元的房舍，院落整理得干干净净，耕作也很及时，说明他不是一个恶人，只不过没有受到教化，不知道如何做罢了。你年轻时守寡，抚养孤儿，劳苦一生，而今年纪已老，怎能为了一时的恼怒，抛弃多年的勤劳和辛苦？而且，你抚养丈夫遗留的孤儿，有始无终，倘若死者在地下有知，你百年之后，在地下怎么跟亡夫相见？"陈元的母亲哭泣着起身告辞。于是仇香亲自来到陈元家里，教导伦理孝道，讲解祸福的道理。陈元感动醒悟，终于成为孝子。考城县令河内人王奂任命仇香为主簿，对他说："听说你在薄亭，对陈元没有进行处罚，而是用教化来改变他，恐怕是缺少苍鹰搏击的勇气吧？"仇香回答说："我认为苍鹰搏击不如鸾凤和鸣，所以不肯那样去做。"王奂又对他说："荆棘的丛林，不是鸾凤栖身之所，百里之内的县府官职，不是大贤的道路。"于是用一个月的俸禄资助仇香，让他进入太学。郭泰、符融拿着名帖求见仇香，于是留宿。第二天早上，郭泰起来，在床前向仇香下拜说："您是我的老师，不是我的朋友。"仇香在太学学成，回归乡里，即令是在闲暇无事的时候，也一定是衣服整齐。妻子和儿女侍奉他，就像对待严正的君王一样。妻子和儿女有了过错，仇香就摘下帽子，责备自己，妻子和儿女在院子里道歉思过，仇香才戴上帽子，妻子和儿女才敢进入堂屋。平常，从来看不见仇香因喜怒而改变声音脸色。他不接受官府的征聘，后来在家里去世。

参考文献

古籍类:《周易》《诗经》《尚书》《史记》《论语》《孟子》《荀子》《孝经》《小戴礼记》《大戴礼记》《二十四孝》《二十四史》《前汉纪》《资治通鉴》《全三国文》《旧唐书》《逸周书》等。

万本根、陈德述主编:《中华孝道文化》,巴蜀书社2001年版。

肖波主编:《孝坛金言》,湖北人民出版社2009年版。

王治国、陈德述主编:《孝行天下》,四川人民出版社2008年版。

康学伟:《先秦孝道研究》,吉林人民出版社2000年版。

林安弘:《儒家孝道思想研究》,文津出版社1992年版。

宁业高等:《中国孝文化漫谈》,中央民族大学出版社1995年版。

王玉德:《孝·中国家政理论评议》,广西人民出版社1997年版。

魏英敏:《孝与家庭伦理》,大象出版社1997年版。

罗国杰主编:《中国传统道德》(简编本),中国人民大学出版社1997年版。

骆承烈编:《中国古代孝道资料选编》,山东大学出版社2003年版。

肖群忠:《孝与中国文化》,人民出版社2001年版。

曹芳林:《孝道研究》,巴蜀书社2000年版。

夏宗经:《简单对称和谐——物理学中的美学》,湖北教育出版社1989年版。

[英] 达尔文:《人类的由来》上,潘光旦、胡寿文译,商务印书馆1983年版。

《马克思恩格斯全集》第3卷,人民出版社1960年版。

宋兆麟等:《中国原始社会史》,文物出版社1983年版。

恩格斯:《家庭、私有制和国家的起源》,人民出版社 1954 年版。

陈文华:《中国原始农业的起源和发展》,《农业考古》2005 年第 1 期。

高成鸢:《中华尊老文化探究》,中国社会科学出版社 1999 年版。

王长坤:《先秦儒家孝道研究》,四川出版集团、巴蜀书社 2007 年版。

赵国华:《生殖崇拜文化论》,中国社会科学出版社 1990 年版。

李学勤:《中国古代文明与国家形成研究》,云南人民出版社 1997 年版。

葛兆光:《七世纪前中国的知识、思想与信仰世界》,复旦大学出版社 1998 年版。

朱汉民:《忠孝道德与臣民精神》,河南人民出版社 1994 年版。

东方桥:《孝经现代读》,上海书店出版社 2002 年版。

王震中:《中国文明起源的比较研究》,陕西人民出版社 1994 年版。

金景芳:《中国奴隶社会史》,上海人民出版社 1983 年版。

钱穆:《先秦诸子系年》,商务印书馆 2001 年版。

韩星:《先秦儒法源流述论》,中国社会科学出版社 2004 年版。

朱贻庭主编:《中国传统伦理思想史》,华东师范大学出版社 1994 年版。

杜维明:《儒家思想新论》,江苏人民出版社 1991 年版。

[美] 成中英:《文化·伦理与管理——中国现代化的哲学省思》,贵州人民出版社 1991 年版。

刘广明:《宗法中国》,上海书店出版社 1993 年版。

巴新生:《西周伦理形态研究》,天津古籍出版社 1997 年版。

陈瑛等:《中国伦理思想史》,贵州人民出版社 1985 年版。

郭沫若:《中国古代思想史》,科学出版社 1960 年版。

宋兆麟等:《中国原始社会史》,文物出版社 1983 年版。

周桂钿:《秦汉思想史》,河北人民出版社 2000 年版。

朱岚:《中国传统孝道的历史考察》,博士学位论文,中国人民大学,2000 年(未刊稿)。

吴锋:《中国传统孝观念的传承研究》,博士学位论文,北京师范大学,2001 年(未刊稿)。

李文玲:《先秦儒家孝伦理思想与汉代法律》,硕士学位论文,山东大学,2002 年(未刊稿)。

李德刚:《曾子孝道思想研究》,硕士学位论文,山东大学,2002 年(未刊稿）。

岳宗伟：《先秦儒家家庭观探索》，硕士学位论文，郑州大学，2003年（未刊稿）。

周予同：《孝与"生殖器崇拜"》，载《周予同经学史论著选集》，上海人民出版社1983年版。

查昌国：《西周孝义试探》，《中国史研究》1993年第2期。

谢幼伟：《孝与中国社会》，载《理性与生命——当代新儒学文萃1》，上海书店出版社1994年版。

王慎行：《试论四周孝道观的形成及其特点》，《社会科学战线》1989年第1期。

何平：《孝的文化内涵及其嬗变——孝字的文化阐释》，《青海社会科学》1994年第3期。

孙筱：《孝的观念与汉代家庭》，《孔子研究》1998年第3期。

刘修明：《汉以孝治天下发微》，《历史研究》1983年第6期。

张践：《论孝道实现的社会条件》，《辽宁教育学院学报》1992年第3期。

陈筱芳：《孝的起源及其与宗法、政治的关系》，《西南民族学院学报》（哲学版）2000年第3期。

黄开国：《先秦儒家孝论的发展与〈孝经〉的形成》，《东岳论丛》2005年第3期。

后　　记

　　本书是在我的硕士论文和撰写的相关论文的基础上整理而成的，能在母校建院六十周年之际与读者见面，心中感到莫大的欣慰和鼓舞，感激之情无以言表，借以此记代为表达！

　　首先，我要感谢培养我的学校。我出身农村，祖祖辈辈都是老实巴交的农民。我的祖父在耕田时不幸脚被铁钉刺穿一个洞，没钱医治，感染而亡。我的外祖父五十多岁，因为家穷，没有耕牛，只得让我的母亲和姨娘下地像牛一样拉着犁头来耕地，他在后面一边扶犁一边用力推，最后积劳成疾而死。我从小在泥巴堆里、田间地头、山坡林间赤脚光膀摸爬打滚长大，从村小红辉小学、乡小阳通小学到立山中学、马鞍中学，我停过学、厌过学、辍过学，在学校老师和同学的帮助下，我最终把学业坚持了下来，并考上了阿坝师专中文系。大学毕业之后，我选择了到西藏从事基层教育工作，在西藏昌都地区丁青县工作六年多。2007年，我考入四川省社会科学院中国哲学专业。2010年，研究生毕业的我，又回到了阿坝师专工作，从事民族师范教育工作。2018年，我调入四川省社会科学院，单位在科研上大力投入，才使本书有幸忝列建院六十周年学术著作资助项目而得以出版。这一路走来，十分感激培养我的学校，曾有感而发，我写了《感谢了，我的母校》一文表达我对研究生母校的感激之情。总之，我的每一点进步，都与培养我的学校密不可分。

　　其次，我要感谢我的父母和恩师。我的父母是地地道道的农民，靠着自己的勤劳艰难地维持着基本生活，不能给儿女创造和留下所谓的房钱家产。但是，他们给了我一个健全的身体、给了我勤劳的习惯、给了我坚韧的性格、给了我与人为善的品格，这就是给我的最丰厚的"家产",有了这些"家产",我终身受益无穷。从小学到研究生,关心我、帮助我、教育我的恩师不少,我要特别感谢的是我的硕士生导师陈德述教授。读研期间,是陈老师的谆谆教诲、循循善诱,让我真正踏进了中国传统文化的殿堂大门,领略到了中国哲学的博大精深。陈老师思维缜密、知识渊博、文思敏捷、学风淳正,是我学问的导师、人生的导师。今年,陈老师已是八十一岁高龄了,对本书的出版十分关心,对本书的编排精心指导,仍亲自为本书做《序》,每每想起令我感动不已。

再次,我要感谢在本书出版过程中付出辛劳的朋友们。本书的责任编辑喻苗为本书的编校倾注了大量心血,中国社会科学出版社其他工作人员以及四川省社会科学院科研处工作人员共同努力,此书才得以与世人见面,在此深表感谢!

研究心得能够成书,既是我多年以来对中华孝文化研究心愿的实现,也是对自己几年的努力和所有关心它的人的一个告慰。我将继续努力学习,深入研究,为弘扬中华民族优秀传统文化尽到应有之责、贡献绵薄之力。

是为后记。

李仁君

2018 年 10 月于成都